二维 VIA 族化合物的热电、压电和自旋性质

陈少波 著

电子工业出版社
Publishing House of Electronics Industry
北京·BEIJING

图书在版编目（CIP）数据

二维VIA族化合物的热电、压电和自旋性质 / 陈少波
著. -- 北京 : 电子工业出版社，2024. 8. -- ISBN 978-
7-121-48746-0

Ⅰ. O627.6

中国国家版本馆CIP数据核字第2024S475V9号

责任编辑：刘小琳　　文字编辑：赵娜
印　　刷：北京建宏印刷有限公司
装　　订：北京建宏印刷有限公司
出版发行：电子工业出版社
　　　　　北京市海淀区万寿路 173 信箱　　邮编：100036
开　　本：720×1 000　1/16　印张：17.75　字数：340 千字
版　　次：2024 年 8 月第 1 版
印　　次：2025 年 3 月第 2 次印刷
定　　价：99.00 元

凡所购买电子工业出版社图书有缺损问题，请向购买书店调换。若书店售缺，请与本社
发行部联系，联系及邮购电话：(010) 88254888，88258888。

质量投诉请发邮件至 zlts@phei.com.cn，盗版侵权举报请发邮件至 dbqq@phei.com.cn。

本书咨询联系方式：niujf@phei.com.cn；(010) 88254106。

前　言

随着社会经济的快速发展，人类对能源的需求和消耗越来越大，这加速了传统化石能源的消耗速度并带来了环境污染问题。当前，能源危机和环境污染严重制约着人类社会的可持续发展，因此，寻找和开发新型的可再生清洁能源来缓解人类对化石能源的依赖显得尤为重要。

压电材料和热电材料作为新兴的清洁能源材料分别可以将机械能和热能直接转化为电能，有望解决全球面临的能源危机和环境污染问题。自石墨烯打开研究二维（2D）材料的大门以来，二维材料如雨后春笋般蓬勃发展起来。二维材料因其独特的结构和量子尺寸效应，具有许多新颖的物理和化学性质，在纳米电子、纳米光子、光催化、磁性、谷极化、电化学、压电和热电等领域具有广泛的潜在应用市场。2017 年，碲化物被成功预测并制备，引起了人们的极大关注。碲烯作为一种新兴的由VIA 族元素组成的二维元素材料，具有高的化学和机械稳定性、高载流子迁移率、超低的晶格热导率、优异的热电性能和非线性光学等性能。同年，Li 等人采用化学气相沉积法首次成功地通过 MoS_2 合成 Janus MoSSe 单层，一种新型的不对称 Janus 过渡金属双硫化物（TMDCs）单层被广泛研究。由于反转对称和面外镜像对称被打破，这些 Janus TMDCs 单层具有较大的面外压电响应、对析氢反应的高催化活性及用于水分解的宽太阳光谱的特性。如果这些非中心对称的 Janus TMDCs 中还存在强的自旋-轨道耦合（SOC）效应，将会导致能带发生自旋劈裂而产生 Rashba 自旋劈裂和谷极化现象。这些使 Janus TMDCs 成为研究自旋电子学和谷电子学的理想候选材料。受此启发，设计和开发具有独特 Janus 结构且由VIA 族元素合成的化合物，可能会在压电、热电及自旋电子学领域有广泛的应用。

本书系统研究了二维VIA 族元素合成材料的相关物理性质，主要包括热电性质、压电性质和 Rashba 自旋劈裂等，研究结果对于开发新一代高性能热电材料和压电材料，以及高密度自旋电子器件的制备具有重要的理论指导意义。全书共 11 章：第 1 章介绍第一性原理计算方法的相关理论背景，以及一些通用的第一性原理计算软件；第 2 章介绍热电相关理论，主要包括热电效应原理、电子输运性质、晶格热导率的计算方法、二维热电材料研究进展和优化方法；第 3 章介绍压电相关理论，主要包括压电效应及其原理、压电系数的计算方法、压电材料的研究进展和优化方法；第 4 章介绍二维VIA 族材料晶体结构设计，主要包括石墨烯、过渡金属双硫化物（TMDCs）以及不同二维VIA 族材料化合物；第 5 章介绍二维VIA 族碲烯和硒烯的物理性质，主要包括能带结构、光学性质、热电性质、压电性质和拓扑性质；第 6 章介绍 1T 相VIA 族二元化合物输运性质的理论研究，主要包括电子性质、电输运性质和声子输运性质；第 7 章介绍 Janus VIA 族二元化合物压电、热电性质和 Rashba 效应的理论研究；第 8 章介绍 Janus VIA 族三元化合物的压电、热电性质和 Rashba 效应的理论研究；第 9 章介绍应变调控 1T 相VIA 族化合物 Se_2Te 和 $SeTe_2$ 热电性质的理论研究，主要包括应变调控晶格热导率和热电优值；第 10 章介绍VIA 族元素的衍生物 Janus CrXY（X, Y=S, Se, Te）的 Rashba 自旋分裂和压电响应的研究，主要包括 Rashba 自旋分裂和压电响应，以及应变对其的调控；第 11 章介绍VIA 族元素的衍生物 CrX_2（X=S, Se, Te）的电子结构、力学性能、压电和热输运性能的研究，主要包括应变对电子结构、压电和晶格热导率的调控。

本书可供低维材料热电和压电领域及从事自旋电子学研究的科技工作者参考，也可作为高等院校相关专业本科生和研究生的参考书。本书部分彩图可扫描二维码查看。

本书的撰写得到四川大学陈向荣教授的悉心指导，相关理论研究得到了西安邮电大学郭三栋副教授、河南大学阴化冰副教授，以及课题组研究生的帮助，在此一并表示感谢。

本书的出版得到了国家自然科学基金（12364017）、安顺学院博士基金（asxybsjj202317）项目的资助。在本书撰写过程中参考的相关资料，已在每章的文后列出，在此对相关学者表示衷心的感谢。由于作者水平有限，书中难免存在疏漏之处，敬请批评指正。

陈少波

2023 年冬于安顺学院

目　录

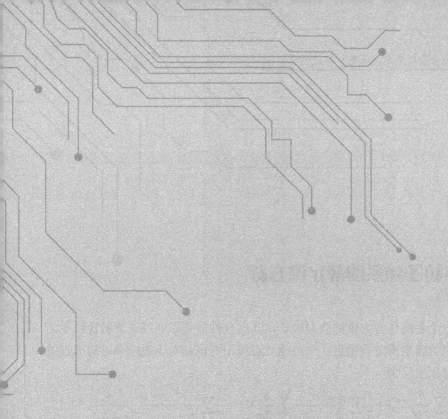

第 1 章

第一性原理的计算方法

1.1　多粒子体系的薛定谔方程

通常一个系统包含大量的微观粒子，其宏观性质可以通过求解微观粒子之间相互作用的薛定谔方程得到。一般地，系统不考虑相对论效应和时间因素的哈密顿量可以表示为

$$\hat{H} = -\sum_i \frac{\hbar^2}{2M_i}\nabla_{R_i}^2 + \frac{1}{2}\sum_{i,i'}\frac{Z_iZ_{i'}\mathrm{e}^2}{|R_i - R_{i'}|} - \sum_i \frac{\hbar^2}{2m}\nabla_{r_i}^2 + \frac{1}{2}\sum_{i,i'}\frac{\mathrm{e}^2}{|r_i - r_{i'}|} - \sum_{i,j}\frac{Z_j\mathrm{e}^2}{|r_i - R_j|} \quad (1.1)$$

其中，R_i 是第 i 个原子核的坐标，r_i 是第 i 个电子的坐标，M_i 是第 i 个原子核的质量，m 是电子的质量，Z_i 是第 i 个原子核带的电荷量。式（1.1）从左到右依次是离子实的动能、离子实之间的库仑排斥势能、电子动能、电子之间的库仑排斥势能和电子与离子实之间的相互作用势能。在满足原子核和电子各自的统计规律后，体系的所有性质可以通过求解多粒子体系薛定谔方程得到：

$$\hat{H}\Psi(r,R) = E\Psi(r,R) \quad (1.2)$$

实际中多粒子系统的粒子数很大（通常在 10^{23} 量级以上），加上多粒子系统之间复杂的相互作用，导致利用现有的计算资源很难精确求解薛定谔方程，因此，在实际求解过程中需要采用一些合理的近似。

1.2　近似基础

1.2.1　Born–Oppenheimer 近似

Born-Oppenheimer(波恩–奥本海默)[1-4]近似简称 BO 近似，又称绝热近似。

波恩-奥本海默近似的基本观点：由于原子核质量比电子质量大得多（一般要大 3~4 个数量级），电子的运动速度远远大于原子核的运动速度，电子的速度相对于原子核的运动几乎是瞬间（绝热的）运动。当核外电子在原子核产生的势场中做高速运动时，原子核的运动可以忽略不计，因此可近似认为原子核只在其平衡位置做极其微弱的振动（原子核可以看作冻结的经典粒子）。可以近似地将原子核和电子当作两个孤立的系统分开处理，假设两者之间不会互相交换能量。由此，可以实现原子核坐标与电子坐标的近似变量分离，将求解整个体系的波函数简化为求解电子波函数和求解原子核波函数两个部分。

在 BO 近似下，多粒子体系波函数可以用电子波函数与原子核波函数的乘积来表示：

$$\Psi(r, R) = \psi_{el}(r, R) \times \psi_{nucl}(r, R) \tag{1.3}$$

电子波函数满足的薛定谔方程如下：

$$\hat{H}_{el}(r, R)\psi_{el}(r, R) = E_{el}\psi_{el}(r, R) \tag{1.4}$$

其哈密顿量的表达式为

$$\hat{H}_{el}(r, R) = -\sum_{i}^{N} \frac{\hbar^2}{2m_e} \nabla_{r_i}^2 + \frac{1}{2}\sum_{i,i'} \frac{e^2}{|r_i - r_{i'}|} - \sum_{i,j} \frac{Z_j e^2}{|r_i - R_j|} \tag{1.5}$$

其中，第二项仍然是一个具有复杂相互作用的电子多体问题。

1.2.2　Hartree-Fock 近似

由于在多粒子体系中电子与电子之间存在库仑相互作用，多个电子相互作用的体系依然是一个复杂的多体问题，使得求解薛定谔方程仍然十分困难。为解决这个问题，1928 年 Hartree 提出用平均场近似的思想把这个多体问题简化成单体问题进行求解[5]。Hartree 平均场近似的核心思想是把电子与电子之间的库仑作用势能平均化，这样每个电子就近似地处于一个由原子核和其他电子产生的周期性平均势场中。

不考虑 Pauli 不相容原理的影响[6]，多粒子体系波函数 $\Psi(r)$ 可以写成多个相互独立的电子波函数的乘积：

$$\Psi(r) = \psi_1(r_1)\psi_2(r_2)\psi_3(r_3)\dots\psi_n(r_n) \tag{1.6}$$

若忽略相对论效应，每个单电子可看作在其原子核和其他核外电子构成的

周期性势场 $V(r)$ 中运动。将式（1.6）代入薛定谔方程，通过分离变量法，可得到单电子近似下的薛定谔方程为

$$\left[-\frac{\hbar^2}{2m}\sum_i \nabla_i^2 + \sum_i V(r_i) + \sum_{i,j}\frac{e^2}{|r_i - r_j|} \right]\psi(r) = E\psi(r) \qquad (1.7)$$

在这种近似下，多电子体系的总能量为所有单电子能量之和，能量的期望值为 $\overline{E} = <\Psi|\hat{H}|\Psi>$。同时考虑波函数满足正交归一化条件 $\langle \Psi_i|\Psi_j \rangle = \delta_{ij}$，再对上述总能量做变分处理，就可以得到能量的最小值，进而得出 Hartree 方程为[7]

$$\left[-\frac{\hbar^2}{2m}\nabla_i^2 + V(r_i) + e^2 \sum_{i\neq i'}d_{r'}\frac{|\psi_{i'}(r')|^2}{|r'-r|} \right]\psi_i(r) = \varepsilon_i\psi_i(r) \qquad (1.8)$$

显然，这个方程只针对第 i 个电子，所以是一个单电子方程。

由于电子是费米子，Hartree 近似中的波函数不满足电子的交换反对称性。为解决这一难题，Fock 在单电子近似方法的基础上进一步考虑了电子的交换反对称性，提出了 Slater 行列式：

$$\Psi(r) = \frac{1}{\sqrt{N!}}\begin{vmatrix} \psi_1(r_1) & \psi_2(r_1) & \psi_3(r_1) & \cdots & \psi_N(r_1) \\ \psi_1(r_2) & \psi_2(r_2) & \psi_3(r_2) & \cdots & \psi_N(r_2) \\ \vdots & \vdots & \vdots & \vdots & \vdots \\ \psi_1(r_N) & \psi_2(r_N) & \psi_3(r_N) & \cdots & \psi_N(r_N) \end{vmatrix} \qquad (1.9)$$

其中，$\psi_i(r_i)$ 表示第 i 个电子的波函数，r_i 包含第 i 个电子的空间位置和自旋态。Slater 行列式形式的波函数自然地满足交换反对称性[8]，因为交换行列式任意两列（即两个电子交换位置），Slater 波函数会反号。这样就可以对 Hartree 的波函数用 Slater 行列式进行改进，让其满足电子的交换反对称性，称之为 Hartree-Fock 近似。单电子 Hartree-Fock 方程的具体形式如下：

$$\left(-\frac{\hbar^2}{2m}\nabla^2 + V(r) + V_{\text{H}}(r) + V_{\text{exc}}(r) \right)\psi_i(r) = E_i\psi_i(r) \qquad (1.10)$$

其中，$V_{\text{H}}(r)$ 是 Hartree 势，$V_{\text{exc}}(r)$ 是复杂的交换关联势。与 Hartree 方程相比，Hartree-Fock 方程多了交换作用项，考虑到电子作为费米子系统的特性，满足 Pauli 不相容原理，自然而然地产生一个电子与电子的交换作用项。此时，与 Hartree 方程不同，Hartree-Fock 方程不再是一个单电子方程。

Hartree-Fock 近似采用单电子波函数代替复杂的多电子波函数进行求解，并考虑了电子的交换反对称性，这种近似对于原子数较少的体系，能够得到足够

精确的计算结果。但 Hartree-Fock 近似仍然存在缺陷：一是它只考虑了自旋平行情况下的波函数反对称，会造成一部分能量差；二是这种方法的计算成本随着系统尺度的增加呈指数级增长，对于具有较多原子数的体系，计算会变得非常复杂。

1.3　密度泛函理论

1.3.1　Thomas-Fermi-Dirac 近似

Hartree 方程和 Hartree-Fock 方程都以波函数为出发点，这些方法称为波函数方法。这是很自然的想法，因为薛定谔方程本身就是一个关于电子波函数的方程。然而，对于多电子体系，波函数本身是十分复杂的。1927 年，Thomas 和 Fermi 另辟蹊径提出了 Thomas-Fermi 模型[9, 10]，他们首先提出在均匀电子气中电子的动能可以写成电子密度的泛函：

$$T_{\mathrm{TF}}[\rho] = \frac{3}{10}\left(3\pi^2\right)^{2/3}\int \rho^{5/3}(r)\mathrm{d}r \tag{1.11}$$

且多电子体系的总能量可以写成电子密度 $\rho(r)$ 的函数：

$$E_{\mathrm{TF}}[\rho] = C_{\mathrm{F}}\int \rho^{5/3}(r)\mathrm{d}r + Z\int \frac{\rho(r)}{r}\mathrm{d}r + \frac{1}{2}\iint \frac{\rho(r_1)\rho(r_2)}{|r_1 - r_2|}\mathrm{d}r\mathrm{d}r' \tag{1.12}$$

式（1.12）等号右边第一项为电子的动能项，第二项为电子的外部势能，第三项为电子与原子核间的静电能（交换）。此模型虽然考虑了原子核及电子间的经典库仑相互作用产生的影响，但没有考虑电子之间交换的相互作用。

1928 年，Dirac 在 Thomas-Fermi 模型的基础上增加了一个电子交换能修正项：

$$E_{\mathrm{x}}[\rho] = -\frac{3}{4}\left(\frac{3}{\pi}\right)^{1/3}\int \rho^{4/3}(r)\mathrm{d}r \tag{1.13}$$

以上近似称为 Thomas-Fermi-Diraci 近似。虽然 Thomas-Fermi-Diraci 近似考虑了电子交换泛函，但它只针对简单的均匀电子气系统，在实际材料中的应用效果很差。主要原因是对电子动能项的近似过于粗糙，只把电子动能项写成了局域电荷密度的函数，而没有考虑电子密度梯度对动能的影响，而在实际应用中，电子密度的分布是不均匀的。尽管如此，相对于波函数，使用电荷密度的好处是显而易见的，因为电子密度只是三维空间的函数，而不像波函数是一个高维函数。另外，用电子密度表示系统的能量为密度泛函理论提供了一个新的思路。

1.3.2　Hohenberg-Kohn 定理

电荷密度是波函数模的平方，相比波函数，电荷密度包含更少的信息，缺少波函数的相位信息。那么电荷密度是否可以完全决定能量呢？答案是肯定的。

1964 年，P. Hohenberg 和 W. Kohn 首次证明了这个问题，提出了 Hohenberg-Kohn 定理（简称 HK 定理）[11]，该定理包含两个基本的定理，奠定了密度泛函理论的基础。

定理 1：对于一个确定的外势场 $V(r)$，体系的电子密度分布 $\rho(r)$ 是多粒子体系基态物理性质的基本变量，体系所有基本物理性质由电子密度唯一确定。

定理 2：如果 $\rho(r)$ 是体系电子密度函数，能量泛函 $E(\rho(r))$ 对电子密度函数 $\rho(r)$ 变分，得到的极小值就是该体系的基态能量。

在 HK 定理中，多粒子系统的能量 $E(\rho)$ 是电子密度 $\rho(r)$ 的泛函，具体的公式为

$$E(\rho(r)) = F(\rho(r)) + \int \rho(r) V(r) \mathrm{d}r \tag{1.14}$$

其中，$\rho(r)$ 是电子密度函数，r 是电子空间位置，$V(r)$ 是外部势场，$F(\rho(r))$ 是与外势场无关的泛函，其表达式如下：

$$\begin{aligned} F(\rho(r)) &= T(\rho(r)) + E_{\text{e-e}}(\rho(r)) \\ &= T(\rho(r)) + \frac{1}{2} \iint \mathrm{d}r \mathrm{d}r' \frac{\rho(r)\rho(r')}{|r - r'|} + E_{\text{xc}}(\rho(r)) \end{aligned} \tag{1.15}$$

式中，前两项分别是无相互作用粒子模型下的电子动能项、电子-电子的库仑排斥能，第三项为电子之间的交换关联能，它包含了所有未包含在无相互作用粒子模型中的相互作用能。

根据 HK 定理，如果得到体系的能量泛函 $E(\rho(r))$，将能量泛函对电子密度 $\rho(r)$ 变分，就可以确定系统基态和所有基态性质。由式（1.15）可知，若要确定能量泛函 $E(\rho(r))$，需要确定式中的三个变量：电子密度函数 $\rho(r)$、动能泛函 $T(\rho(r))$ 及交换关联能泛函 $E_{\text{xc}}(\rho(r))$。

1.3.3　Kohn-Sham 方程

由上节可知，要得到体系的能量泛函，首先需要确定该体系的密度函数 $\rho(r)$ 和动能泛函 $T(\rho(r))$。为解决这个问题，1965 年 Kohn 和 Sham 提出一种假想模型[12]：用无相互作用的电子系统的动能泛函来代替有相互作用的体系的动能泛函 $T(\rho(r))$，并且这两个系统有相同的电子密度 $\rho(r)$。基态的电子密度和无相互作用的动能泛函可以由 Kohn-Sham 轨道 $\psi_i(r)$ 得到，用 N 个单电子波函数 $\psi_i(r)$ 来表示电荷密度：

$$\rho(r) = \sum_{i=1}^{N} \left| \psi_i(r) \right|^2 \tag{1.16}$$

则动能泛函为

$$T(\rho(r)) = \sum_{i=1}^{N} \left\langle \left\langle \psi_i(r) \left| \left(-\frac{\hbar^2}{2m} \nabla_{r_i} \right) \right| \left\langle \psi_i(r) \right\rangle \right\rangle \tag{1.17}$$

Hohenberg-Kohn 定理 2 中将能量泛函对密度函数 $\rho(r)$ 的变分可以替换为对 $\psi_i(r)$ 的变分，变分后可得

$$\left\{ -\frac{\hbar^2}{2m} \nabla^2 + \int \frac{\rho(r')}{|r-r'|} \mathrm{d}r + \frac{\delta E_{xc}[\rho(r)]}{\delta \rho(r)} + V(r) \right\} \psi_i(r) = \varepsilon_i \psi_i(r) \tag{1.18}$$

上式被称为 Kohn-Sham 方程，大括号里的后三项为假想的有效势 V_{eff}，也称自洽势，包含库仑作用势 $V_c(r)$、交换相关势 $V_{xc}(r)$ 和外势 $V(r)$。Kohn-Sham 方程的中心思想就是将有相互作用体系的动能用具有相同密度分布函数但无相互作用体系的动能来表示，将剩余的相互作用体系中的复杂部分计入交换关联能 $E_{xc}[\rho(r)]$ 中。至此，体系中唯一没有确定的是交换关联能 $E_{xc}[\rho(r)]$ 的泛函形式。当交换关联能的泛函被完全确定后，就可以通过该 Kohn-Sham 方程进行自洽求解得到体系的基态能量和基态电荷密度。Kohn-Sham 方程自洽求解流程如图 1.1 所示。

总而言之，在求解 Kohn-Sham 方程的过程中[12]，把多相互作用归入交换关联能 $E_{xc}[\rho(r)]$ 中，无须求解外势场作用下相互关联的多电子体系，而是求解一个等效的、但更为简单的在有效势场 V_{eff} 中无相互关联的 Kohn-Sham 单粒子体系，如图 1.2 所示。由于 Kohn-Sham 方程在大多数情况下更容易求解，这使得研究复杂的现实体系成为可能。

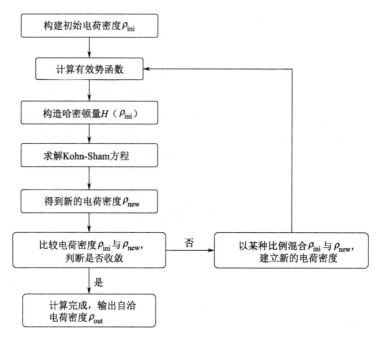

图 1.1　Kohn-Sham 方程自洽求解流程图

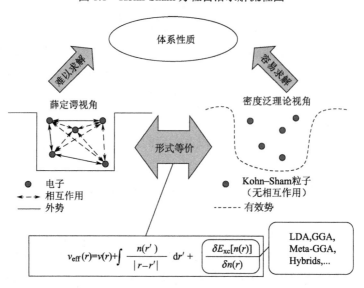

图 1.2　薛定谔方程（SE）和密度泛函理论的 Kohn-Sham（KS）

用于体物理性质的示意图[13]

1.3.4　交换关联泛函

从上面讨论的 Kohn-Sham 方程可知，现在所有的困难在于如何写出交换关联泛函的形式，而得到交换关联能 $E_{xc}[\rho(r)]$ 的精确形式十分困难，在实际计算中通常采用各种合理的近似来处理，如局域密度近似（LDA）、广义梯度近似（GGA）和杂化密度泛函（HDF）等。

LDA 是 W. Kohn 和 L. J. Sham（沈吕九）提出的应用最早、形式最简单的近似方法，它的基本思想是将非均匀电子气看成由无穷体积元内局域均匀的电子气组成，然后利用均匀电子气的交换关联空穴来近似非均匀体系的量。该交换关联项的具体表达式如下：

$$E_{xc}^{LDA}[\rho(r)] = \int \rho(r)\varepsilon_{xc}[\rho(r)]dr \qquad (1.19)$$

式中，ε_{xc} 表示单个电子的交换关联能密度，$\rho(r)$ 表示电子密度分布函数，此时式（1.18）的交换关联势可表示为

$$V_{xc} = \frac{\delta E_{xc}[\rho(r)]}{\delta \rho(r)} = \varepsilon_{xc}[\rho(r)] + \int \frac{\delta \varepsilon_{xc}[\rho(r)]}{\delta \rho(r)} \rho(r)dr \qquad (1.20)$$

其中，单个电子的交换关联能密度 ε_{xc} 的表达式由两部分组成，分别是交换能密度和关联能密度[14]：

$$\varepsilon_{xc}[\rho(r)] = \varepsilon_x[\rho(r)] + \varepsilon_c[\rho(r)] \qquad (1.21)$$

在大多数材料的计算中，LDA 处理方法可以得到比较准确的结果，但它没有考虑电荷密度非均匀性带来的影响，也存在许多缺陷：① LDA 对于大量原子体系的计算结果不够准确；② LDA 计算含有 d 电子的过渡金属体系时误差较大；③ LDA 预测从金属到绝缘体转变时的临界体积太大。

GGA 在 LDA 的基础上，进一步考虑了电子密度梯度对计算结果的影响。因为对于许多体系，它们的空间电子分布是不均匀的，存在较大梯度，对于这类物质的计算，LDA 会带来较大误差。此时，引入 GGA 就能更准确地描述体系物理性质。GGA 中将表征不均匀性的电子密度梯度包含在能量密度梯度泛函的表达式中，于是该表达式就变成关于电子密度和电子密度梯度的函数，具体表达式如下：

$$E_{xc}^{GGA}[\rho(r)] = \int f_{xc}[\rho(r)], \rho_\beta(r), \nabla_\alpha(r), \nabla \rho_\beta(r)]dr \qquad (1.22)$$

目前常用的 GGA 交换关联势可分为：① PW86、PW91 和 PBE 等不添加经验参数的泛函[15, 16]；② B88、RPBE 和 LYP 等需要加入实验参数的泛函[17-19]。

与 LDA 相比，GGA 在处理电子密度分布非均匀的体系时，尤其是存在过渡族元素时，得到的结果与实验值符合得更好。但 GGA 并不适用于所有的研究体系，它依然存在一些问题，如高估晶格常数和低估半导体带隙，在具体的计算中，要根据不同的研究对象选择相应的近似方法。

HDF 相较于 LDA 和 GGA，是一种更加精确的交换关联泛函[20]。杂化密度泛函考虑了 Hartree-Fock 方程的交换项，将密度泛函理论（DFT）的交换关联函数与非 DFT 的 HF 交换项按一定比例结合，得到了新的交换关联泛函，即杂化密度泛函。具体表达式如下：

$$E_{xc} = aE_{xc}^{HF} + bE_{xc}^{DFT} \tag{1.23}$$

对于杂化密度泛函，选取不同的参数及不同的近似交换能泛函，就能得到不同的表达形式，如 PBE0[21]杂化泛函包含 25%的严格交换能、75%的 PBE 交换能和全部的 PBE 关联能：

$$E_{xc}^{PBE0} = 0.25E_x + 0.75E_x^{PBE} + E_c^{PBE} \tag{1.24}$$

再如，常用到的 HSE[22]杂化泛函的表达式为

$$E_{xc}^{HSE} = 0.25E_x^{SR}(\mu) + 0.75E_x^{PBE,SR}(\mu) + E_x^{PBE,LR}(\mu) + E_c^{PBE} \tag{1.25}$$

一般认为，至少在能量、能隙计算方面，杂化泛函得到的结果比常规交换关联势得到的结果更接近实验值，但泛函越复杂，要求的精度越高，计算量也会相应地增加。

1.4　布洛赫理论

布洛赫定理和布洛赫波的概念由菲利克斯·布洛赫在 1928 年研究晶态固体的导电性时首次提出。在固体中，电子在周期性势场中运动，布洛赫认为电子的波函数 $\Psi_k^n(r)$ 可以表示为[23]

$$\Psi_k^n(r) = u_k^n(r)e^{ik \cdot r} \tag{1.26}$$

式中，$u_k^n(r)$ 是服从晶格周期性的势，满足 $u_k^n(r) = u_k^n(r + R_n)$，其中，$R_n$ 是晶格的平移周期向量，可以取布拉维格子的所有正格矢，$R_n = l_1a_1 + l_2a_2 + l_3a_3$。$e^{ik \cdot r}$ 表示平面波，k 为晶体动量，n 为电子能带的指标。布洛赫定理给出了普适的波函数的形式，为今后求解复杂势的能带结构奠定了基础。

1.5　平面波基函数

由于势函数的周期性，可以将 $u_k^n(r)$ 分解为一组平面波，这些平面波的波矢量为晶体的倒易晶格矢量 G：

$$u_k^n(r) = \frac{1}{\sqrt{\Omega_{\text{cell}}}} \sum_G C_k^n(G) e^{iG \cdot r} \qquad (1.27)$$

式中，Ω_{cell} 和 C_k^n 分别表示原胞体积和平面波傅里叶级数系数，G 向量由 $G \cdot R = 2\pi m$ 定义，R 表示晶体真实空间中的晶格向量，m 是一个整数。因此，每个电子波函数（在平面波扩展）可以写成如下形式：

$$u_k^n(r) = \frac{1}{\sqrt{\Omega_{\text{cell}}}} \sum_G C_{k+G}^n(G) e^{i(k+G) \cdot r} \qquad (1.28)$$

一般需要无限个 G 向量以无限精度展开波函数。然而，在实际计算中，我们使用有限数量的平面波，其能量低于截断能量值（Energy cutoff）：

$$\frac{\hbar^2}{2m} |k + G|^2 < E_{\text{cut}} \qquad (1.29)$$

不难看出，平面波的个数越多（截断能 E_{cut} 越大），DFT 计算的数值越精确。然而，当截断能 E_{cut} 超过一定的数值后，预测性质（如系统总能量）的数值变化基本可以忽略不计。这个过程通常被称为能量截断收敛，在 DFT 计算中使用收敛的截断能。一般来说，相对于具有较大动能的平面波，具有较小动能的平面波对材料性能的决定作用更大。

DFT 模拟计算过程除要有收敛性好的截断能外，还必须满足在倒格子空间有合适的 k 点（k-point）采样。利用布洛赫定理，将具有周期边界条件的晶格中分布的无限数量电子的问题映射到用周期单元的第一个布里渊区（BZ）内的无限数量的倒易空间向量来描述电子波函数的问题上。Born-von Karman 边界条件允许我们利用实晶格的平移对称性将实空间中的无限周期晶格表示为倒易空间中的另一个周期晶格[24]。第一布里渊区是构成倒易晶格的最小单元，它所包含的 k 态个数总是与晶格中原始单元格的个数相同。在实践中，我们使用特殊的点集（通常称为 k 点）对布里渊区进行采样。每个 k 点的电子波函数用平面波展开，每个 k 点所需平面波的数量由方程式（1.29）中的截断能 E_{cut} 决定。

在 DFT 模拟计算中，精确地求解电荷密度至关重要。电荷密度的测定需要对布里渊区（BZ）和占据的电子带中的 **k** 点求和，具体公式如下：

$$n(r) = \frac{\Omega_{\text{cell}}}{(2\pi)^3} \int_{\text{BZ}} n_k(r) \mathrm{d}k \tag{1.30}$$

其中，

$$n_k(r) = \sum_{n=1}^{N} \Psi_{n,k}^*(r) \Psi_{n,k}(r) \tag{1.31}$$

计算 $n(r)$ 需要在精心选择的 **k**-网格中对 BZ 进行采样的每个 **k** 点处的 $n_k(r)$ 进行评估。利用空间群对称运算，可以减少计算所需的总 **k** 点。一个 **k** 点的结果可以用于与其具有对称运算的另一个 **k** 点。存在几种不同的方法生成具有给定权重因子的 **k** 点的特殊集合，从而有效地对不可约 BZ 进行采样。通常，越大的 **k**-mesh 尺寸或越密集的 **k**-mesh 将获得精度越高的数值。

1.6 赝势

赝势近似最早由 Hellman 于 1935 年提出[25]，后来由 Phillips 和 Kleinman 于 1959 年改进。交换关联势经过近似处理之后，Kohn-Sham 方程可以通过平面波赝势的方法求解。然而，由于电子波函数在原子核附近（芯电子区）振荡迅速，而在间隙区（价电子区）变化相对缓慢，因此需要大量的截断能，即需要大量的平面波来捕捉原子核附近波函数的摆动。这大大增加了 DFT 模拟的计算成本，因为计算的复杂程度正比于 N^3（N 为计算中电子的个数）。在原子之间成键或其他化学反应中，原子的外层价电子起到主导作用。为减少 DFT 模拟的计算成本，采用赝势来处理。赝势的核心思想是不考虑离子实的电子作用，只考虑价电子的作用，将价电子和离子实（内层电子和原子核）之间真实的相互作用使用赝势代替。赝势近似通过将电子态分为核心态和价态来解决这个问题。原子轨道可以很好地描述核心态的波函数，而平面波则更适合描述核心态的波函数。这个有效势可以通过价电子得到。这种近似的主要优点是大大减少了 DFT 模拟计算中的总电子数。赝势近似的另一个优点是赝波函数在核心区没有径向节点，也没有快速波动（见图 1.3）。在核心区，赝势比实际库仑势平滑，在一定的截止半径（r_c）以外与实际库仑势一致。赝势近似的这些特征允许人们使用相对较少数量的平面波来计算价电子的 Kohn-Sham 波函数。

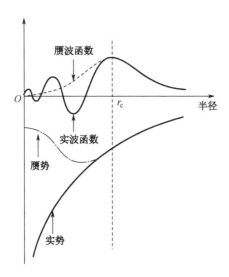

图 1.3　赝势（黑色虚线）和实势（绿色实线）、赝波函数（黑色虚线）和

实波函数（绿色实线）的示意图[26]

实势和赝势在截止半径 r_c 以外是完全吻合的。赝波函数在 r_c 之前是无节点的，并且在核心区域的赝势比实势弱得多。

目前常用的赝势主要包括模守恒赝势（NCPP）、Kleinman-Bylander 近似形式[27]、超软赝势（USPP）[28]和投影缀加平面波（PAW）赝势[29]。这里主要介绍后面两种赝势。

1.6.1　超软赝势（USPP）

超软赝势是个完全非局域的赝势，该方法去掉了模守恒条件约束，使得赝波函数能够以优化平滑的方式构造。构建超软赝势通常有三个阶段：

（1）通过直接处理波函数，完全绕过半局部势的构造，可以得到完全非局部的 k-b 型赝势。假设一个确定角动量为 lm 的全电子波函数 $\Psi_i(r)$，它是薛定谔方程的解，在原点是正则的，能量为任意 ε_i，对应的薛定谔方程如下：

$$\left[-\frac{1}{2}\nabla^2 + V_{AE}(r)\right]\Psi_i(r) = \varepsilon_i\Psi_i(r) \tag{1.32}$$

式中，$-\dfrac{1}{2}\nabla^2$ 是动能算符，i 是综合指数，$i = \{\varepsilon_i lm\}$。$V_{AE}(r)$ 是原始势函数，不

是自洽的。现在构造一个赝波函数 φ_i，它在 r_{cl} 处平滑地与 Ψ_i 结合，并且满足保范性质 $\langle \varphi_i | \varphi_i \rangle_R = \langle \Psi_i | \Psi_i \rangle_R$。由于波函数 $|\chi_i\rangle = (\varepsilon_i - T - V_{loc})|\varphi_i\rangle$ 是定域的（它将在超过 R 处消失，即 $V_{AC} = V_{loc}$ 和 $\varphi_i = \Psi_i$ 时），非局域赝势算符可以表示为

$$\hat{V}_{NL} = \frac{|\chi_i\rangle\langle\chi_i|}{\langle\chi_i \| \varphi_i\rangle} \tag{1.33}$$

（2）通过将前面构造的赝势推广到两个或两个以上能量 ε_i 的情况下，得到此时的散射特性是正确的。现在赝波函数 $|\varphi_i\rangle$ 与以前一样由全电子波函数 $|\Psi_i\rangle$ 构造，除必须满足模守恒条件 $Q_{ij} = 0$ 外，其中

$$Q_{ij} = \langle \Psi_i | \Psi_j \rangle_R - \langle \varphi_i | \varphi_j \rangle_R \tag{1.34}$$

假设局域矩阵为 $B_{ij} = \langle \varphi_i | \chi_j \rangle$，定义局域波函数基组为

$$|\beta_i\rangle = \sum_j (B^{-1})_{ji} |\chi_j\rangle \tag{1.35}$$

非局域非赝势算子可表示为

$$\hat{V}_{NL} = \sum_{i,j} B_{ij} \langle \beta_i \| \beta_j \rangle \tag{1.36}$$

（3）由于模守恒条件的限制，NCPP 对第一周期元素和过渡金属元素并不能显著减少计算量。这时，需要定义非局部重叠算符 $\hat{S} = 1 + \sum_{i,j} Q_{ij} \langle \beta_i \| \beta_j \rangle$，并将非局部势运算符重新定义为 $\hat{V}_{NL} = \sum_{i,j} D_{ij} \langle \beta_i \| \beta_j \rangle$，其中，$D_{ij} = B_{ij} + \varepsilon_i Q_{ij}$。进而可以得到

$$\langle \varphi_i | \hat{S} | \varphi_j \rangle_R = \langle \Psi_i | \Psi_j \rangle_R \tag{1.37}$$

$$\left(-\frac{1}{2}\nabla^2 + \hat{V}_{loc} + \hat{V}_{NL} \right) |\varphi_i\rangle = \varepsilon_i \hat{S} |\varphi_i\rangle \tag{1.38}$$

最终，在 USPP 中，电荷密度表达式与 Q 及 $|\beta\rangle$ 有关。

1.6.2 投影缀加平面波（PAW）赝势

为提高第一性原理计算的数值精度，Blöchl 于 1994 年首次提出了统一全电子和赝势方法的 PAW 赝势[29]。这种方法允许人们通过数学线性变换方法来考虑所有芯电子波函数的信息。它保留了在赝势近似中丢失的与核相关的性质

的计算信息，如超精细参数和电场梯度。由于正交性要求，电子波函数在原子核附近快速振荡。这种情况需要大量的傅里叶分量来准确地描述原子核附近的波函数。PAW 方法提出了一种将所有核心电子的快速振荡电子波函数转换为易于数值计算的光滑波函数的方法。

一个全电子 Kohn-Sham 波函数（不是多体波函数）Ψ 可以通过线性变换算符 $\hat{\tau}$ 转换成一个虚拟的赝波函数 Φ。这样可以找到光滑的赝波函数 Φ，它可以表示为某种类似原子的部分波基集：

$$|\tilde{\Psi}\rangle = \hat{\tau}|\tilde{\Phi}\rangle \tag{1.39}$$

在实践中，为节约计算成本，将 PAW 方法与赝势近似相结合[30, 31]。由于在赝势近似中，我们分离了芯电子波函数（在截止半径 r_c 内）和价电子波函数，因此 $\hat{\tau}$ 仅作用于半径 r_c 内的芯电子波函数。

$$\hat{\tau} = 1 + \sum_{r_c} \hat{\tau}_R \tag{1.40}$$

$\hat{\tau}_R$ 仅在以核为中心，半径为 r_c 的球内不为零，并且定义为邻近原子的增强球没有重叠。在每个增强球内，在光滑的全波基集 $|\Phi\rangle$ 中展开实波函数。

$$|\tilde{\Psi}_n\rangle = \sum_i |\tilde{\Phi}_n\rangle\langle\tilde{\pi}\ \tilde{\Psi}_n\rangle \tag{1.41}$$

这里，$\tilde{\pi}$ 是在增强球体内形成光滑完整基集的投影函数。因此，投影函数充当赝波函数特性的探针。上述变换［式（1.40）］可应用于任意算符，在保留全电子波函数信息的情况下，利用光滑赝波函数确定期望值。

$$\langle\hat{A}\rangle = \sum_n \langle\Psi_n | \hat{A} | \Psi_n\rangle = \sum_n \langle\tilde{\Psi}_n | \tau^{\dagger}\hat{A}\tau | \tilde{\Psi}_n\rangle \tag{1.42}$$

1.7　相关计算软件简介

1.7.1　VASP

Vienna Ab-initio Simulation Package（VASP）[32, 33]是维也纳大学 Hafner 课题组研发的进行电子结构计算和量子力学-分子动力学模拟的软件包。它是目前材料模拟和计算物质科学研究中最流行的商用软件之一。该软件采用投影缀加平面波赝势（PAW）或平面波赝势（PWP）方法进行从头算模拟或分子动力学模拟。在 DFT 框架下，VASP 通过自洽场循环计算体系的电子基态，这个方法与数值方法结合可以实现 Kohn-Sham 方程高效、快速、稳定地求解。目前，VASP 可以用来计算材料的力学性质、光学性质、电子性质和晶格动力学等。同时，VASP 还可以处理众多体系，如晶体、团簇、薄膜、原子分子等，因而得到广大科研工作者的青睐。

1.7.2 PHONOPY

PHONOPY[34]是一款在谐波和准谐波水平上计算声子性质的开源软件包。PHONOPY 可以与 VASP、Quantum ESPRESSO、Wien2K 等接口结合，通过有限位移法（Finite Displacement Method，FDM）和密度泛函微扰理论（DFPT）得到原子的受力情况。图 1.4 是 PHONOPY 的工作流程图，主要分为三部分：预处理、力常数计算和后处理。PHONOPY 结合 VASP，可以得到体系的声子谱、声子态密度（包括分态密度）、热力学性质（自由能、热容、焓）及声子群速度等。这些与声子相关的信息对解释晶体材料的各种特性（如热特性、机械特性、相变和超导性）非常有用。另外，与其他计算声子的软件 Phonon、Phon和 Frophp 相比，PHONOPY 在使用上更加方便，计算量更小。

1.7.3 BoltzTraP

BoltzTraP[35]是由 Georg Madsen 教授和 Singh 教授基于半经验玻尔兹曼理论共同开发出来的一种用来计算输运性质的软件。BoltzTraP 可以有效地计算材料的塞贝克系数、电导率、电子热导率等。BoltzTraP 软件应用广泛[36]，可以和多种计算软件对接（VASP[37]、Quantum ESPRESSO [38]和 Wien2K[39, 40]），可以高通量计算。BoltzTraP 使用常数弛豫时间近似（CRTA）作为默认的解决方案。在多数情况下，CRTA 方法可以很好地估算塞贝克系数[41-43]。但电导率和电子热导率等都与弛豫时间密切相关[44, 45]，在计算中容易引入不确定性，从而限制其做出正确的预测。

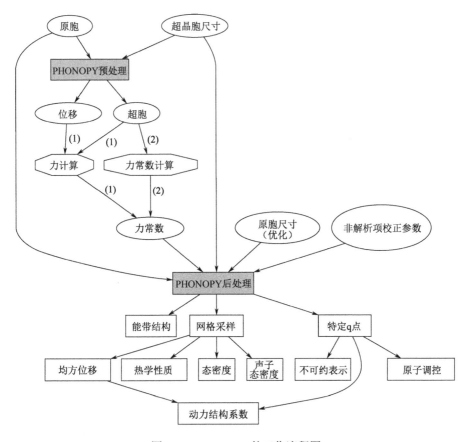

图 1.4　PHONOPY 的工作流程图

1.7.4　TransOpt

TransOpt[36]是上海大学材料基因研究院杨炯课题组在 2021 年研发的通过动量矩阵方法或与 BoltzTrap 相同的导数方法来计算电子输运特性（塞贝克系数、电导率、电子热导率、洛伦兹数、功率因子和电子适度方程）的软件包。该软件包基于 VASP 电子结构计算与跃迁矩阵元方法处理电子输运，能有效避免"能带交叉"问题，同时结合常数电子-声耦合近似（CEPCA）可更精确计算电子弛豫时间，避免了由拟合有效质量计算弛豫时间带来的误差。该软件包计算速度快，同时提高了电导率等电输运性质预测结果的准确性，适用于高通量计算。图 1.5 是 TransOpt 软件包的工作流程图。要运行 TransOpt 必须准备三个输入文件：finale.input、control.in 和 SYMMETRY。其中 finale.input 定义了计算电输运特性的一些参数，如能量范围、形变势（DP）和杨氏模量 Y 等。control.in 确定由哪种方法（动量矩阵方法和能量求导方法）计算电子群速度。SYMMETRY 是晶体结构对称操作相关信息。

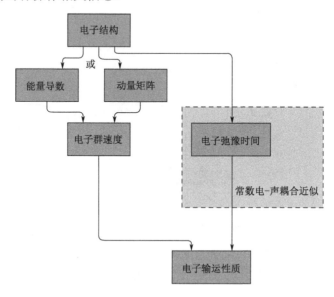

图 1.5　TransOpt 软件包的工作流程图

1.7.5　ShengBTE

ShengBTE[46]是李武等人研发出来的一种用于计算晶体块体材料或具有散射边界条件纳米线的晶格热导率的软件包。该软件包通过全迭代求解声子玻耳兹曼输运方程获得不同温度下的晶格热导率及声子的热输运性质，如声子群速度、声子散射率、声子寿命、平均自由程和格林爱森系数等。图 1.6 是 ShengBTE 软件的工作流程图。运行 ShengBTE 进行热输运计算必须准备的三个输入文件是 FORECE_CONSTANTS_2ND、FORECE_CONSTANTS_3RD 和 CONTROL 文件。FORECE_CONSTANTS_2ND 文件可以采用 PHONOPY 结合 VASP 软件进行计算，一般可以采用有限差分法和密度泛函微扰理论（DFPT）两种方法计算得到。FORECE_CONSTANTS_3RD 是通过 thirdorder.py 脚本结合 VASP 计算得到的。详细的计算过程为：先由 thirdorder.py 脚本根据材料结构（POSCAR）

的对称性生成一系列具有微小位移的超晶胞，通过 VASP 计算得到力常数，再经过读取整合力常数就能得到三阶力常数文件。CONTROL 文件是输入参数文件，需要设置晶格常数、原子坐标、超晶胞大小、温度、展宽及玻恩有效电荷及介电张量等。

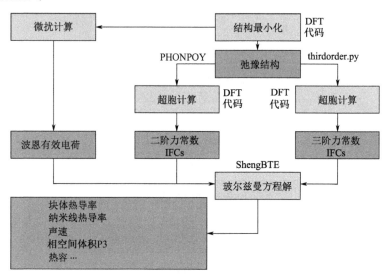

图 1.6　ShengBTE 软件的工作流程图

1.7.6　VASPKIT

VASPKIT[47]是由王伟等人开发的一款针对 VASP 软件包的前、后处理软件，具体的工作流程如图 1.7 所示。该软件提供了一个强大且对用户友好的界面，以对 VASP 代码生成的原始数据中的各种材料特性进行高通量分析。它主要由预处理和后处理模块组成。预处理模块旨在准备和操控输入文件，如必要的输入文件生成、对称性分析、超晶胞变换、给定晶体结构的高对称路径 **k** 生成。后处理模块用于提取和分析弹性力学、电子结构、电荷密度、静电势、线性光学系数、实空间波函数图等原始数据。

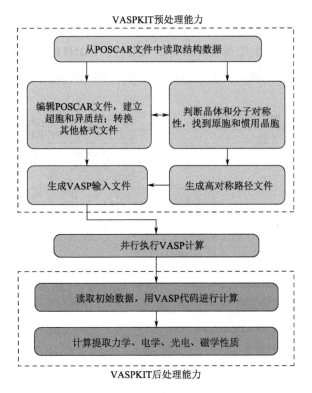

图 1.7   VASPKIT 的工作流程图

1.7.7   PyProcar

PyProcar 是 Uthpala Herath 等人研发的一款对用户友好的开源 Python 库，可以轻松地用于各种 DFT 前处理和后处理计算[48]。PyProcar 将电子能带结构和费米面绘制为电子结构计算中布里渊区和带中每个 **k** 点的位置和（或）s、p、d、f 投影波函数的函数。该软件包只需要分析包含能带和投影能带的 PROCAR 文件即可得到适合于理解原子效应相关的能带结构、费米表面、自旋纹理等信息。在费米表面的情况下，该软件包能够根据其他属性（如电子速度或自旋投影）绘制具有颜色的表面。对 **k**-网格中每个 **k** 点和每个波段，具有特定属性的文件可用于投射其他属性，如电子-声子平均路径、费米速度、电子有效质量等。

1.7.8　Siesta

Siesta 软件的英文全称是 Spanish initiative for Electronic Simulations with Thousands of Atoms，是一种实现电子结构计算和第一性原理分子动力学模拟的程序。Siesta 软件最早由剑桥大学 Emilio 教授、西班牙马德里自治大学 Soler 教授等人于 1997 年研发。该软件被广泛用于分子和固体电子结构计算和分子动力学模拟。Siesta 使用标准的 Kohn-Sham 自洽密度泛函方法，结合局域密度近似或广义梯度近似。计算使用完全非局域形式的标准守恒赝势。基组采用原子轨道的线性组合（LCAO）方法。它允许任意多个角动量、多个 zeta、极化和截断轨道，具有计算体系的总能量和部分能量、计算电子密度、原子轨道和键分析、态的局域和轨道投影密度、带结构、常温分子动力学等强大的功能。

本章参考资料

[1]　BORN M, OPPENHEIMER R. Quantum Theory of Molecules. Ann. Phys-Berlin, 1927, 84: 0457.

[2]　KOPPEL H, DOMCKE W, CEDERBAUM L S. Multimode Molecular-Dynamics Beyond the Born-Oppenheimer Approximation. Adv. Chem. Phys., 1984, 57: 59.

[3]　丁大同. 固体理论讲义 [M]. 天津: 南开大学出版社, 2001.

[4]　谢希德, 陆栋. 固体能带理论 [M]. 上海: 复旦大学出版社, 1998.

[5]　HARTREE D R. The Wave Mechanics of an Atom with a Non-Coulomb Central Field. Part I. Theory and Methods. Math. Proce. Cambridge, 1928, 24: 89.

[6]　GREENBERG O W. Particles with Small Violations of Fermi or Bose Statistics. Phys. Rev. D, 1991, 43: 4111.

[7]　HARTREE D R. The Wave Mechanics of an Atom with a Non-Coulomb Central Field Part I Theory and Methods. P. Camb. Philos. Soc., 1928, 24: 89.

[8]　SLATER J C. Atomic Shielding Constants. Phys. Rev., 1930, 36: 57.

[9]　FERMI E. A Statistical Method for Determining Some Properties of the Atoms

and Its Application to the Theory of the Periodic Table of Elements. Z. Phys., 1928, 48: 73.

[10]　THOMAS L H. The Calculation of Atomic Fields. Math. Proce. Cambridge, 1927, 23: 542.

[11]　HOHENBERG P, KOHN W. Inhomogeneous Electron Gas. Phys. Rev., 1964, 136: B864.

[12]　KOHN W, SHAM L J. Self-Consistent Equations Including Exchange and Correlation Effects. Phys. Rev., 1965, 140: A1133.

[13]　MATTSSON A E, SCHULTZ P A, DESJARLAIS M P, et al. Designing Meaningful Density Functional Theory Calculations in Materials Science—a Primer, Modell. Simul. Mater. Sci. Eng., 2004, 13: R1.

[14]　CASIDA M E, JAMORSKI C, CASIDA K C, et al. Molecular Excitation Energies to High-lying Bound States from Time-Dependent Density-Functional Response Theory: Characterization and Correction of the Time-dependent Local Density Approximation Ionization Threshold. J. Chem. Phys., 1998, 108: 4439.

[15]　SHAPLEY W A, CHONG D P. PW86-PW91 Density Functional Calculation of Vertical Ionization Potentials: Some Implications for Present-Day Functionals. Int. J. Quantum. Chem., 2001, 81: 34.

[16]　LANGLET J, BERGES J, REINHARDT P. An Interesting Property of the Perdew-Wang 91 Density Functional. Chem. Phys. Lett., 2004, 396: 10.

[17]　PERDEW J P, BURKE K, ERNZERHOF M. Generalized Gradient Approximation Made Simple. Phys. Rev. Lett., 1996, 77: 3865.

[18]　HERNANDEZ-HARO N, ORTEGA-CASTRO J, MARTYNOV Y B, et al. DFT Prediction of Band Gap in Organic-Inorganic Metal Halide Perovskites: An Exchange-Correlation Functional Benchmark Study. Chem. Phys., 2019, 516: 225.

[19]　ENGEL E, VOSKO S H. Exact Exchange-Only Potentials and the Virial Relation as Microscopic Criteria for Generalized Gradient Approximations. Phys. Rev. B, 1993, 47: 13164.

[20]　HEYD J, SCUSERIA G E, ERNZERHOF M. Hybrid Functionals Based on a

Screened Coulomb Potential. J. Chem. Phys., 2003, 118: 8207.

[21] PERDEW J P, ERNZERHOF M, BURKE K. Rationale For Mixing Exact Exchange With Density Functional Approximations. J. Chem. Phys., 1996, 105: 9982.

[22] HEYD J, SCUSERIA G E, ERNZERHOF M. Hybrid Functionals Based on a Screened Coulomb Potential J. Chem. Phys., 2006, 124: 219906.

[23] 黄昆. 固体物理学. 北京：高等教育出版社，2020.

[24] YU P Y, CARDONA M. Fundamentals of Semiconductors, 世界图书出版公司, 1999.

[25] HELLMANN H. A New Approximation Method in the Problem of Many Electrons. J. Chem. Phys., 1935, 3: 61.

[26] HERNANDEZ W I. Ab-Initio Study of Thermoelectricity of Layered Tellurium Compounds, F, 2015.

[27] KLEINMAN L, BYLANDER D M. Efficacious Form for Model Pseudopotentials. Phys. Rev. Lett., 1982, 48: 1425.

[28] VANDERBILT D. Soft Self-Consistent Pseudopotentials in a Generalized Eigenvalue Formalism. Phys. Rev. B, 1990, 41: 7892.

[29] BLÖCHL P E. Projector Augmented-Wave Method. Phys. Rev. B, 1994, 50: 17953.

[30] KRESSE G, JOUBERT D. From Ultrasoft Pseudopotentials to the Projector Augmented-Wave Method. Phys. Rev. B, 1999, 59: 1758.

[31] DAL CORSO A. Projector Augmented-Wave Method: Application to Relativistic Spin-Density Functional Theory. Phys. Rev. B, 2010, 82: 075116.

[32] KRESSE G, HAFNER J. Ab Initio Molecular Dynamics for Liquid Metals. Phys. Rev. B, 1993, 47: 558.

[33] KRESSE G, HAFNER J. Ab Initio Molecular-Dynamics Simulation of the Liquid-metal-amorphous-semiconductor Transition in Germanium. Phys. Rev. B, 1994, 49: 14251.

[34] TOGO A, TANAKA I. First Principles Phonon Calculations in Materials Science. Scripta Mater., 2015, 108: 1.

[35] MADSEN G K H, SINGH D J. BoltzTraP. A Code for Calculating Band-

Structure Dependent Quantities. Comput. Phys. Commun., 2006, 175: 67.

[36] LI X, ZHANG Z, XI J, et al. TransOpt. A Code to Solve Electrical Transport Properties of Semiconductors in Constant Electron-Phonon Coupling Approximation. Comp. Mater. Sci., 2021, 186: 110074.

[37] KRESSE G, FURTHMÜLLER J. Efficient Iterative Schemes for Initio Total-Energy Calculations Using a Plane-Wave Basis Set. Phys. Rev. B, 1996, 54: 11169.

[38] GIANNOZZI P, BARONI S, BONINI N, et al. Quantum ESPRESSO: a Modular and Open-Source Software Project for Quantum Simulations of Materials. J. Phys.: Condens. Matter, 2009, 21: 395502.

[39] SCHEIDEMANTEL T J, AMBROSCH-DRAXL C, THONHAUSER T, et al. Transport Coefficients from First-Principles Calculations. Phys. Rev. B, 2003, 68: 125210.

[40] MADSEN G K H, CARRETE J, VERSTRAETE M J. BoltzTraP2, a Program for Interpolating Band Structures and Calculating Semi-Classical Transport Coefficients. Comput. Phys. Commun., 2018, 231: 140.

[41] FANG T, LI X, HU C, et al. Complex Band Structures and Lattice Dynamics of Bi_2Te_3-Based Compounds and Solid Solutions. Adv. Funct. Mater., 2019, 29: 1900677.

[42] WEI C, PÖHLS J H, HAUTIER G, et al. Understanding Thermoelectric Properties from High-Throughput Calculations: Trends, Insights, and Comparisons with Experiment. J. Mater. Chem. C, 2016, 4: 4414.

[43] SINGH S, KUMAR D, PANDEY S K. Experimental and Theoretical Investigations of Thermoelectric Properties of $La_{0.82}Ba_{0.18}CoO_3$ Compound in High Temperature Region. Phys. Lett. A, 2017, 381: 3101.

[44] MUBARAK A A, HAMIOUD F, TARIQ S. Influence of Pressure on Optical Transparency and High Electrical Conductivity in CoVSn alloys: DFT Study. J. Electron. Mater., 2019, 48: 2317.

[45] YEGANEH M, KAFI F, BOOCHANI A. Thermoelectric Properties of InN Graphene-Like Nanosheet: A First Principle Study. Superlattices Microstruct., 2020, 138: 106367.

[46]　LI W, CARRETE J, KATCHO N A, et al. ShengBTE: A Solver of the Boltzmann Transport Equation for Phonons. Comput. Phys. Commun., 2014, 185: 1747.

[47]　WANG V, XU N, LIU J C, et al. VASPKIT: A User-Friendly Interface Facilitating High-Throughput Computing and Analysis Using VASP Code. Comput. Phys. Commun., 2021, 267: 108033.

[48]　HERATH U, TAVADZE P, HE X, et al. PyProcar: A Python Library for Electronic Structure Pre/Post-Processing. Comput. Phys. Commun., 2020, 251: 107080.

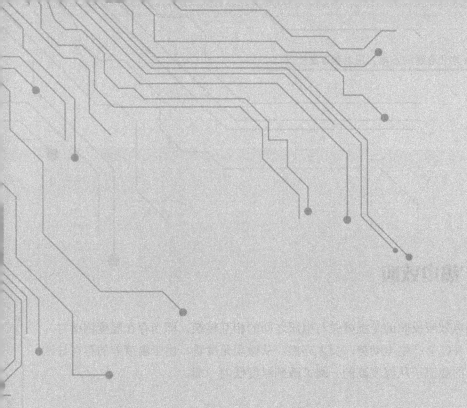

第 2 章

热电相关理论

2.1 热电效应

热电效应反映的是温度差与电压之间的相互转换，即当存在温度梯度时，热电器件便会产生电动势，反之亦然。从微观角度看，由于温度差的存在导致材料中的载流子从温度高的一端扩散到温度低的一端。

2.1.1 Seebeck效应

1823年，Seebeck发现在由两种不同金属组成的闭合电路中，当结点在不同温度下时，会产生电动势（电位差），这种现象称为Seebeck效应[1]，其原理如图2.1所示。这种由温度差而引起的电动势也称为温差电动势，温差电动势的大小与两种材料本身的特性及温度差（$\Delta T = T_{\mathrm{H}} - T_{\mathrm{L}}$）有关。在较小的温度梯度下，温差电动势$V$与温差$\Delta T$满足公式$V = S\Delta T$。式中，$S$为Seebeck系数，单位为V/K。实际上，由于材料的Seebeck系数一般较小，因此更常用的单位是μV/K。如果产生的电动势趋向于驱动电流通过导线a从热结到冷结，S的符号是正的，反之，S的符号是负的。如果冷热结点互换，电动势的方向也会颠倒。

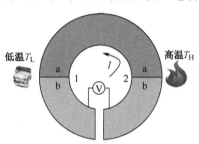

图2.1　Seebeck效应原理图

2.1.2　Peltier 效应

1934 年，Peltier 发现当电流流过两根不同导线的接口处时，为保持两个接口处的温度恒定，会出现吸热和放热现象，吸热和放热取决于材料的材质和电流的方向，称为 Peltier 效应[2]。Peltier 效应和 Seebeck 效应刚好是相反的过程。这种效应在很大程度上是由于两种材料的费米能不同导致的。图 2.2 是 Peltier 效应的原理图。吸收的热量或释放的热量与电流的大小成正比：

$$Q = \pi_{ab} I \tag{2.1}$$

式中，π_{ab} 是 Peltier 系数，I 是回路中流过的电流。通常约定，在接点 1 处，电流从导体 a 流入导体 b，接点 1 处吸热，同时接点 2 处放热，π_{ab} 的符号是正的，反之 π_{ab} 的符号是负的。

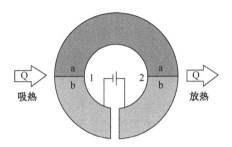

图 2.2　Peltier 效应原理图

2.1.3　Thomson 效应

1951 年，Thomson 发现了不同于 Seebeck 效应和 Peltier 效应的第三种热电效应，称为 Thomson 效应[1]。Thomson 效应的微观原理：当导体两端存在温度梯度时，热端的载流子因具有更高的动能而流向冷端，从而使冷端的载流子浓度增高，导体两端产生电势差，导体内部形成电场。如果电流与导体内电场同向，电场力对电子做正功消耗能量，导体从周围吸收热量 Q 补充消耗的能量，如图 2.3（a）所示。反之，电荷克服电场力做功，导体的温度升高，向周围释放热量 Q，如图 2.3（b）所示。热量是被吸收还是被释放取决于电流的方向和温度梯度。实验证明，汤姆逊热与电流和温度梯度都成正比：

$$Q = \beta_{ab} I \Delta T \tag{2.2}$$

式中，β_{ab} 为汤姆逊系数，I 为电流，ΔT 是导体两端的温度差，$\Delta T = T_H - T_L$。

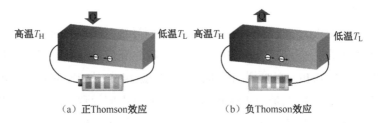

（a）正Thomson效应　　　　（b）负Thomson效应

图 2.3　Thomson 效应原理图

2.1.4　汤姆逊（开尔文）关系

Seebeck 效应、Peltier 效应和 Thomson 效应构建了热能和电能之间相互转换的理论基础。Seebeck 效应和 Peltier 效应的发生需要两种不同质地的材料，Thomson 效应则是发生在同一材料内的热电效应。但这三种热电效应之间是相互关联的，它们之间的相互关系对于理解这些热电基本现象都是很重要的。1854年，Thomson 假设热电过程中可逆过程和不可逆过程是可分开的，应用热力学第一定律和第二定律对热电效应关系进行了系统的研究，发现三种热电效应满足开尔文关系[2]：

$$\pi_{ab} = S_{ab}T \tag{2.3}$$

$$\beta_{ab} = T\frac{dS_{ab}}{dT} \tag{2.4}$$

式中，S_{ab}、π_{ab} 和 β_{ab} 分别为 Seebeck 系数、Peltier 系数和 Thomson 系数。从式（2.3）可以看出，Peltier 系数和 Seebeck 系数成正比关系，由于实验上 Peltier 系数较难直接测量，因此可以通过 Seebeck 系数得到 Peltier 系数。从式（2.4）可以得到 Thomson 系数是 Seebeck 系数的微分，因此，也可以通过 Seebeck 系数获得 Thomson 系数。

2.2　形变势理论

1950 年，Bardeen 和 Shockley 提出了形变势（Deformation Potential，DP）

理论[4, 5]来研究声学声子对硅、锗、碲等非极性无机半导体中电子和空穴迁移率的作用[5]。其基本的论点是，对于单晶硅或其他无机半导体，电子波的相干热波长比晶格常数长得多，因此，长波长声子主导散射过程。均匀晶格变形可以由散射引起，进而导致能带边界发生偏移。非极性半导体和绝缘体材料的迁移率主要由声子振动、杂质和缺陷等多种散射机制决定。极性材料的迁移率主要由电子和极性晶体散射机制决定，主要原因是与光学模式的长波声子的相互作用。DP 理论引入一个额外的哈密顿量：

$$\hat{H}_{ij}(\overline{\varepsilon}) = D_{ij}^{\alpha\beta}\varepsilon_{\alpha\beta} \tag{2.5}$$

其中，$D_{ij}^{\alpha\beta}$ 表示形变势算子；$\varepsilon_{\alpha\beta}$ 为应变张量分量。综合考虑应变张量的对称性和形变势算子必须满足 $D^{\alpha\beta} = D^{\beta\alpha}$ 的关系，就可以得到六个独立形变势算子。

根据费米定理，传输概率可以表示为[6]

$$\Theta(\boldsymbol{k}, \boldsymbol{k'}) = \frac{2\pi}{\hbar}|M(\boldsymbol{k}, \boldsymbol{k'})|^2 \delta[\varepsilon(\boldsymbol{k}) - \varepsilon(\boldsymbol{k'})] \tag{2.6}$$

式中，$M(\boldsymbol{k}, \boldsymbol{k'}) = \langle \boldsymbol{k} | \Delta V(\boldsymbol{r}) | \boldsymbol{k'} \rangle$，其中 $|\boldsymbol{k}\rangle$ 是具有波矢量 $\boldsymbol{k}$ 的电子布洛赫波函数，$\Delta V(\boldsymbol{r})$ 是由热能引起的势能扰动。在形变势理论中，假设 $\Delta V(\boldsymbol{r})$ 是线性的，且与相对体积 $\Delta(\boldsymbol{r})$ 变化有关：

$$\Delta V(\boldsymbol{r}) = E_1 \Delta(\boldsymbol{r}) \tag{2.7}$$

式中，E_1 称为形变势常数。计算一系列微小形变下材料能带中价带顶和导带底与费米能级差值，再进行一阶拟合即可得到形变势常数。

目前 DP 理论和玻尔兹曼输运理论可以有效地计算材料的迁移率。但 DP 理论也存在一定的局限性，没有考虑电子和声子（晶格振动）及电子与电子之间的相互作用，计算结果存在一定的误差。例如，DP 理论通常因为只考虑纵向声学声子散射机制而高估了室温下材料的迁移率[7]。

2.3 电子的热电输运性质

2.3.1 玻尔兹曼输运方程

玻尔兹曼输运理论（Boltzmann Transport Theory）是描述弱外场中电荷输运

的基础[8,9]。电子在固体中的流动涉及两种具有相反效应的特征机制：①外场的驱动力；②电子被声子和缺陷散射的耗散效应。这两种机制之间的相互作用可用玻尔兹曼输运方程来描述。分布函数 $f(t,r,p)$ 给出了 t 时刻在位置 r 处找到一个具有动量 p 的电子的概率。玻尔兹曼输运方程描述了分布函数 $f(t,r,p)$ 的所有可能机制，即玻尔兹曼方程给出了一个粒子在相空间中的概率分布作为时间的函数。金属中的电流会受到外场、温度梯度和碰撞（散射）的影响。以电子的分布函数为例，分布函数总的微分方程为

$$\mathrm{d}f = \frac{\partial f}{\partial t}\mathrm{d}t + \frac{\partial f}{\partial p}\mathrm{d}p + \frac{\partial f}{\partial r}\mathrm{d}r \tag{2.8}$$

对于碰撞的情况，$p = \hbar k$，上式的微分方程可以变为

$$\frac{\mathrm{d}f}{\mathrm{d}t} = \frac{\partial f}{\partial t} + \frac{\mathrm{d}k}{\mathrm{d}t}\nabla_k f + \frac{\mathrm{d}r}{\mathrm{d}t}\nabla_r f = \left(\frac{\partial f}{\partial t}\right)_{\mathrm{coll}} \tag{2.9}$$

这就是著名的玻尔兹曼输运方程。直接求解玻尔兹曼输运方程非常困难，因此常常采取一些近似方法来处理，将非平衡问题转化为平衡问题进行求解。目前，最常用的近似方法就是弛豫时间近似，它可以用来处理许多问题中的碰撞项，其表达式为

$$\left.\frac{\partial f}{\partial t}\right|_{\mathrm{coll}} = \frac{f - f_0}{\tau} \tag{2.10}$$

其中，f 和 f_0 分别表示外场作用下和平衡状态下的电子分布函数，τ 表示弛豫时间。电子在平衡状态下遵从费米-狄拉克分布：

$$f_0(E) = \frac{1}{1 + \mathrm{e}^{(E - E_f)/k_B T}} \tag{2.11}$$

在外电场 E 中，自由电子动量和波矢的关系为：$mv = \hbar k$。再结合电子受到的库仑力 $F = -eE$，可以得到

$$F = m\frac{\mathrm{d}v}{\mathrm{d}t} = \hbar\frac{\mathrm{d}k}{\mathrm{d}t} = -eE \tag{2.12}$$

所以式（2.8）中和力关联的项可以表示为

$$\frac{\mathrm{d}k}{\mathrm{d}t}\nabla_t f = -e\varepsilon \cdot v\frac{\partial f}{\partial E} \tag{2.13}$$

由于分布函数 f 是 $\dfrac{E - E_F}{k_B T}$ 的函数，令 $\varphi = \dfrac{E - E_F}{k_B T}$，可以导出

$$\frac{\partial \varphi}{\partial T} = -\frac{1}{k_B T}\frac{\partial E_F}{\partial T} - \frac{E - E_F}{k_B T^2} \tag{2.14}$$

以及

$$v\frac{\partial f}{\partial x} = v\frac{\partial f}{\partial E}\left(eE + \frac{\partial E_F}{\partial x} + \frac{E - E_F}{T}\frac{\partial T}{\partial x}\right) \tag{2.15}$$

由上面这些公式，可得到在外场作用中电子的分布函数为

$$\frac{f - f_0}{\tau} = v\frac{\partial f}{\partial E}\left(eE + \frac{\partial E_F}{\partial x} + \frac{E - E_F}{T}\frac{\partial T}{\partial x}\right) \tag{2.16}$$

理论上，与热电材料相关的电输运参数电导率和塞贝克系数的表达式如下：

$$\sigma_{\alpha\beta}(\mu,T) = \frac{1}{V}\sum_{n,k}V_{nk\alpha}V_{nk\beta}\tau_{nk}\left[-\frac{\partial f_\mu(\varepsilon_{nk},T)}{\partial\varepsilon_{nk}}\right] \tag{2.17}$$

$$S_{\alpha\beta}(\mu,T) = \frac{1}{eTV}\sigma_{\alpha\beta}(\mu,T)^{-1}\sum_{n,k}V_{nk\alpha}V_{nk\beta}\tau_{nk}\left(\mu - \varepsilon_{nk}\right)\left[-\frac{\partial f_\mu(\varepsilon_{nk},T)}{\partial\varepsilon_{nk}}\right] \tag{2.18}$$

式中，v_{nk} 是电子群速度，τ_{nk} 是电子弛豫时间。T、μ、V 和 f 分别是开氏绝对温度、费米能级、原胞体积和费米-狄拉克分布函数。ε_{nk} 是能带对应的能量本征值。其中 v_{nk} 和 $\dfrac{\partial f_\mu(\varepsilon_{nk},T)}{\partial\varepsilon_{nk}}$ 主要与电子结构色散相关。

2.3.2　电子弛豫时间

弛豫时间（Relaxation Time）是电子与晶格或杂质连续碰撞或者散射事件之间的平均自由时间[10]。弛豫时间在确定电子迁移率、电导率、导热系数和塞贝克系数等传输特性方面起到至关重要的作用。电子散射率是弛豫时间的倒数。根据马蒂森规则（Matthiessen's Rule），假定散射机制之间是独立的，那么由单个弛豫时间计算出总弛豫时间为

$$\frac{1}{\tau} = \frac{1}{\tau_a} + \frac{1}{\tau_{npo}} + \frac{1}{\tau_{po}} + \frac{1}{\tau_i} + \frac{1}{\tau_d} + \cdots \tag{2.19}$$

式中，$\dfrac{1}{\tau_a}$、$\dfrac{1}{\tau_{npo}}$、$\dfrac{1}{\tau_{po}}$、$\dfrac{1}{\tau_i}$ 和 $\dfrac{1}{\tau_d}$ 分别表示声学声子散射、非极性光学声子散射、极性光学声子散射、电离杂质散射和缺陷散射。这里引入三个基本散射机制（声学声子散射、极性光学声子散射和电离杂质散射）来解释电子弛豫时间。

1. 声学声子散射（Acoustic Phonon Scattering）

与晶格常数相比，热能量自由电子的波长很长。这种电子只与具有较长波

长的声学振动模式相互作用。晶格波产生的局部变形与同质变形晶体相似。纵向声学声子可能会破坏电子能带结构导致电子散射，这是由形变势导致的。能带的位移决定形变势，通过热振动产生晶体的膨胀。声学声子散射理论由 Bardeen 和 Shockley 在 1950 年首次[5]提出。声子散射的弛豫时间为

$$\tau_a = \frac{2\pi\hbar^4 v^2 d}{\Phi_a^2 \left(2m_d^* k_B T\right)^{2/3}} \left(E^*\right)^{-\frac{1}{2}} = \tau_0 \left(E^*\right)^{-\frac{1}{2}} \qquad (2.20)$$

式中，E^* 是约化能，d 是质量密度，Φ_a 是声子形变势。

2. 极性光学声子散射（Polar Optical Phonon Scattering）

极性光学声子散射在低电子浓度下是相当重要的，尽管它的预期效应在高电子浓度下会减弱，因为自由电子屏蔽会减少电子-声子相互作用。当一个原胞中的两个原子不一样时，纵向光学声子产生晶体偏振，散射自由电子。电子与光学声子之间的相互作用一般不能用弛豫时间来表示。但在 1961 年 Ehrenreich[11]提出了一个弛豫时间的表达式，假设在高温（$T \gg \Theta_D$，Θ_D 是德拜温度）下，碰撞后的能量变化相对于电子能量来说很小。利用 Callen[12]的有效离子电荷公式，极性光学声子的弛豫时间表示为

$$\tau_{po} = \frac{8\pi\hbar^2}{e^2 \left(2m_d^* k_B T\right)^{1/2} \left(\varepsilon_\infty^{-1} - \varepsilon_0^{-1}\right)} \left(E^*\right)^{\frac{1}{2}} \qquad (2.21)$$

式中，ε_0 和 ε_∞ 分别是静态介电常数和高频介电常数。该方程被广泛使用，可以得到较好的结果。

3. 电离杂质散射（Ionized Impurity Scattering）

电离杂质散射在低温下变得十分重要，因为在低温下声子效应很小。电离的杂质产生长程(大于声子波长)库仑场，形成屏蔽和散射电子。1950年，Conwell 和 Weisskopf[13]研究了电离的杂质散射，提出了考虑屏蔽效应的 Brooks-Herring 公式：

$$\tau_I = \frac{\left(2m_d^*\right)^{1/2} \varepsilon_0^2 \left(k_B T\right)^{3/2}}{\pi N_I \left(Ze^2\right)^2 \left[\ln\left(1+b\right) - \frac{b}{1+b}\right]} \qquad (2.22)$$

式中，$b = \frac{6\varepsilon_0 m_d \left(k_B T\right)^2}{\pi n e^2 \hbar^2}$，$N_I$ 是电离杂质浓度，n 和 Z 分别是电子浓度和空位

电荷。假设杂质浓度和电子浓度相等。

2.3.3　热电器件工作原理及热电优值

在现实生产和生活中，基于热电效应的技术应用主要体现在：①利用 Seebeck 效应实现温差发电技术；②利用 Peltier 效应实现制冷技术。为提高热电发电或热电制冷效率，热电发电和热电制冷装置通常由多个热电偶并联而成，每一个热电偶由 P 型和 N 型半导体构成。图 2.4 所示为热电器件中的一对热电偶发电和制冷的工作原理图。如图 2.4（a）所示，热电偶发电的基本原理是 P 型半导体和 N 型半导体中的空穴和电子在温度梯度的驱动下从高温端向低温端扩散，形成电势差，并在回路中产生电流。如图 2.4（b）所示，热电偶制冷的基本原理是当回路中通入电流后，P 型半导体和 N 型半导体中的空穴和电子在电场力的作用下做定向移动，低温端的热量将随着载流子流向高温端，从而使低温端的温度不断降低，以达到制冷的目的。

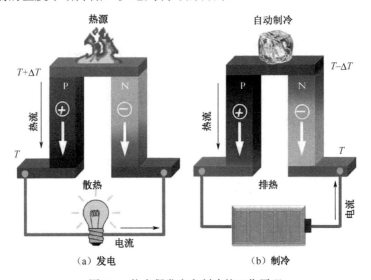

图 2.4　热电偶发电和制冷的工作原理

热电材料可以实现热能和电能之间的相互转换，热-电转换效率的高低将直接决定热电材料性能的优劣。热电发电的最大转换效率可以表示为[15]

$$\eta = \left(\frac{T_h - T_c}{T_h}\right)\left[\frac{\sqrt{1 + ZT_{ave}} - 1}{\sqrt{1 + ZT_{ave}} + {T_c}/{T_h}}\right] \tag{2.23}$$

热电制冷的最大制冷效率可以表示为[15]

$$COP = \left(\frac{T_c}{T_h - T_c}\right)\left[\frac{\sqrt{1 + ZT_{ave}} - {T_h}/{T_c}}{\sqrt{1 + ZT_{ave}} + 1}\right] \tag{2.24}$$

式中，T_h 和 T_c 分别是高温端和低温端的温度，$(T_h - T_c)/T_h$ 是卡诺（Carno）效率，ZT_{ave} 是平均热电优值。在恒定的温差下，热电材料的转换效率由无量纲的量——热电优值（Thermoelectric Figure of Merit，ZT）决定，热电优值越高，意味着材料的热电转换效率越高。热电优值的表达式为[15]

$$ZT = \frac{S^2 \sigma T}{k} \tag{2.25}$$

式中，S、σ、k、T 分别是塞贝克系数、电导率、热导率、绝对温度。热导率的计算公式为

$$k = k_e + k_l \tag{2.26}$$

式中，k_e 和 k_l 分别为电子和晶格振动贡献的热导率，也称为电子热导率和晶格热导率。电子热导率服从韦德曼-弗兰茨定律：$k_e = L\sigma T$，其中，L 为洛伦兹常数，它的简并极限（重掺金属）和非简并极限值（本征半导体）分别是 2.45 和 1.5（单位为 $10^{-8}\ W\Omega K^{-2}$）。

由式（2.25）可知，高的热电优值意味着材料要具有高的电导率 σ 和塞贝克系数 S，同时具有低的热导率 k。然而，塞贝克系数、电导率和热导率都是载流子浓度的函数（见图 2.5），它们之间相互关联且相互制约，不可能同时优化这些参数。因此，热电材料的热电优值普遍较低，这严重制约了热电材料的实际应用。只有 ZT 达到一定的值，热电材料才具有实际的应用价值。当 ZT 值达到 2 时，其最大转换效率可达 20% 左右，适用于生活废热回收发电等；当 ZT 值达到 3 时，热电发电效率为 20%～30%；要使热电材料达到工业应用水平，ZT 值需要达到 4 以上。

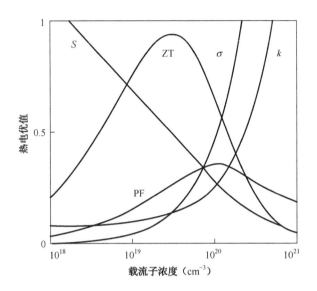

图 2.5 热电优值 ZT、电导率 σ、塞贝克系数 S、功率因子 PF、

热导率 k 与载流子浓度的关系图[16]

2.4 晶格热导率的计算方法

2.4.1 迭代求解玻尔兹曼方程

通过采用弛豫时间近似方法迭代求解声子玻尔兹曼输运方程计算晶格热导率是当前最流行的方法之一。在单模弛豫时间近似下求解声子玻尔兹曼方程得到晶格热导率 k_l 表达式如下：

$$k_l = \frac{\hbar^2}{N\Omega k_{\mathrm{B}}T^2} \sum_\lambda v_\lambda{}^2 \omega_\lambda{}^2 \bar{n}_\lambda \left(\bar{n}_\lambda + 1\right) \tau_\lambda \qquad (2.27)$$

式中，$\hbar$、Ω、N、k_{B} 和 T 分别是普朗克常数、原胞体积、q 网格大小、玻尔兹曼常数和绝对温度，λ 表示振动模式 q_{j}，其中 q 为波矢量，j 为声子偏振。v_λ、ω_λ 和 $\bar{n}_\lambda$ 分别表示声子模 λ 的声子群速度、声子频率和平衡玻色–爱因斯坦群。v_λ、ω_λ 和 $\bar{n}_\lambda$ 这些值均可以使用二阶力常数 IFCs 计算声子色散的知识推导出来的。例如，沿着 α 方向的声子群速度的计算公式为

$$v_\alpha(\lambda) \equiv \frac{\partial \omega_\lambda}{\partial q_\alpha} = \frac{1}{2\omega_\lambda} \sum_{\kappa\kappa'\beta\gamma} W_\beta(\kappa,\lambda) \frac{\partial \boldsymbol{D}_{\beta\gamma}(\kappa\kappa',\boldsymbol{q})}{\partial q_\alpha} W_\gamma(\kappa',\lambda) \qquad (2.28)$$

式中，$\boldsymbol{D}_{\beta\gamma}(\kappa\kappa',\boldsymbol{q})$ 是对应的动力学矩阵。通过动力学矩阵的本征方程可以求出声子群速度。

声子寿命取决于声子散射。晶格热导率式（2.27）中的 τ_λ 是声子寿命，计算公式如下：

$$\frac{1}{\tau_\lambda} = \pi \sum_{\lambda'\lambda''} \left|V_3(-\lambda,\lambda',\lambda'')\right|^2 \times$$

$$\left[2(n_{\lambda'} - n_{\lambda''})\delta(\omega(\lambda) + \omega(\lambda') - \omega(\lambda'')) + (1 + n_{\lambda'} + n_{\lambda''})\delta(\omega(\lambda) - \omega(\lambda') - \omega(\lambda''))\right]$$

$$(2.29)$$

式中，$\dfrac{1}{\tau_\lambda}$ 是基于最低阶三声子相互作用的非谐波散射率。$\left|V_3(-\lambda,\lambda',\lambda'')\right|$ 是使用谐性和非谐性原子间力常数计算的三个声子耦合矩阵元。二阶（谐性）和三阶（非谐性）动力学矩阵分别可以通过前面介绍的 PHONOPY（Phono3py）和 thirdorder.py 脚本结合 VASP 计算获得。具体的计算过程这里不详细介绍。

2.4.2 Slack 模型

对于原胞中有多个原子的材料，在考虑高温极限，假设光学声子对晶格热导率没有贡献，只有声学声子对热导率产生贡献的基础上，可以利用 Slack 方程[17]计算晶格热导率 k_1，具体公式如下：

$$k_1 = A \cdot \frac{\bar{M}\Theta_a^3 V n^{1/3}}{\gamma^2 T} \qquad (2.30)$$

式中，$\bar{M}$、V、n、γ 和 T 分别是原胞的平均质量、原胞的体积、化学式中的原子个数、格林爱森参数和绝对温度。系数 A [18]和声子德拜温度 Θ_a [19]的计算公式如下：

$$A = \frac{2.43 \times 10^{-8}}{1 - 0.514/\gamma + 0.228/\gamma^2} \qquad (2.31)$$

$$\Theta_a = \Theta_D n^{1/3} \qquad (2.32)$$

为了计算晶格热导率，首先要计算材料的德拜温度[20-24]：

$$\Theta_{\mathrm{D}} = \frac{h}{k_{\mathrm{B}}} \left[\frac{3n}{4\pi} \left(\frac{N_{\mathrm{A}}\rho}{M} \right) \right]^{1/3} v_a \tag{2.33}$$

式中，v_a 为平均声速，由下列公式推导出：

$$v_a = \left[\frac{1}{3} \left(\frac{2}{v_{\mathrm{t}}^3} + \frac{1}{v_{\mathrm{l}}^3} \right) \right]^{-1/3} \tag{2.34}$$

$$v_{\mathrm{t}} = \sqrt{\frac{G}{\rho}} \tag{2.35}$$

$$v_{\mathrm{l}} = \sqrt{\frac{3B + 4G}{3\rho}} \tag{2.36}$$

式中，横向声速 v_{t} 和纵向声速 v_{l} 分别由体积模量 B、剪切模量 G 和密度 ρ 推导出。进而可以求出格林爱森参数 γ，计算公式如下：

$$\gamma = \frac{9 - 12\left(v_{\mathrm{t}} / v_{\mathrm{l}} \right)^2}{2 + 4\left(v_{\mathrm{t}} / v_{\mathrm{l}} \right)^2} \tag{2.37}$$

考虑二维材料的真空层，将计算得到的三维材料的晶格热导率乘以还原因子即可得到二维材料的晶格热导率 k_{l}。相应的公式为[25, 26]：$k_{\mathrm{l}}^{2D} = \frac{h}{d} k_{\mathrm{l}}^{3D}$，$h$ 为真空层的厚度，d 为二维材料的有效厚度。Slack 模型已被广泛应用于以最少的时间和资源快速评估 k_{l}，显示出高通量筛选 k_{l} 的潜在能力。然而，值得一提的是，Slack 方程并不总是适用计算晶格热导率。例如，重原子也会导致较低的声子频率和较低的群速度，这导致计算的晶格热导率不准确。另外，研究表明使用 Slack 模型普遍高估 k_{l} 的值[27]，这主要是由式（2.31）中的 A 值偏大导致的。通过修订 A 值可以得到与实验值比较接近的晶格热导率。优化后的 A 值可以表示为[27, 28]

$$A = \frac{0.609 \times 10^{-8}}{1 - 0.514/\gamma + 0.228/\gamma^2} \tag{2.38}$$

2.4.3　Clarke 模型

2003 年，为了寻找具有热阻效应的陶瓷材料，Clarke[29]提出了一种简单的用材料的弹性常数（杨氏模量）评估类陶瓷材料在高温极限下的最小热导率的方法。具体的计算公式如下：

$$k_{\min} = k_{B} v_{a} \Lambda_{\min} \tag{2.39}$$

式中，v_a 和 $\Lambda_{\min}$ 分别表示材料的平均声速和最小声子波长。平均声速的计算见式（2.34）。高温极限下的最小声子波长可以表示为 $\Lambda_{\min} = \sqrt[3]{\Omega}$，$\Omega$ 是原胞体积。当求出 v_a 和 $\Lambda_{\min}$ 后，最小晶格热导率的计算公式为

$$k_{\min} = 0.87 k_{B} N_{A}^{2/3} \frac{n^{2/3} \rho^{1/6} Y^{1/2}}{M^{2/3}} \tag{2.40}$$

式中，N_A、n、M、ρ 和 Y 分别是阿伏伽德罗常数、原胞的原子个数、原胞的原子总质量、材料密度和杨氏模量。容易看出，仅通过计算材料的杨氏模量就可以简单评估材料在高温极限下的最小热导率，这在高通量计算中具有很大的优势。但这种方法计算的最小晶格热导率与温度无关，且只能计算高温极限下的晶格热导率，不能用来评估材料在不同温度下的晶格热导率，具有一定的局限性。

2.5　二维热电材料的研究进展及优化方法

迄今为止，人们已经研发和设计了许多优异热电性能的热电材料，这些热电材料在热电领域得到了长足的发展。目前研究比较广泛的传统热电材料有硫族化合物、Heusler 化合物、Zintl 相、Si-Ge 合金、Bi_2Te_3、氧化物基热电材料等。2D 材料作为热电材料家族的新成员，由于其独特的电学、热学和力学性能，引起了人们的广泛关注。在过去的几十年里，人们对一系列 2D 材料如 SnSe、Bi_2Te_3 和 MoS_2 的热电性能进行了理论预测，并通过实验制备了样品[30-32]。这些 2D 材料表现出优异的热电特性，当它们被用于制造高性能的热电器件时具有巨大的潜力。新理论方法的开发和材料加工工艺的进步更进一步促进了新型 2D 材料的预测和合成，如石墨烯、黑磷（BP）、过渡金属硫化物（TMDs）、IVA-VA 族化合物和 MXenes 等，如图 2.6 所示。它们被广泛应用于电子学、光电子学、拓扑自旋电子学、能量储存（如电池和超级电容器）和能量转换装置（如热电和太阳电池）[33-36]，有望成为下一代高性能热电材料。但 2D 材料普遍导热系数过高，导致 2D 材料的热电性能仍远低于传统的块状热电材料，限制了其热电性能的应用。

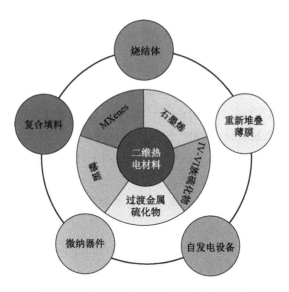

图 2.6　常见的 2D 热电材料及其应用[37]

为提高材料的 ZT 值，研究者在解耦热电参数之间的复杂关系及调整目标参数而不使其他特性明显恶化上做了大量的探索和研究。研究发现，低维化[38]、能带工程[39-41]、声子散射工程[39,42]、应变工程[43-46]、提高载流子迁移率[39]、载流子浓度优化[16]等策略可以成功地应用于热电材料并显著地提高其热电优值，如图 2.7 所示。

图 2.7　几种典型的提高热电优值的策略

本章参考资料

[1] TERASAKI I. Introduction to Thermoelectricity //SORRELL C. C., SUGIHARA S., NOWOTNY J. Materials for Energy Conversion Devices. Cambridge; Woodhead Publishing, 2005: 339.

[2] ROWE D M. Thermoelectrics Handbook : Macro to Nano. Boca Raton: CRC/Taylor & Francis, 2005.

[3] 刘宝民. PbTe 与 PbSe 基热电材料的高温高压制备及性质优化. 吉林：吉林大学, 2020.

[4] SHUAI Z, WANG L, SONG C. Deformation Potential Theory. Theory of Charge Transport in Carbon Electronic Materials. Berlin, Heidelberg; Springer Berlin Heidelberg. 2012: 67.

[5] BARDEEN J, SHOCKLEY W. Deformation Potentials and Mobilities in Non-Polar Crystals, Phys. Rev., 1950, 80: 72.

[6] 马款. 二维 GeSe 电性能、热电性能和光学性能应变调控的第一性原理研究[D]. 深圳：深圳大学, 2019.

[7] NAKAMURA Y, ZHAO T, XI J, et al. Intrinsic Charge Transport in Stanene: Roles of Bucklings and Electron–Phonon Couplings. Adv. Electronic Mater., 2017, 3: 1700143.

[8] WARTA W, KARL N. Hot Holes in Naphthalene: High, Electric-Field-Dependent Mobilities. Phys. Rev. B, 1985, 32: 1172.

[9] MAHAN G D. Many-Particle Physics. New York: Springer New York, 2000.

[10] LEE H. Thermoelectric Transport Properties for Electrons. Thermoelectrics: Design and Materials. John Wiley & Sons, Ltd. 2016: 206.

[11] EHRENREICH H. Band Structure and Transport Properties of Some 3-5 Compounds. J. Appl. Phys., 1961, 32: 2155.

[12] CALLEN H B. Electric Breakdown in Ionic Crystals. Phys. Rev., 1949, 76: 1394.

[13] CONWELL E M, Weisskopf V F. Theory of Impurity Scattering in Semiconductors. Phys. Rev., 1950, 77: 388.

[14] ZHANG X, ZHAO L D. Thermoelectric Materials: Energy Conversion between Heat and Electricity. J. Materiomics, 2015, 1: 92.

[15] POURKIAEI S M, Ahmadi M H, Sadeghzadeh M, et al. Thermoelectric Cooler and Thermoelectric Generator Devices: A Review of Present and Potential Applications, Modeling and Materials. Energy, 2019, 186: 115849.

[16] SNYDER G J, TOBERER E S. Complex Thermoelectric Materials. Nat. Mater., 2008, 7: 105.

[17] JIA T, CHEN G, ZHANG Y. Lattice Thermal Conductivity Evaluated Using Elastic Properties. Phys. Rev. B, 2017, 95: 155206.

[18] JULIAN C L. Theory of Heat Conduction in Rare-Gas Crystals. Phys. Rev., 1965, 137: A128.

[19] ANDERSON O L. The Debye Temperature of Vitreous Silica. J. Phys. Chem. Solids, 1959, 12: 41.

[20] ANDERSON O L. A Simplified Method for Calculating the Debye Temperature from Elastic Constants. J. Phys. Chem. Solids 1963, 24: 909.

[21] WANG M, CHEN Z, XIA C, et al. Theoretical Study of Elastic and Electronic Properties of Al_5Mo and Al_5W Intermetallics Under Pressure. Mater. Chem. Phys., 2017, 197: 145.

[22] QI L, JIN Y, ZHAO Y, et al. The Structural, Elastic, Electronic Properties and Debye Temperature of Ni_3Mo under Pressure from First-Principles. J. Alloys Compd., 2015, 621: 383.

[23] HU W C, LIU Y, LI D J, et al. First-principles Study of Structural and Electronic Properties of C14-Type Laves Phase Al_2Zr and Al_2Hf. Comp. Mater. Sci., 2014, 83: 27.

[24] CHEN Z, ZHANG P, CHEN D, et al. First-principles Investigation of Thermodynamic, Elastic and Electronic Properties of Al_3V and Al_3Nb Intermetallics under Pressures. J. Appl. Phys., 2015, 117: 085904.

[25] JIA M, YANG C L, WANG M S, et al. Excellent Thermoelectric Performances of the $SiSe_2$ Monolayer and Layered bulk. Appl. Surf. Sci., 2022, 575: 151799.

[26] JIA M, YANG C L MEI-SHAN W, et al. High Dimensionless Figure of Merit of the ZrI_2 Monolayer Identified Based on Intrinsic Carrier Concentration and

Bipolar Effect. Appl. Phys. Lett., 2022, 121: 123903.

[27] QIN G, HUANG A, LIU Y, et al. High-Throughput Computational Evaluation of Lattice Thermal Conductivity Using an Optimized Slack Model. Mater. Adv. 2022, 3: 6826.

[28] CARRETE J, LI W, MINGO N, et al. Finding Unprecedentedly Low-Thermal-Conductivity Half-Heusler Semiconductors via High-Throughput Materials Modeling. Phy. Rev. X, 2014, 4: 011019.

[29] CLARKE D R. Materials Selection Guidelines for Low Thermal Conductivity Thermal Barrier Coatings. Surf. Coat. Technol., 2003, 163-164: 67.

[30] ZHAO L D, LO S H, ZHANG Y, et al. Ultralow Thermal Conductivity and High Thermoelectric Figure of Merit in Snse Crystals. Nature, 2014, 508: 373.

[31] CHANG C, WU M, HE D, et al. 3D Charge and 2D Phonon Transports Leading to High Out-of-Plane ZT in N-Type SnSe Crystals. Science, 2018, 360: 778.

[32] BABAEI H, KHODADADI J M, Sinha S. Large Theoretical Thermoelectric Power Factor of Suspended Single-Layer MoS_2. Appl. Phys. Lett., 2014, 105: 193901.

[33] NIELSCH K, BACHMANN J, KIMLING J, et al. Thermoelectric Nanostructures: From Physical Model Systems towards Nanograined Composites. Adv. Energy Mater., 2011, 1: 713.

[34] WANG H, LI C, FANG P, et al. Synthesis, Properties, and Optoelectronic Applications of Two-Dimensional MoS_2 and MoS_2-based Heterostructures. Chem. Soc. Rev., 2018, 47: 6101.

[35] WANG F, WANG Z, YIN L, et al. 2D Library Beyond Graphene and Transition Metal Dichalcogenides: a Focus on Photodetection. Chem. Soc. Rev., 2018, 47: 6296.

[36] WANG S, ROBERTSON A, WARNER J H. Atomic Structure of Defects and Dopants in 2D Layered Transition Metal Dichalcogenides. Chem. Soc. Rev., 2018, 47: 6764.

[37] LI D L, GONG Y N, CHEN Y X, et al. Recent Progress of Two-Dimensional Thermoelectric Materials. Nano-Micro Lett., 2020, 12: 40.

[38] RAMÍREZ-MONTES L, LÓPEZ-PÉREZ W, GONZÁLEZ-HERNÁNDEZ R,

et al. Large Thermoelectric Figure of Merit in Hexagonal Phase of 2D Selenium and Tellurium. Int. J. Quantum Chem., 2020, 120: 26267.

[39]　MAO J, LIU Z, ZHOU J, et al. Advances in Thermoelectrics. Adv. Phys., 2018, 67: 69.

[40]　HUANG S, WANG Z Y, XIONG R, et al. Significant Enhancement in Thermoelectric Performance of Mg_3Sb_2 from Bulk to Two-Dimensional Mono Layer. Nano Energy, 2019, 62: 212.

[41]　MAO J, LIU Z, REN Z. Size Effect in Thermoelectric Materials. Npj Quantum Mater., 2016, 1: 16028.

[42]　PERAUD J P M, LANDON C D, HADJICONSTANTINOU N G. Monte Carlo Methods for Solving the Boltzmann Transport Equation. Annu. Rev. Heat Trans., 2014, 17: 205.

[43]　CHAURASIYA R, TYAGI S, SINGH N, et al. Enhancing Thermoelectric Properties of Janus WSSe Monolayer by Inducing Strain Mediated Valley Degeneracy. J. Alloys Compd., 2021, 855: 157304.

[44]　YAGMURCUKARDES M, PEETERS F M. Stable Single Layer of Janus MoSO: Strong Out-Of-Plane piezoelectricity. Phys. Rev. B, 2020, 101: 8.

[45]　BHATTACHARYYA S, PANDEY T, SINGH A K. Effect of Strain on Electronic and Thermoelectric Properties of Few Layers to Bulk MoS_2. Nanotechnology, 2014, 25: 465701.

[46]　GUO D, HU C, XI Y, et al. Strain Effects to Optimize Thermoelectric Properties of Doped Bi_2O_2Se via Tran–Blaha Modified Becke–Johnson Density Functional Theory. J. Phys. Chem. C, 2013, 117: 21597.

第 3 章

压电相关理论

3.1　压电效应及其原理

压电效应（Piezoelectric Effect）由法国科学家雅克·居里（Jacques Curie）和皮埃尔·居里（Pierre Curie）兄弟在 1880 年首次发现[1,2]，距今已经有 140 多年。当机械应力作用于某些无机晶体（如电气石、石英等）时，材料内部会产生极化现象，同时在它的两个相对表面上出现正负相反的电荷累积而产生电压，且产生的电压与机械应力成正比。压电材料具有在外加机械应力作用下产生电势（正压电效应，Direct Piezoelectric Effect）或在电场作用下产生机械运动（反压电效应，Inverse Piezoelectric Effect）的能力。如图 3.1 所示为压电效应示意图，包括正压电效应和反压电效应，本书主要研究正压电效应。

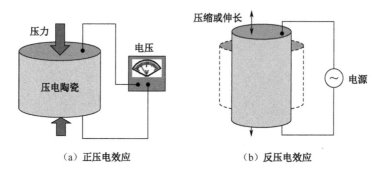

（a）正压电效应　　　　　　　　（b）反压电效应

图 3.1　压电效应示意图[3]

正压电效应的原理是当晶体不受外界作用力时，晶体中的正电荷和负电荷中心重合，晶体的电偶极矩为零，表面电荷也为零。晶体受到压缩力和拉伸力等机械应力作用后，晶体中的正电荷和负电荷中心不再重合，晶体表面出现异号极化电荷，晶体内部产生极化现象。具体压电效应的原理如图 3.2 所示。

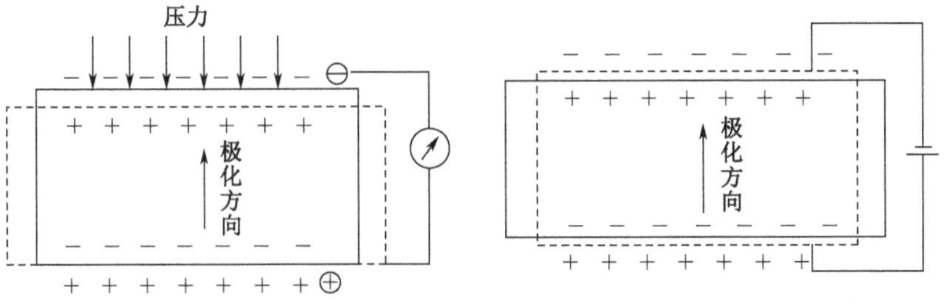

（a）正压电效应 （b）反压电效应

图 3.2 压电效应的原理图

具有压电性质的材料必须具备两个重要的特点[4,5]：①结构不具有中心对称性（Noncentrosymmetric）；②必须为半导体或绝缘体，即不具有金属性。中心对称性缺失是材料具有压电效应的必要条件。德国物理学家 Woldemar Voigt 在 1894 年指出，在 32 种点群中有多达 20 种无中心对称性的点群具有压电效应[6]。对应的空间群主要为：1、3～9、16～46、75～82、89～122、143～146、149～161、168～174、177～190、195～199、207～220。

3.2 压电系数的计算方法

压电系数表征了压电材料将机械能转换为电能的本领。压电系数越大，压电材料的机械能和电能的转换效率越高。根据极化理论，压电系数与极化满足公式 $P_i = d_{ijk}\sigma_{jk}(i,j,k=1,2,3)$，其中，$P_i$ 表示压电材料的极化张量，σ_{jk} 是应力张量，d_{ijk} 是压电应变系数张量。通常压电系数 d 用来衡量压电材料机械能和电能之间的转换效率[7,8]。材料受到的应力大小在工程技术中很难直接测量，通常要借助材料的应变来得到应力的大小。因此，衍生出另一个公式 $P_i = e_{ijk}\varepsilon_{jk}$，其中，$\varepsilon_{jk}$ 是应变张量，e_{ijk} 是压电应力系数张量。结合胡克弹性定律及应力和应变之间的关系，可以通过计算材料在单轴应变作用下的极化变化得到线性压电系数：$e_{ik} = d_{ij}C_{jk}$，C_{jk} 是材料的弹性刚度系数。目前，常用的计算压电系数的理论方法有两种：贝里相近似理论（Berry Phase Approximation，也叫现代极化理论）方法[9-14]和密度泛函微扰理论（DFPT）方法[15-17]。

3.2.1 贝里相近似理论

电极化是凝聚态物理中的基本量之一，对物质介电现象的描述来说是必不可少的。极化是物理学中一个常见的现象，在经典电磁学中，当给电介质施加一个电场时，由于电介质内部正负电荷的相对移动，会产生电偶极子，这种现象称为电极化。极化强度矢量 $\boldsymbol{P}$ 是度量电介质极化强弱的物理量，$\boldsymbol{P} = \dfrac{\sum p_i}{V}$，其中，$p_i$ 是微观分子的电偶极距，V 是体系的体积。经典理论认为，极化的来源有两个：①非极性电介质的位移极化。电介质本身没有电偶极矩的分子，在外电场的作用下，正电中心和负电中心分离产生电偶极矩，这种极化称为位移极化。②极性电介质的转向极化。原来的分子有电偶极矩，由于分子热运动，平均电偶极矩为 0。但加了外电场以后，电偶极矩顺着外电场的方向偏转，使得平均电偶极矩不为 0，这种极化称为转向极化。

考虑一个处于零宏观电场中的周期性绝缘晶体，并假设电子基态可以用密度泛函理论或 Hartree-Fock 理论中的单电子哈密顿量 $\hat{H}$ 来描述。$\hat{H}$ 的本征态对应能量为 ε_{nk} 的布洛赫函数 ψ_{nk}。这样原胞周期的布洛赫函数可以定义为

$$u_{nk} = \mathrm{e}^{-i\mathbf{k}\cdot\mathbf{r}}\psi_{nk} \tag{3.1}$$

第 n 个占据带对晶体自发电极化的贡献为

$$\boldsymbol{P}_n = \frac{ie}{(2\pi)^3}\int \mathrm{d}^3\mathbf{k}\langle u_{nk}|\nabla_{\mathbf{k}}|u_{nk}\rangle \tag{3.2}$$

按照惯例，n 遍历带和自旋，因此需要在式（3.2）中插入 2 个因子来解释成对自旋。总自发极化可以改写成

$$\boldsymbol{P} = \frac{\mathrm{e}}{\Omega}\sum_{\tau} Z_{\tau}\boldsymbol{r}_{\tau} + \sum_{\mathrm{nocc}}\boldsymbol{P}_n \tag{3.3}$$

式中，Z_{τ}、$\boldsymbol{r}_{\tau}$ 和 Ω 分别是原子序数、原胞中第 τ 个原子核的位置和单元格体积。从严格意义上来讲，式（3.2）只适用于孤立带，即 ε_{nk} 在布里渊区任何一点都不与任何其他带简并。然而，为表述简单，这里假设只有孤立的条带存在。由于同样的原因，自旋简并在整个过程中被抑制。结合布洛赫定理和自旋效应，式（3.3）改写为

$$\boldsymbol{P} = \frac{\mathrm{e}}{\Omega}\sum_{\tau} Z_{\tau}\boldsymbol{r}_{\tau} - \frac{\varepsilon}{\Omega}\sum_{\mathrm{nocc}}\boldsymbol{r}_n \tag{3.4}$$

式中，$\boldsymbol{r}_n = -\Omega\boldsymbol{P}_n/\mathrm{e}$ 是有效单位点电荷的位置。这样就可以通过下面的公式得到

P_n 沿着晶体学 α 方向的分量：

$$\phi_{n,\alpha} = -\frac{\Omega}{e} G_\alpha \cdot P_n \tag{3.5}$$

式中，G_α 是 α 方向上的原始倒易晶格向量。一般情况下，对于简单的对称结构（如四边形或菱形铁电相），P_n 可以由一个 ϕ_n 唯一确定，但对于复杂的结构，P_n 要通过 3 个 ϕ_n 获得，具体如下：

$$P_n = -\frac{1}{2\pi} \frac{e}{\Omega} \sum_\alpha \phi_{n,\alpha} R_\alpha \tag{3.6}$$

R_α 是对应 G_α 实空间的原胞晶格矢量。不难推导出角度变量 $\phi_{n,\alpha}$（Berry Phase）以 2π 为模的定义：

$$\phi_{n,\alpha} = \Omega_{BZ}^{-1} \int_{BZ} d^3 k \langle u_{nk} | -i G_\alpha \cdot \nabla_k | u_{nk} \rangle \tag{3.7}$$

式中，$\phi_{n,\alpha}$ 可以看作给出的位置带 n 的瓦尼尔中心。至此，贝里相的框架结构已经勾画出来。更为详细的推导过程，可见资料[10]。根据极化贝里相理论，压电常数可以直接通过下面的公式进行求解[10]：

$$e_{ij} = \frac{1}{2\pi\Omega} \sum_\alpha R_{\alpha i} \frac{d}{d\eta_i} (\Omega G_\alpha \cdot P) \tag{3.8}$$

式中，η 是宏观变量，其他的物理量前文已有介绍，这里不再赘述。

总的来说，贝里相近似理论是在零电场的情况下，任意一个几何位相（Berry Phase）的任意两个晶体态之间的极化现象。该理论已经被成功地用来计算晶格振动、铁电和压电效应引起的宏观极化的变化，并用来研究自发极化的现象。该理论还可以用来计算静态介电张量和电子介电常数。

3.2.2 密度泛函微扰理论（DFPT）

密度泛函微扰理论（Density Functional Perturbation Theory，DFPT）是密度泛函与一阶微扰理论的结合，该理论建立了波函数、势能、电子密度与微扰量偏导数的函数关系，可以求得微扰后的电子密度和波函数，计算压电张量、介电张量和弹性张量等参数。密度泛函微扰理论不需要进行多次基态计算就可以直接得出相应函数的值，在计算材料的压电和介电性质时非常方便。根据密度泛函微扰理论，主要考虑作用在晶体上的三种微扰：①原子偏离平衡位置 u_m；②均匀应变 η_j，在沃伊特符号下 $j \in \{1, 2, \cdots, 6\}$；③均匀电场 ε_α，$\alpha \in \{1, 2, 3\}$ 表示

笛卡儿坐标中 x、y 和 z 方向。

若将原子偏离平衡位置 u_m、应变 η_j 和电场 E 作为微扰项来处理，可以将能量 U 展开作为 u_m、η_j 和 E 的函数，材料的极化率 $\chi_{\alpha\beta}$、弹性张量 C_{jk} 和压电张量 $e_{\alpha j}$ 分别可以由下式计算[18]：

$$\chi_{\alpha\beta} = \bar{\chi}_{\alpha\beta} + \Omega_0^{-1} Z_{m\alpha} \left(K^{-1} \right)_{mn} Z_{n\beta} \qquad (3.9)$$

$$C_{jk} = \bar{C}_{jk} - \Omega_0^{-1} \Lambda_{mj} \left(K^{-1} \right)_{mn} \Lambda_{nk} \qquad (3.10)$$

$$e_{\alpha j} = \bar{e}_{j\alpha} + \Omega_0^{-1} Z_{m\alpha} \left(K^{-1} \right)_{mn} \Lambda_{nj} \qquad (3.11)$$

上面三个公式中第一项表示原子核固定时电子部分的贡献，即夹紧离子部分（Clamped-ion）的贡献。其对应的表达式为

$$\chi_{\alpha\beta} = -\frac{\partial^2 U}{\partial \varepsilon_\alpha \partial \varepsilon_\beta}\bigg|_\eta \qquad (3.12)$$

$$\bar{C}_{jk} = -\frac{\partial^2 U}{\partial \eta_j \partial \eta_k}\bigg|_\varepsilon \qquad (3.13)$$

$$\bar{e}_{\alpha j} = -\frac{\partial^2 U}{\partial \varepsilon_\alpha \partial \eta_j} \qquad (3.14)$$

式（3.9）～式（3.11）中第二项表示原子核内应变的贡献。可以通过 DFPT 理论直接计算出玻恩有效电荷张量 Z，相应内应变张量 Λ 和力常数矩阵 K，具体计算公式如下：

$$Z_{m\alpha} = -\Omega_0 \frac{\partial^2 U}{\partial u_m \partial E_\alpha}\bigg|_\eta \qquad (3.15)$$

$$\Lambda_{mj} = -\Omega_0 \frac{\partial^2 U}{\partial u_m \partial \eta_j}\bigg|_E \qquad (3.16)$$

$$K_{mn} = \Omega_0 \frac{\partial^2 U}{\partial u_m \partial u_n}\bigg|_{E,\eta} \qquad (3.17)$$

贝里相近似的计算过程要比 DFPT 方法的计算过程复杂。因为贝里相近似需要在不改变材料对称空间群的情况下，计算单轴应变下的压电性质。需要将非正交结构转换成正交结构，因此，在 2D 系统中使用该方法时，需要将非正交结构转换为正交结构，才能正确计算出极化沿所需方向的变化[11, 16]。另外，贝里相近似方法可以计算小的外加应变或由晶格位移引起的许多物理性质，

DFPT 方法则允许在没有多个基态的情况下计算这些性质。因此，DFPT 方法更有利于计算具有弱电子相关性材料的压电性能，并具有很高的精度。

3.2.3　二维材料压电系数的计算过程

独立的弹性系数、压电系数的个数与材料的对称性有密切的关系。材料的对称性越高，其独立非零的弹性系数和压电系数越少。首先，要计算材料的弹性刚度系数 C_{ij}，弹性刚度系数表示材料的弹性量，是反映材料力学性能的重要物理量。一般来说，材料的弹性刚度系数越大，材料在外界压力下抵抗变形的能力就越强。根据广义胡克定律：$\sigma_{ij}=C_{ijkl}\varepsilon_{kl}$，其中，$\sigma_{ij}$、$C_{ijkl}$、$\varepsilon_{kl}$ 分别表示应力张量、弹性刚度张量和应变张量。利用 Voigt 符号规则，将弹性刚度张量 C_{ijkl} 简化为 6×6 矩阵 C_{ij}：

$$C_{ij}=\begin{bmatrix} C_{11} & C_{12} & C_{13} & C_{14} & C_{15} & C_{16} \\ C_{21} & C_{22} & C_{23} & C_{24} & C_{25} & C_{26} \\ C_{31} & C_{32} & C_{33} & C_{34} & C_{35} & C_{36} \\ C_{41} & C_{42} & C_{43} & C_{44} & C_{45} & C_{46} \\ C_{51} & C_{52} & C_{53} & C_{54} & C_{55} & C_{56} \\ C_{61} & C_{62} & C_{63} & C_{64} & C_{65} & C_{66} \end{bmatrix} \tag{3.18}$$

C_{ij} 下标 i 和 j 标记如下：$xx=1, yy=2, zz=3, yz=4, zx=5, xy=6$。弹性刚度系数的非零独立系数根据材料结构的对称性而不同。对于块体材料[19-22]：三斜晶系有 21 个独立弹性常数（C_{11}、C_{12}、C_{13}、C_{14}、C_{15}、C_{16}、C_{22}、C_{23}、C_{24}、C_{25}、C_{26}、C_{33}、C_{34}、C_{35}、C_{36}、C_{44}、C_{45}、C_{46}、C_{55}、C_{56}、C_{66}）；单斜晶系有 13 个独立弹性常数（C_{11}、C_{12}、C_{13}、C_{16}、C_{22}、C_{23}、C_{26}、C_{33}、C_{36}、C_{44}、C_{45}、C_{55}、C_{66}）；正交晶系有 9 个独立弹性常数（C_{11}、C_{12}、C_{13}、C_{22}、C_{23}、C_{33}、C_{44}、C_{55}、C_{66}）；三角晶系中的 32，3m，-32/m 点群有 6 个独立弹性常数（C_{11}、C_{12}、C_{13}、C_{14}、C_{33}、C_{44}），3，-3 点群有 8 个独立弹性常数（C_{11}、C_{12}、C_{13}、C_{14}、C_{15}、C_{33}、C_{44}、C_{45}）；四方晶系中 422，4mm，-42m，4/mmm 点群对称 6 个独立弹性常数（C_{11}、C_{12}、C_{13}、C_{33}、C_{44}、C_{66}），4，-4，4/m 点群对称有 7 个独立弹性常数（C_{11}、C_{12}、C_{13}、C_{16}、C_{33}、C_{44}、C_{66}）；六方晶系有 5 个独立弹性常数（C_{11}、C_{12}、C_{13}、C_{33}、C_{44}）；立方晶系有 3 个独立弹性常数（C_{11}、C_{12}、C_{44}）。对于二维材料，由于弹性常数只在平面内，因此，二维材料的独立弹性常数个

数要少一些。例如，二维六边形结构只有 2 个独立的弹性常数 C_{11} 和 C_{12}；二维矩形结构只有 4 个独立的弹性常数 C_{11}、C_{12}、C_{22} 和 C_{66}。

对于二维材料，应力和应变只存在于平面内，平面外 z 方向不存在应变和应力，即当 $i=3$ 或 $j=3$ 时，$C_{ij}=0$。因此，二维材料的线弹性本构关系可表示为[23]

$$\begin{bmatrix} \sigma_{11} \\ \sigma_{22} \\ \sigma_{12} \end{bmatrix} = \begin{bmatrix} C_{11} & C_{12} & C_{16} \\ C_{21} & C_{22} & C_{26} \\ C_{16} & C_{26} & C_{66} \end{bmatrix} \begin{bmatrix} \varepsilon_{11} \\ \varepsilon_{22} \\ 2\varepsilon_{12} \end{bmatrix} \tag{3.19}$$

计算弹性常数的方法主要有两种：应变-应力法[9, 15, 24-27]和能量应变法[11, 14, 27, 28]。以六角二维材料为例，基于能量-应变关系来计算二维平面弹性常数的方法如下：

$$\Delta E(\varepsilon_{11}, \varepsilon_{22}) = \frac{1}{2A_0} C_{11}\varepsilon_{11}^2 + \frac{1}{2A_0} C_{22}\varepsilon_{22}^2 + \frac{1}{A_0} C_{11}\varepsilon_{11}\varepsilon_{22} \tag{3.20}$$

其中，$\Delta E(\varepsilon_{11}, \varepsilon_{22}) = [E(\varepsilon_{11}, \varepsilon_{22}) - E(\varepsilon_{11}=0, \varepsilon_{22}=0)]$ 表示单位面积单胞能量的变化，A_0 是单胞的面积。ε_{11}，ε_{22} 和 ε_{12} 分别是沿 x、y 和 xy 方向上的微小应变。采用最小二乘法对式（3.20）进行数据拟合，可以分别得到 C_{11}、C_{12} 和 C_{22}。即 $C = \frac{1}{A_0} \frac{\partial^2 E}{\partial \varepsilon^2}$。显然，这种计算弹性常数的方法对其他不同对称结构的二维材料同样适用。需要注意的是，能量-应变方法往往要求应变后的体积是守恒的，否则会引起附加体积改变的 PV 能量，附加能量的引入会使计算出现一定的误差。

应力-应变法计算弹性常数的基本思想如下[29]：在晶体的线弹性范围内，应力 σ_i 与对应的应变 ε_j 之间的关系符合胡克定律：

$$\sigma_i = \sum_i^6 C_{ij}\varepsilon_j \tag{3.21}$$

式中，C_{ij} 即为晶体的弹性刚度系数。由式（3.21）不难看出，如果已知对晶体施加应力 σ_i 和因应力产生的应变（晶体变形）ε_j，就可以得到对应的弹性刚度系数 C_{ij}。设晶体单元胞上的应变矩阵为

$$\boldsymbol{D} = \boldsymbol{I} + \boldsymbol{\varepsilon} \tag{3.22}$$

式中，$\boldsymbol{I}$ 是 3×3 的单位矩阵，$\boldsymbol{\varepsilon}$ 是沃伊特符号下的应变矩阵。对于二维晶体，xy 平面内的应变矩阵为

$$\boldsymbol{\varepsilon} = \begin{bmatrix} \varepsilon_1 & \varepsilon_6/2 & 0 \\ \varepsilon_6/2 & \varepsilon_2 & 0 \\ 0 & 0 & 0 \end{bmatrix} \tag{3.23}$$

变形后，晶格矢量为

$$A' = A \cdot D \qquad (3.24)$$

式中，A 为初始晶格矢量。根据式（3.24）对应力应变数据拟合一阶函数，可以很容易地推导出二阶弹性刚度系数 C_{ij}。

根据极化理论的定义，三阶张量的松弛离子压电应力系数 e_{ijk}、压电应变系数 d_{ijk} 由电子和离子两部分共同贡献，其表达式为[15]

$$e_{ijk} = \frac{\partial P_i}{\partial \varepsilon_{jk}} = \frac{\partial \sigma_{jk}}{\partial E_i} = e_{ijk}^{\text{elc}} + e_{ijk}^{\text{ion}} \qquad (3.25)$$

$$d_{ijk} = \frac{\partial P_i}{\partial \sigma_{jk}} = \frac{\partial \varepsilon_{jk}}{\partial E_i} = d_{ijk}^{\text{elc}} + d_{ijk}^{\text{ion}} \qquad (3.26)$$

式中，σ_{jk}、ε_{jk}、P_i 和 E_i 分别为应力张量、应变张量、极化张量和宏观电场。下标 $i, j, k \in \{1,2,3\}$，1、2、3 分别对应 x 轴、y 轴和 z 轴。在简化的 Voigt 表示法中，e_{ijk} 和 d_{ijk} 分别化简为 e_{il} 和 d_{il}，其中 $l \in \{1,2,3,\cdots,6\}$。

对于 mm2 点群对称的结构，它的独立非零的压电系数有 e_{11}、e_{12}、e_{26}、d_{11}、d_{12} 和 d_{26}。其中，系数 e_{26} 和 d_{26} 表示在 xy 平面上施加剪切应变时，沿 y 方向极化的压电效应。通过已知的 e_{11}、e_{12}、C_{11}、C_{22} 和 C_{12} 可以得到

$$d_{11} = \frac{e_{11}C_{22} - e_{12}C_{12}}{C_{11}C_{22} - C_{12}^2} \qquad (3.27)$$

$$d_{12} = \frac{e_{12}C_{11} - e_{11}C_{12}}{C_{11}C_{22} - C_{12}^2} \qquad (3.28)$$

对于 C_{2v} 对称性点群，独立压电系数是 e_{11}、e_{12}、e_{21}、e_{22}、d_{11}、d_{12}、d_{21}、d_{22}，对应的公式为

$$d_{11} = \frac{e_{11}C_{22} - e_{12}C_{12}}{C_{11}C_{22} - C_{12}^2} \qquad (3.29)$$

$$d_{12} = \frac{e_{12}C_{11} - e_{11}C_{12}}{C_{11}C_{22} - C_{12}^2} \qquad (3.30)$$

$$d_{21} = \frac{e_{21}C_{22} - e_{22}C_{12}}{C_{11}C_{22} - C_{12}^2} \qquad (3.31)$$

$$d_{22} = \frac{e_{22}C_{11} - e_{21}C_{12}}{C_{11}C_{22} - C_{12}^2} \qquad (3.32)$$

对于具有 3m 点群对称结构的 MX$_2$ 和 Janus MXY 单层材料，独立的压电系数是 e_{11}、e_{13}、d_{11} 和 d_{13}，对应的公式为

$$d_{11} = \frac{e_{11}}{C_{11} - C_{12}} \tag{3.33}$$

$$d_{31} = \frac{e_{31}}{C_{11} + C_{12}} \tag{3.34}$$

3.3 二维压电材料的研究进展及优化方法

2004 年 K.S. Novoselov 和 A.K. Geim 教授首次采用胶带剥离出石墨烯，开启了研究 2D 材料的大门。越来越多的 2D 材料因为其在电子学、自旋电子学、光学、磁学、压电电子学和压电光子学等方面表现出新颖的物理和化学特性而受到研究人员的极大关注。其中，非中心对称的 2D 层状压电材料具有许多新颖的性质，为创新设备开辟了道路，在纳米机电系统（纳米发电机）和电子器件的应用中具有巨大的潜力[30]。2014 年 Hone 和 Wang[31]团队首次对 2D MoS$_2$ 的压电性质进行了实验确认，掀起了研究 2D 压电材料的热潮，各种高性能的 2D 压电材料如雨后春笋般发展起来[32-35]。

到目前为止，一系列 2D 层状材料已经被实验证实或理论预测为压电或铁电材料，如过渡金属硫化物和氧化物（TMDs）、Janus 单层、Ⅰ-Ⅴ族单层化合物、Ⅲ-Ⅴ族单层化合物、黑磷（BP）、MXene 单层、Xene 单层等，如图 3.3 所示。就压电性质而言，2D 材料具有天然的优势，因为许多块体材料不具有本征压电性，当材料的厚度减小到原子层厚度的时候，面内反演对称性的缺失导致材料具有了本征压电性质。因此，许多已知的材料和特定的材料族被报道为 2D 压电单分子层，而许多奇异的材料族被认为是 2D 压电材料[6, 7, 11, 12, 14, 15, 31, 36-41]。研究表明这些 2D 材料的压电应变系数比传统的块体材料［如α-石英[42,43]（$d_{11} =$ 2.3 pmV^{-1}）］大 1~2 个数量级。短短几年内，2D 器件和压电器件已经被证明在许多领域有广泛的应用前景。例如，它可以用于压力传感器（Pressure Sensors）[44,45]、应变传感器（Strain Sensors）[46,47]、位移传感器（Displacement Sensors）[48]、质量传感器（Mass Sensors）[49]、气体传感器（Gas Sensors）[50-52]、光传感器（Light Sensors）[53-56]、能量收集（Energy Harvesting）[30,57-62]、能量存储（Energy Storage）[63-68]、高频开关（Highfrequency Switches）[69-71]、电机（Motors）[72]和镊子（Tweezers）[73]等领域。

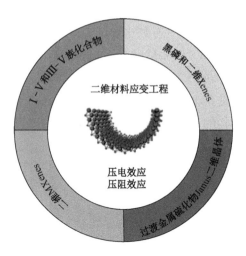

图 3.3　经典的 2D 压电材料[35]

压电是一种由宏观应变引起的电子极化现象,通过机械和电能之间的耦合,实现高效的机械-电能转换。通常用压电系数来表征压电材料的性能优劣。许多 2D 压电材料由于在 z 轴方向仍然具有对称性,压电系数仅仅局限于面内,而不具有面外压电系数。如 MoS_2 单层因为没有反转中心且在 z 轴方向上具有理想的对称性,因此压电系数只存在于面内(d_{11} 方向)。图 3.4 列出了几种常见的具有优异面内压电系数的材料,如 h-BN、过渡金属硫化物(TMD)、Ⅱ族氧化物、六方Ⅲ-Ⅴ族化合物和Ⅳ主族单层的硫化物。其中,$MoTe_2$、$CrSe_2$、$CrTe_2$,CdO 分别具有较大的面内压电系数 d_{11},对应的值分别为 7.39 pm/V、8.47 pm/V、16.3 pm/V、21.7 pm/V。值得一提的是,GeS、SnS、GeSe 和 SnSe 面内的压电系数 d_{11} 是目前 2D 压电材料中最大的,SnSe 的面内压电系数 d_{11} 高达 250.58 pm/V,它们中面内压电应变系数最小的 GeS 的 d_{11} 也达到了 75.43 pm/V。这些理论研究为具有巨压电的 2D 压电材料的未来发展指明了方向,但还需要更多的实验来验证计算结果。

有些 2D 压电材料由于 z 轴方向对称性被打破,因此具有面外压电系数。由于大多数压电器件功能层需要垂直堆叠,材料具有大的面外压电响应可以极大地增强其对压电器件的兼容性和灵活性,因此面外压电系数要比面内压电系数更有用[74]。图 3.5 罗列了研究比较广泛的、具有优异面外压电系数的 2D 层状材料,如 Janus 型过渡金属硫化物、Janus ⅢA 族硫化物、Ⅴ族双元化合物(α 相和 β 相)、MXene 型 M_2CO_2 单层、Ⅲ-Ⅴ 主族蜂窝状单层褶皱结构。从图中不难看出，垂直方向上的不对称性导致出现了大的面外压电系数，如多层 MoSTe（d_{33}=5.7~13.5 pm/V）和 WSTe（d_{33}=5.3~9.3 pm/V）的压电系数 d_{33} 要大于常见的块体压电材料 AlN（d_{33}=5.7 pm/V）。MXene 型的 Sc$_2$CO$_2$、Y$_2$CO$_2$ 和 La$_2$CO$_2$ 面外压电系数 d_{31} 分别是 0.78 pm/V、0.40 pm/V 和 0.65 pm/V 大于 h-BN（0.13 pm/V）。III-V 族蜂窝状褶皱结构的 GaP 和 InP 分别具有较大的 d_{31} 压电系数 0.51 pm/V 和

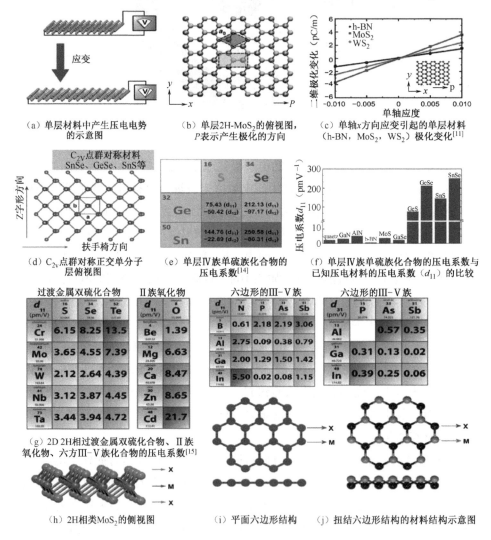

（a）单层材料中产生压电电势的示意图

（b）单层2H-MoS$_2$的俯视图，P表示产生极化的方向

（c）单轴x方向应变引起的单层材料（h-BN，MoS$_2$，WS$_2$）极化变化[11]

（d）C$_{2v}$点群对称正交单分子层俯视图

（e）单层IV族单硫族化合物的压电系数[14]

（f）单层IV族单硫化合物的压电系数与已知压电材料的压电系数（d_{11}）的比较

（g）2D 2H相过渡金属双硫化合物、II族氧化物、六方III-V族化合物的压电系数[15]

（h）2H相类MoS$_2$的侧视图

（i）平面六边形结构

（j）扭结六边形结构的材料结构示意图

图3.4　2D 半导体中面内压电效应的模拟研究[35,11,14,15]

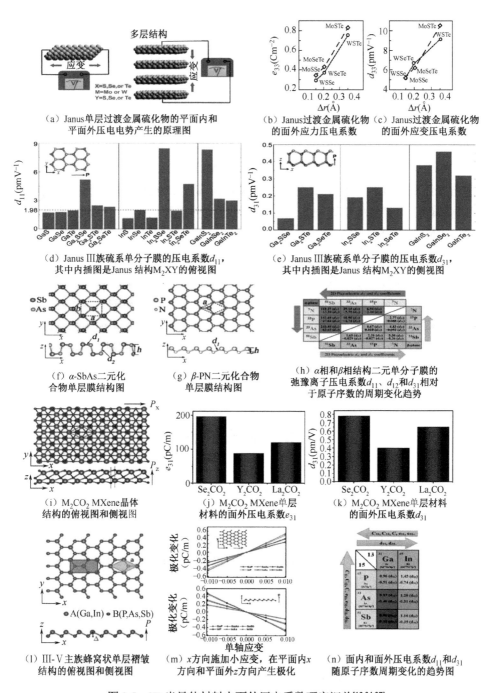

（a）Janus单层过渡金属硫化物的平面内和平面外压电势产生的原理图

（b）Janus过渡金属硫化物的面外应力压电系数

（c）Janus过渡金属硫化物的面外应变压电系数

（d）Janus Ⅲ族硫系单分子膜的压电系数d_{11}，其中内插图是Janus 结构M_2XY的俯视图

（e）Janus Ⅲ族硫系单分子膜的压电系数d_{31}，其中内插图是Janus 结构M_2XY的侧视图

（f）α-SbAs二元化合物单层膜结构图

（g）β-PN二元化合物单层膜结构图

（h）α相和β相结构二元单分子膜的弛豫离子压电系数d_{11}、d_{12}和d_{31}相对于原子序数的周期变化趋势

（i）M_2CO_2 MXene 晶体结构的俯视图和侧视图

（j）M_2CO_2 MXene单层材料的面外压电系数e_{31}

（k）M_2CO_2 MXene单层材料的面外压电系数d_{31}

（l）Ⅲ-Ⅴ主族蜂窝状单层褶皱结构的俯视图和侧视图

（m）x方向施加小应变，在平面内x方向和平面外z方向产生极化

（n）面内和面外压电系数d_{11}和d_{31}随原子序数周期变化的趋势图

图 3.5　2D半导体材料中面外压电系数研究汇总[12,34,37]

0.74 pm/V。GaInSe$_2$、GaInS$_2$ 和 GaInTe$_2$ 的 d_{31} 压电系数也分别达到 0.46 pm/V、0.38 pm/V 和 0.32pm/V。另外，Xiao[75]发现 2D 材料 CrSeBr 和 CrTeI 具有超大的面外压电系数，d_{31} 分别是 1.756 pm/V 和 1.716 pm/V。尽管 2D 压电材料具有不俗的面外压电系数，但与典型的块体纤锌矿 GaN[76]（d_{33} = 3.1 pm/V）和纤锌矿 AlN[76]（d_{33} = 5.1 pm/V）材料的面外压电系数相比仍然偏小。因此，改善和寻找具有高的压电系数的 2D 材料仍然是一个挑战。

综上所述，尽管理论预测和实验结果一致证实了 2D 压电材料在开发创新压电器件和新型纳米系统方面具有巨大潜力。但 2D 材料的压电系数与普通块体材料的压电系数处于同一数量级，远低于高性能的块体压电材料——锆钛酸铅压电陶瓷（PZT）[33]，这也意味着 2D 压电材料的能量转换效率不高，离实际的工业化应用还有很大的距离。因此提高 2D 材料的压电系数尤为重要。一般地，提高材料的压电系数有两种策略：①改良低压电系数的材料；②寻找具有优异压电性能的新材料。鉴于不对称性是材料具有压电性质的先决条件，因此打破材料的对称性从而产生压电性质是一种非常有效的方法，如降低维度[15]或修改 2D 材料的层数[5]、Janus 双面结构[6, 77]、表面修饰[33]、缺陷[78, 79]和掺杂[80]和应变工程[35, 79, 81-83]等。

本章参考资料

[1] JAFFE B, COOK W R, JAFFE H L C. Piezoelectric Ceramic. Pittsburgh: Academic Press, 1971.

[2] WEN K, QIU J, JI H, et al. Investigation of Phase Diagram and Electrical Properties of xPb(Mg$_{1/3}$Nb$_{2/3}$)O$_3$–(1 − x)Pb(Zr$_{0.4}$Ti$_{0.6}$)O$_3$ Ceramics. J. Mater. Sci. - Mater. Electron., 2014, 25: 3003.

[3] HAO J, LI W, ZHAI J, et al. Progress in High-Strain Perovskite Piezoelectric Ceramics. Mater. Sci. Eng. R Rep., 2019, 135: 1.

[4] ONG M T, DUERLOO K-A N, REED E J. The Effect of Hydrogen and Fluorine Coadsorption on the Piezoelectric Properties of Graphene. J. Phys. Chem. C, 2013, 117: 3615.

[5]　ZHU H, WANG Y, XIAO J, et al. Observation of Piezoelectricity in Free-Standing Monolayer MoS$_2$. Nat. Nanotechnol., 2015, 10: 151.

[6]　DONG L, LOU J, SHENOY V B. Large In-Plane and Vertical Piezoelectricity in Janus Transition Metal Dichalchogenides. ACS Nano, 2017, 11: 8242.

[7]　KOCABAS T, CAKIR D, SEVIK C. First-principles Discovery of Stable Two-Dimensional Materials with High-Level Piezoelectric Response. J. Phys.: Condens. Matter, 2021, 33: 115705.

[8]　SHI X, YIN H, JIANG S, et al. Janus 2D Titanium Nitride Halide TiNX$_{0.5}$Y$_{0.5}$ (X, Y = F, Cl, or Br, and X $\neq$ Y) Monolayers with Giant Out-of-Plane Piezoelectricity and High Carrier Mobility. Phys. Chem., 2021, 23: 3637.

[9]　ALYÖRÜK M M, AIERKEN Y, ÇAKıR D, et al. Promising Piezoelectric Performance of Single Layer Transition-Metal Dichalcogenides and Dioxides. J. Phys. Chem. C, 2015, 119: 23231.

[10]　VANDERBILT D. Berry-Phase Theory of Proper Piezoelectric Response. J. Phys. Chem. Solids, 2000, 61: 147.

[11]　DUERLOO K A N, ONG M T, Reed E J. Intrinsic Piezoelectricity in Two-Dimensional Materials. J. Phys. Chem. Lett., 2012, 3: 2871.

[12]　YIN H, GAO J, ZHENG G P, et al. Giant Piezoelectric Effects in Monolayer Group-V Binary Compounds with Honeycomb Phases: A First-Principles Prediction. J. Phys. Chem. C, 2017, 121: 25576.

[13]　KING-SMITH R D, VANDERBILT D. Theory of Polarization of Crystalline Solids. Phys. Rev. B, 1993, 47: 1651.

[14]　FEI R, LI W, LI J, et al. Giant Piezoelectricity of Monolayer Group IV Monochalcogenides: SnSe, SnS, GeSe, and GeS. Appl. Phys. Lett., 2015, 107: 173104.

[15]　BLONSKY M N, ZHUANG H L, SINGH A K, et al. Ab Initio Prediction of Piezoelectricity in Two-Dimensional Materials. ACS Nano, 2015, 9: 9885.

[16]　ALYORUK M. Piezoelectric Properties of Monolayer II–VI Group Oxides by First-Principles Calculations. Phys. Status Solidi B, 2016, 253: 2534.

[17]　AHAMMED R, JENA N, RAWAT A, et al. Ultrahigh Out-of-Plane Piezoelectricity Meets Giant Rashba Effect in 2D Janus Monolayers and

Bilayers of Group IV Transition-Metal Trichalcogenides. J. Phys. Chem. C, 2020, 124: 21250.

[18] WU X, VANDERBILT D, HAMANN D R. Systematic Treatment of Displacements, Strains, and Electric Fields in Density-Functional Perturbation theory. Phys. Rev. B, 2005, 72: 035105.

[19] ZHANG S H, ZHANG R F. AELAS: Automatic ELAStic Property Derivations via High-Throughput First-Principles Computation. Comput. Phys. Commun., 2017, 220: 403.

[20] WU Z J, ZHAO E J, XIANG H P, et al. Crystal Structures and Elastic Properties of Superhard IrN_2 and IrN_3 from First Principles. Phys. Rev. B, 2007, 76: 054115.

[21] MOUHAT F, COUDERT F-X. Necessary and Sufficient Elastic Stability Conditions in Various Crystal Systems. Phys. Rev. B, 2014, 90: 224104.

[22] NYE J F. Physical Properties of Crystals: Their Representation by Tensors and Matrices[M]. Oxford University Press: New York, 1985.

[23] LI R, SHAO Q, GAO E, et al. Elastic Anisotropy Measure for Two-Dimensional Crystals. Extreme Mech. Lett., 2020, 34: 100615.

[24] PAGE Y L, SAXE P. Symmetry-General Least-Squares Extraction of Elastic Data for Strained Materials from Ab Initio Calculations of Stress. Phys. Rev. B, 2002, 65: 104104.

[25] GUO S D, GUO X S, HAN R Y, et al. Predicted Janus SnSSe Monolayer: a Comprehensive First-Principles Study. Phys. Chem. Chem. Phys., 2019, 21: 24620.

[26] ÇAKıR D, PEETERS F M, SEVIK C. Mechanical and Thermal Properties of h-MX_2 (M = Cr, Mo, W; X = O, S, Se, Te) Monolayers: A Comparative Study. Appl. Phys. Lett., 2014, 104: 203110.

[27] YIN H, GAO J, ZHENG G, et al. Giant Piezoelectric Effects in Monolayer Group-V Binary Compounds with Honeycomb Phases: A First-Principles Prediction. J. Phys. Chem. C, 2017, 121: 25576.

[28] ZHUANG H L, JOHANNES M D, BLONSKY M N. Computational Prediction and Characterization of Single-Layer CrS_2. Appl. Phys. Lett., 2014,

104: 022116.

[29]　LIU Z L, EKUMA C E, LI W Q, et al. ElasTool: An Automated Toolkit for Elastic Constants Calculation. Comput. Phys. Commun., 2022, 270: 108180.

[30]　WANG Z L, SONG J. Piezoelectric Nanogenerators Based on Zinc Oxide Nanowire Arrays. Science, 2006, 312: 242.

[31]　WU W, WANG L, LI Y, et al. Piezoelectricity of Single-Atomic-Layer MoS_2 for Energy Conversion and Piezotronics. Nature, 2014, 514: 470.

[32]　ZHANG Q, ZUO S, CHEN P, et al. Piezotronics in Two-Dimensional Materials. InfoMat, 2021, 3: 987.

[33]　HINCHET R, KHAN U, FALCONI C, et al. Piezoelectric Properties in Two-Dimensional Materials: Simulations and Experiments. Mater. Today, 2018, 21: 611.

[34]　GAO R, GAO Y. Piezoelectricity in Two-Dimensional Group III–V Buckled Honeycomb Monolayers. Phys. Status Solidi-R, 2017, 11: 1600412.

[35]　LI F, SHEN T, WANG C, et al. Recent Advances in Strain-Induced Piezoelectric and Piezoresistive Effect-Engineered 2D Semiconductors for Adaptive Electronics and Optoelectronics. Nano-Micro Lett., 2020, 12: 106.

[36]　CHEON G, DUERLOO K, SENDEK A D, et al. Data Mining for New Two- and One-Dimensional Weakly Bonded Solids and Lattice-Commensurate Heterostructures. Nano Lett., 2017, 17: 1915.

[37]　GUO Y, ZHOU S, BAI Y Z, et al. Enhanced Piezoelectric Effect in Janus Group-III Chalcogenide Monolayers. Appl. Phys. Lett., 2017, 110: 163102.

[38]　ARES P, CEA T, HOLWILL M, et al. Piezoelectricity in Monolayer Hexagonal Boron Nitride. Adv. Mater., 2019, 32: 1905504.

[39]　LI Y, RAO Y, MAK K F, et al. Probing Symmetry Properties of Few-Layer MoS_2 and h-BN by Optical Second-Harmonic Generation. Nano Lett., 2013, 13: 3329.

[40]　LU A, ZHU H, XIAO J, et al. Janus Monolayers of Transition Metal Dichalcogenides. Nat. Nanotechnol., 2017, 12: 744.

[41]　ZELISKO M, HANLUMYUANG Y, YANG S, et al. Anomalous Piezoelectricity in Two-Dimensional Graphene Nitride Nanosheets. Nat. Commun., 2014, 5: 4284.

[42] BOTTOM V E. Measurement of the Piezoelectric Coefficient of Quartz Using the Fabry‐Perot Dilatometer. J. Appl. Phys., 1970, 41: 3941.

[43] BECHMANN, R. Elastic and Piezoelectric Constants of Alpha-Quartz. Phys. Rev., 1958, 110: 1060.

[44] STAMPFER C, HELBLING T, OBERGFELL D, et al. Fabrication of Single-Walled Carbon-Nanotube-Based Pressure Sensors. Nano Lett., 2006, 6: 233.

[45] GROW R J, WANG Q, CAO J, et al. Piezoresistance of Carbon Nanotubes on Deformable Thin-Film Membranes. Appl. Phys. Lett., 2005, 86: 093104.

[46] ZHOU Y S, HINCHET R, YANG Y, et al. Nano-Newton Transverse Force Sensor Using a Vertical GaN Nanowire based on the Piezotronic Effect. Adv. Mater., 2013, 25: 883.

[47] CHEN L, XUE F, LI X, et al. Strain-Gated Field Effect Transistor of a MoS_2–ZnO 2D–1D Hybrid Structure. ACS Nano, 2016, 10: 1546.

[48] STAMPFER C, JUNGEN A, LINDERMAN R, et al. Nano-Electromechanical Displacement Sensing Based on Single-Walled Carbon Nanotubes. Nano Lett., 2006, 6: 1449.

[49] NISHIO M, SAWAYA S, AKITA S, et al. Carbon Nanotube Oscillators toward Zeptogram Detection. Appl. Phys. Lett., 2005, 86: 133111.

[50] ARSAT R, BREEDON M, SHAFIEI M, et al. Graphene-Like Nano-Sheets for Surface Acoustic Wave Gas Sensor Applications. Chem. Phys. Lett., 2009, 467: 344.

[51] LIU B, CHEN L, LIU G, et al. High-Performance Chemical Sensing Using Schottky-Contacted Chemical Vapor Deposition Grown Monolayer MoS_2 Transistors. ACS Nano, 2014, 8: 5304.

[52] PERKINS F K, FRIEDMAN A L, COBAS E, et al. Chemical Vapor Sensing with Monolayer MoS_2. Nano Lett., 2013, 13: 668.

[53] ZHANG K, PENG M, WU W, et al. A flexible p-CuO/n-MoS_2 heterojunction Photodetector with Enhanced Photoresponse by the Piezo-Phototronic Effect. Mater. Horiz., 2017, 4: 274.

[54] LOPEZ-SANCHEZ O, LEMBKE D, KAYCI M, et al. Ultrasensitive Photodetectors Based on Monolayer MoS_2. Nat. Nanotechnol., 2013, 8: 497.

[55]　WANG X, WANG P, WANG J, et al. Ultrasensitive and Broadband MoS_2 Photodetector Driven by Ferroelectrics. Adv. Mater., 2015, 27: 6575.

[56]　ZHANG W, CHUU C P, HUANG J K, et al. Ultrahigh-Gain Photodetectors Based on Atomically Thin Graphene-MoS_2 Heterostructures. Sci. Rep., 2014, 4: 3826.

[57]　QIN Y, WANG X, WANG Z L. Microfibre-Nanowire Hybrid Structure for Energy Scavenging. Nature, 2008, 451: 809.

[58]　LÓPEZ-SUÁREZ M, PRUNEDA M, ABADAL G, et al. Piezoelectric Monolayers as Nonlinear Energy Harvesters. Nanotechnology, 2014, 25: 175401.

[59]　GU X, CUI W, LI H, et al. A Solution-Processed Hole Extraction Layer Made from Ultrathin MoS_2 Nanosheets for Efficient Organic Solar Cells. Adv. Energy Mater., 2013, 3: 1262.

[60]　SHANMUGAM M, DURCAN C A, YU B. Layered Semiconductor Molybdenum Disulfide Nanomembrane Based Schottky-Barrier Solar Cells. Nanoscale, 2012, 4: 7399.

[61]　SHANMUGAM M, BANSAL T, DURCAN C A, et al. Molybdenum Disulphide/Titanium Dioxide Nanocomposite-Poly 3-Hexylthiophene Bulk Heterojunction Solar Cell. Appl. Phys. Lett., 2012, 100: 153901.

[62]　WANG Z L. Piezopotential Gated Nanowire Devices: Piezotronics and Piezo-Phototronics. Nano Today, 2010, 5: 540.

[63]　WANG H, FENG H, LI J. Graphene and Graphene-Like Layered Transition Metal Dichalcogenides in Energy Conversion and Storage. Small, 2014, 10: 2165.

[64]　HWANG H, KIM H, CHO J. MoS_2 Nanoplates Consisting of Disordered Graphene-Like Layers for High Rate Lithium Battery Anode Materials. Nano Lett., 2011, 11: 4826.

[65]　SUN Y, WU Q, SHI G. Graphene Based New Energy Materials. Energy Environ.Sci., 2011, 4: 1113.

[66]　CHEN D, JI G, DING B, et al. In Situ Nitrogenated Graphene–Few-Layer WS_2 Composites for Fast and Reversible Li+ Storage. Nanoscale, 2013, 5: 7890.

[67]　CHANG K, CHEN W. In Situ Synthesis of MoS_2/Graphene Nanosheet Composites

with Extraordinarily High Electrochemical Performance for Lithium Ion Batteries. Chem. Commun., 2011, 47: 4252.

[68] MA G, PENG H, MU J, et al. In Situ Intercalative Polymerization of Pyrrole in Graphene Analogue of MoS_2 as Advanced Electrode Material in Supercapacitor. J. Power Sources, 2013, 229: 72.

[69] LEE S W, LEE D S, MORJAN R E, et al. A Three-Terminal Carbon Nanorelay. Nano Lett., 2004, 4: 2027.

[70] KAUL A B, WONG E W, EPP L, et al. Electromechanical Carbon Nanotube Switches for High-Frequency Applications. Nano Lett., 2006, 6: 942.

[71] STANDLEY B, BAO W, ZHANG H, et al. Graphene-Based Atomic-Scale Switches. Nano Lett., 2008, 8: 3345.

[72] VAN DELDEN R A, TER WIEL M K J, POLLARD M M, et al. Unidirectional Molecular Motor on a Gold Surface. Nature, 2005, 437: 1337.

[73] KIM P, LIEBER C M. Nanotube Nanotweezers. Science, 1999, 286: 2148.

[74] ZHANG L, TANG C, ZHANG C, et al. First-principles Screening of Novel Ferroelectric Mxene Phases with a Large Piezoelectric Response and Unusual Auxeticity. Nanoscale, 2020, 12: 21291.

[75] XIAO W Z, XU L, XIAO G, et al. Two-Dimensional Hexagonal Chromium Chalco-Halides with Large Vertical Piezoelectricity, High-Temperature Ferromagnetism, and High Magnetic Anisotropy. Phys. Chem. Chem. Phys., 2020, 22: 14503.

[76] LUENG C M, CHAN H, SURYA C, et al. Piezoelectric Coefficient of Aluminum Nitride and Gallium Nitride. J. Appl. Phys., 2000, 88: 5360.

[77] CHEN Y, LIU J Y, YU J B, et al. Symmetry-Breaking Induced Large Piezoelectricity in Janus Tellurene Materials. Phys. Chem. Chem. Phys., 2019, 21: 1207.

[78] CHANDRATRE S, SHARMA P. Coaxing Graphene to Be Piezoelectric. Appl. Phys. Lett., 2012, 100: 183.

[79] EL-KELANY K E, CARBONNIÈRE P, ERBA A, et al. Inducing a Finite In-Plane Piezoelectricity in Graphene with Low Concentration of Inversion symmetry-breaking defects. J. Phys. Chem. C, 2015, 119: 8966.

[80]　TONG K, ZHOU C, LI Q, et al. Enhanced Piezoelectric Response and High-Temperature Sensitivity by Site-Selected Doping of $BiFeO_3$-$BaTiO_3$ Ceramics. J. Eur. Ceram. Soc., 2018, 38: 1356.

[81]　JENA N, DIMPLE, BEHERE S D, et al. Strain-Induced Optimization of Nanoelectromechanical Energy Harvesting and Nanopiezotronic Response in a MoS_2 Monolayer Nanosheet. J. Phys. Chem. C, 2017, 121: 9181.

[82]　GUO S D, GUO X S, ZHANG Y Y, et al. Small Strain Induced Large Piezoelectric Coefficient in α-AsP Monolayer. J. Alloys Compd., 2020, 822: 153577.

[83]　GUO S D, MU W Q, ZHU Y T. Biaxial Strain Enhanced Piezoelectric Properties in Monolayer g-C3N4. J. Phys. Chem. Solids, 2021, 151: 109896.

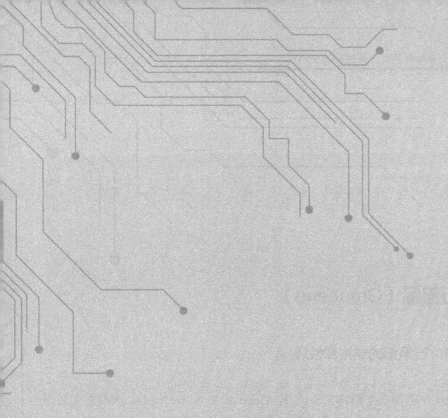

第 4 章

二维ⅥA 族材料晶体结构设计

4.1 石墨烯（Graphene）

4.1.1 石墨烯的结构和性质

自2004年英国曼彻斯特大学A. K. Geim和K. S. Novoselov教授首先通过剥离石墨发现石墨烯以来，石墨烯因独特而优良的导电性能、光学性能、导热性能、磁性和机械性能等引起了人们极大的兴趣。A. K. Geim和K. S. Novoselov两人也因为他们在二维材料石墨烯方面的突破性实验获得2010年诺贝尔物理学奖。石墨烯是由单层碳原子组成呈六角形排列的结构，它的厚度只有0.334 nm，是世界上最薄的材料之一，其结构如图4.1所示。由于其独特的性能，它具有众多优异的品质[1]，如大的比表面积（约2600 m²/g）、高电子迁移率（约200 000 cm²/Vs）、强的导热性（3000~5000 Wm/K）、极高的光学透明度（97.4%）和特殊的机械强度，杨氏模量高达1 TPa。

图4.1　石墨烯的结构

4.1.2　石墨烯的合成

最早合成石墨烯采用物理剥离的方法，Ruoff[2]等人使用胶带将石墨烯层与石墨薄片分离。在剥离之后，这些层被干燥沉积在硅片上，称为"透明胶带"方法。随着技术的不断进步，越来越多的技术可以用来合成石墨烯。如化学氧化还原法[3,4]、热化学气相沉积（CVD）法[5]、等离子体化学气相淀积法[6]、碳化硅的热分解法[7]和解压碳纳米管法[8]等。

4.1.3　石墨烯的应用

在电子工程中，石墨烯被认为是最重要的元件材料。独特的晶体结构使得石墨烯具有许多优异的性能，在多个领域都有广泛的应用[1]：①电子领域：石墨烯因其具有出色的导电性和高热导率而被广泛应用于晶体管、显示器和传感器等电子器件；由于高灵敏度，石墨烯被用作医疗设备的传感器，特别是用于检测某些病毒。②材料科学领域：由于石墨烯的高强度和机械韧性，将石墨烯添加到其他材料中可以显著提高复合材料的强度和韧性；另外，石墨烯由于其耐腐蚀和抗氧化性被用作金属的保护涂层。③能源领域：由于石墨烯具有高表面积和不可燃的性质，它被用作电化学储能设备（如锂电池、超级电容器和太阳能电池）的电极材料，与使用传统碳作为电极材料的设备相比，提高了设备性能。④医疗领域：石墨烯衍生物的生物相容性使其可以用于药物传递、生物成像诊断和医学设备制造等。⑤环境领域：石墨烯具有高吸附性能和高比表面积，可以用于净水、空气净化和废水处理等领域。

4.2　过渡金属双硫化物（TMDCs）

4.2.1　过渡金属双硫化物晶体结构及其优异性能

随着石墨烯研究的快速发展及材料制备技术的不断革新，其他具有二维层状结构的材料如雨后春笋般蓬勃发展起来。例如，六方氮化硼（h-BN）、过渡金属氧化物（TMOs）、过渡金属双硫化物（TMDCs）[9]、MXene[10]，以及第Ⅲ主族、第Ⅳ主族、第Ⅴ主族和第Ⅵ主族元素组成的二维材料[11-18]。其中，尤为突出的是过渡金属双硫化物（TMDCs）。TMDCs的化学式为MX_2，其中，M代表过渡金属元素，包含Ti、V、Ta、Mo、W、Cr、Re等，X表示硫族元素原子S、Se、Te等。几种经典的二维TMDCs的结构图（俯视图和侧视图）如图4.2所示，常见的二维TMDCs具有三个经典的相：2H相、1T相和1T′相。其中1T′相是1T相的变形结构。2H相结构是ABA堆叠，不同原子平面上的硫原子占据相同的位置A，并在垂直层的方向上彼此重叠。相比较，1T相结构是ABC堆叠顺序，不同原子平面上的硫原子占据不同的位置A和C。一般地，在这三个典型的晶体结构中2H相是稳定的半导体，亚稳态的1T和1T′相是金属或半金属[19-21]。此外，八面体1T相还可以通过结构扭曲形成其他亚稳多晶1T″和1T‴超结构[22]。在这些扭曲的结构中，M-M结合发生，例如，M原子在1T′中二聚化，M原子在1T″和1T‴中三聚化。

TMDCs与石墨烯类似，拥有诸多优良的特性。其良好的机械柔韧性和热稳定性，在电化学能量储存转化及光学、电学器件中得到了广泛的应用，同时存在大小不一的带隙，也使其在光电半导体器件领域有很广阔的应用前景。TMDCs还有石墨烯所不具有的性质。与石墨烯相比，反演对称性在单层MoS_2中被破坏，当施加面内电场时，会产生谷霍尔效应，不同谷的载流子流向相反的横向边缘。反演对称性破缺还会导致K点处带间跃迁的谷依赖光学选择规则。另外，MoS_2具有源自重金属原子d轨道的强自旋轨道耦合（SOC[23]），可以作为一个平台来探索自旋物理和自旋电子学应用，这是石墨烯中因SOC消失而缺失的。越来越多的理论和实验证明二维TMDCs是一类优异的功能材料，具有原子级厚度、直接带隙、高载流子迁移率、高热导率、强自旋轨道耦合、独特的光学性质、高机械强度等，在许多领域都有很好的应用前景，如场效应管、电池、光电子器件、光电探测器、热电材料、自旋电子学材料、固体润滑剂和化学电催化剂等。

（a）二维2H相TMDCs的俯视图

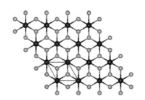
（b）二维1T相TMDCs的俯视图

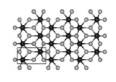
（c）二维1T′相TMDCs的俯视图

（d）二维2H相TMDCs的侧视图

（e）二维1T相TMDCs的侧视图

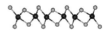
（f）二维1T′相TMDCs的侧视图

图 4.2　经典二维 2H 相、1T 相、1T′相 TMDCs 的俯视图和侧视图

4.2.2　过渡金属双硫化物的研究与应用

通过第一性原理计算发现过渡金属双硫化物材料中有绝缘体、半导体、半金属、金属和超导[24-28]。最典型的是二硫化钼（MoS_2），它是一种半导体材料。研究表明：体相 MoS_2 是间接带隙半导体材料，当它的厚度减小到单层时变成直接带隙半导体材料[29]。过渡金属双硫化物层状材料的能带结构与材料层数有密切的联系，材料的电子性能会随着材料的层数发生显著的变化。这是由于过渡金属双硫化物材料的厚度减小到数层或单层时，量子效应不可忽略，进而引起能带结构发生重要的变化[30, 31]。在实验室，单层 MoS_2 晶体管已被实现，室温迁移率超过 $200\ cm^2\,V^{-1}s^{-1}$[32]。

过渡金属双硫化物材料具有较优异的热学稳定性，在高温下依然能保持较好的热稳定性，不发生分解，因而可以应用于高温器件中。另外，过渡金属双硫化物材料具有优异的热力学传导性，Varshney 等人[33]发现二硫化钼（MoS_2）具有热力学传导性质，但 Yun 等人[34]发现二硫化钼的热力学传导性比石墨烯的要低。为解决这个问题，Zhang 等人[35]构造了二硫化钼/石墨烯纳米片板，发现其热传导性比单独的二硫化钼材料要好，此研究成果说明可以通过构造异质结构来调节功能器件的热传导性。最近 Huang 等人[36]运用第一性原理研究了二硫化钼和二硒化钨的热电性能，其研究结果表明过渡金属双硫化物材料是一种很有前景的热电材料。

与基于石墨烯的光电探测器相比，基于少层 TMDCs 的光电探测器具有更高的光响应性，尽管它们主要工作在可见光区域。高性能光电探测器已由各种二维 TMDCs 制成，如 MoS_2、WS_2 和 $ReSe_2$。Lopez-Sanchez 等人[37]制作了高灵敏度的单层 MoS_2 光晶体管。由于单层 MoS_2 的高增益，他们的器件在 561nm 波长处的光响应率达到 880A/W，工作范围为 400~680nm。霍等[38]人制作了多层 WS_2 光电晶体管，在 633nm 红光下的响应率为 5.7A/W，外量子效率（EQE）为 1118%。这些探测器大多工作在可见光谱范围内，因为它们的带隙在 1.5 eV~2.5 eV。在可见光范围内，这些光电探测器比原始的石墨烯光电探测器具有更好的性能。

二维层状过渡金属双硫化合物（TMDCs）由于其独特的物理性质，包括间接到直接的光学带隙跃迁、从可见光波段到近红外波段的宽带隙及由二维约束产生的优异光电特性，在光子和光电应用中受到了广泛的关注。研究表明[39] TMDCs 的电子结构可谐调，且有望成为析氢和加氢硫化的化学活性电催化剂，以及光电子学中的电活性材料。它们的形态和性质也可用于储能，如锂离子电池和超级电容器的电极。

二维过渡层状金属双硫化物（TMDCs）中还存在另一个自由度——能谷。由于 TMDCs 中自旋与能谷的强耦合，自旋（能谷）可以通过能谷（自旋）方便地进行调控和探测，为电子自旋和能谷相关领域研究提供了新的手段和方法[40]。2015 年东京大学的研究团队[41]利用栅极电场打破双层石墨烯的空间反演对称性，成功实现了纯能谷流的产生与检测。实验在器件一侧沟道中接入恒流源，由于谷霍尔效应，不同谷序数的电子在纵向沟道中向相反方向运动，能谷流不为零而电荷流为零。类比自旋霍尔效应与其逆效应[42]，能谷流由于逆谷霍尔效应会在另一侧的横向沟道中积累电荷而引起电势差。非局域霍尔器件结构既可以作为能谷流的源使用，受栅极调控的电压输出也可构建逻辑功能。相比于石墨烯，TMDCs 材料具有较大的带隙[43]及较强的自旋轨道耦合[44]，更适合作为能谷器件的材料。与石墨烯材料的可调控能谷效应类似，在双层或多层 TMDCs 材料中也可通过人为调控实现能谷效应。

TMDCs 层内的共价键赋予了其单层膜极高的机械强度，使其能够作为固体润滑剂应用于工业领域。因为在真空环境下，固体润滑剂能够代替液体润滑剂发挥巨大的作用。另外，二维 TMDCs 的合理叠加为高分辨率分子筛选提供了高通量和节能的膜，其渗透率高于同等厚度最先进的石墨烯基膜。

4.2.3　过渡金属双硫化物的合成方法

1. 化学合成法

化学气相沉积法（CVD）、水热法、激光诱导合成和分子束外延（MBE）是制备 TMDCs 常用的化学合成方法[28]。CVD 是一种通过气体混合物的化学反应在衬底表面沉积固体薄膜的工艺。MBE 是一个或多个热原子或热分子束在超高真空下与晶体表面作用的外延过程。

2. 物理合成法

物理气相沉积（PVD）不同于化学气相沉积（CVD）发生化学反应。在过去的几十年中，PVD 已经在 TMDCs 薄膜上得到了证明，对于不同的材料具有大面积均匀性，并且在较低的加工温度下合成。另外，溅射和脉冲激光沉积（PLD）是最常用的基于 PVD 的方法，是最适合沉积 TMDCs 材料的方法。

4.3　一元VIA族元素材料晶体结构设计

4.3.1　碲烯（Tellurene）和硒烯（Selenene）

自 2017 年朱等人在高取向热解石墨（HOPG）基底上成功合成[18,45]单元素二维碲烯（Tellurene）以来，其拥有的厚度依赖性带隙、环境稳定性、压电效应、热电效应、高载流子迁移率（约 $10^3\,cm^2\,V^{-1}\,s^{-1}$）和光响应等特性显示出其在光电探测器、场效应晶体管、压电器件、热电器件、调制器和能量收集器件等方面具有巨大的潜力[46]。碲的性质可以通过应变、缺陷、边缘和异质结效应来调节。鉴于如此多的独特性质，2017 年碲被预测并成功制造以来，引起了研究人员极大的兴趣。此外，二维 Te 纳米薄膜材料具有独特的螺旋链结构[47]，这使得它们具有高载流子迁移率和强平面内各向异性。由于结构和元素的多样性，可以构造和设计不同晶体结构的二维材料。截至目前，已经研究和报道的由类金属元素 Te 组成的二维同素异形体碲烯主要有 7 种[18,48-51]：图 4.3（a）所示为类 1T 相 MoS_2 的稳定结构 α-Te，图 4.3（b）所示为四方结构的亚稳态 β-Te，图 4.3（c）所示为类 2H 相 MoS_2 的结构亚稳态 γ-Te，图 4.3（1）所示为四方 Te，图 4.3（m）所示为五角 Te，图 4.4（a）所示为 δ-Te，图 4.4（b）所示为 η-Te。

图 4.3 中分别给出了其对应的声子谱，可以看出声子谱在整个布里渊区不存在

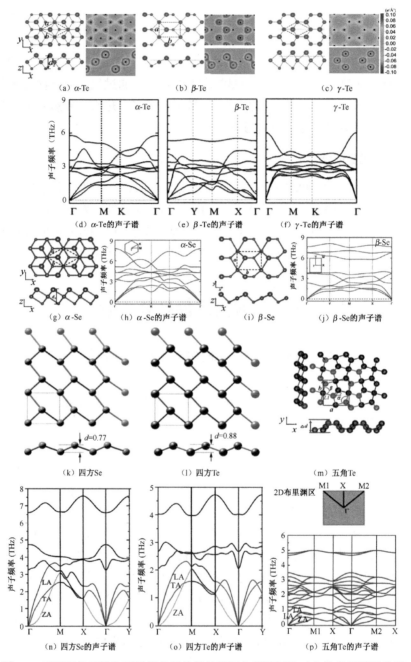

图 4.3　不同相的碲烯和硒烯优化结构的俯视图和侧视图及对应的声子谱[18, 48-50]

虚频，证明其对应的结构满足动力学稳定性，有望在实验室实现。其中的 α-Te 可以自发地从沿块状 Te 的三角形结构[001]方向截断的三层优选厚度中得到[18]。利用分子束外延技术对高取向热解石墨（HOPG）衬底上 Te 的生长进行初步的实验研究证明 Te 在 HOPG 衬底上具有分层行为。Qi[52]等人提出了由一维原子碲链（命名为 Telluryne）通过非共价键构建的一种新的二维单层 Te 材料，命名为 Tellurenyne，如图 4.4（c）所示。碲炔的载流子迁移率甚至高于磷烯，其各向异性是已知体系中最大的。重要的是，通过改变一维碲炔的相序，可以改变首选载流子类型，并将载流子输运的主导方向旋转 $90°$。此外，碲炔具有 Rashba 自旋分裂，耦合参数为 2.13 eVÅ，属于巨大的 Rashba 系统。因此，这种新型二维材料碲炔在电子学和自旋电子学方面的应用前景广阔。

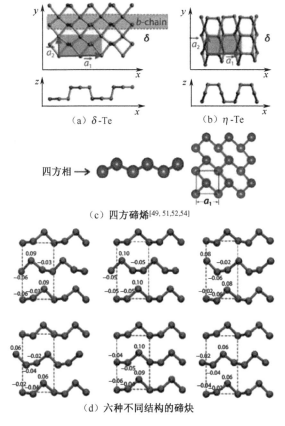

（a）δ-Te

（b）η-Te

四方相 →

（c）四方碲烯[49, 51,52,54]

（d）六种不同结构的碲炔

图 4.4　多种不同相单层碲烯晶体结构[49,51,52,54]

随后，学者们又相继发现具有相同结构的同族单元素硒烯（α-Se、β-Se、γ-Se）2D 单层[53]及四方 Se 也具有稳定的结构，碲烯和硒烯的出现再次丰富了 2D 材料家族。

4.3.2 碲烯的多层结构

由于层间范德华相关作用和原子轨道重叠效应，二维材料的厚度（层数）对其物理和化学性质有重要的影响。图 4.5 和图 4.6 分别给出了两层和三层可能的碲烯结构[55]。如图 4.5 所示，稳定结构单层 β 相具有中心对称性，因此它不具有电极化性质。双层的 β 相实际是不稳定的，因为它不能过渡到一个中心对称性破坏的 α 相结构。在 α 相中，每个中间层 Te 原子发生相对位移，形成与体相 α-Te 相同的结构。通常，这种结构畸变与原始未畸变结构的软光学声子模式有关。对于多层结构，层间的孤对相互作用变得很重要。如果保持中心对称结构，由于对称性约束，孤对之间会存在强烈的相互排斥作用而破坏 β 相的中心对称性，使其向非中心对称的 α 相转变，从而降低总能量。这种对称性破缺是产生非零极化的必要条件。厚度（层数）工程为诱导材料产生极化效应提供了一种新的思路。

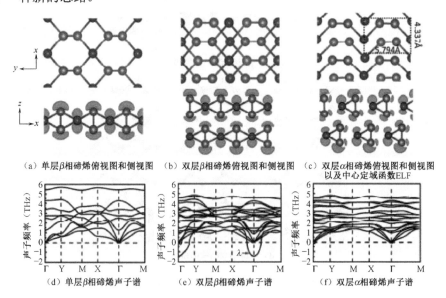

（a）单层β相碲烯俯视图和侧视图　（b）双层β相碲烯俯视图和侧视图　（c）双层α相碲烯俯视图和侧视图以及中心定域函数ELF

（d）单层β相碲烯声子谱　　　　（e）双层β相碲烯声子谱　　　　（f）双层α相碲烯声子谱

图 4.5　不同层数 β 相碲烯、α 相碲烯的结构图及对应的声子谱[55]

层中心的原子是红色的，其他的是棕色的。可视化显示为 $0.9\,\mathrm{e\,Bhor^{-3}}$ 的绿色等值面。符号 λ 表示软光学声子模式。

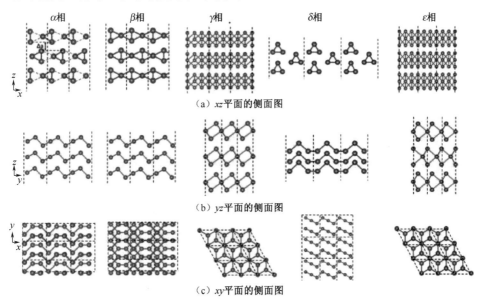

（a）xz 平面的侧面图

（b）yz 平面的侧面图

（c）xy 平面的侧面图

图 4.6　三层 α、β、γ、δ 和 ε 相碲烯的晶体结构图[55]

总之，大量的研究报告表明碲烯[49, 53, 56]和硒烯[49, 56]是迄今为止 2D 单元素材料家族中报道的具有最低晶格热导率的材料[49]，它们的晶格热导率分别为 $0.61\,\mathrm{W\,m^{-1}\,K^{-1}}$ 和 $2.33\,\mathrm{W\,m^{-1}\,K^{-1}}$ 远低于其他的 2D 单元素材料 [如石墨烯（$3500\,\mathrm{W\,m^{-1}\,K^{-1}}$）、硅烯（$9.4\,\mathrm{W\,m^{-1}\,K^{-1}}$）、磷烯（$78\,\mathrm{W\,m^{-1}\,K^{-1}}$）和砷烯（$9.6\,\mathrm{W\,m^{-1}\,K^{-1}}$）]，因此它们具有潜在优异的热电性质。碲烯和硒烯在室温中对应的最大热电优值（ZT）高达 0.8 和 0.64，表明他们是很有前途的 2D 热电材料。然而，迄今为止，由 VIA 族元素组成的二元和三元 2D 材料的相关理论和实验研究很少，其压电和热电的相关研究还有很大的空间。最近刘等人通过第一性原理计算证实了由 Te 和 Se 元素组成的类似结构的 α-Se$_2$Te 和 α-SeTe$_2$ 单层是一种稳定的、具有高的迁移率（$5.4\times10^3\,\mathrm{cm^2\,V^{-1}\,s^{-1}}$）和光吸收系数（$2\sim7\times10^5\,\mathrm{cm^{-1}}$）的半导体材料[57]。这为探索和设计由 VIA 族元素组成的各种不同相（α，β，λ）的二元和三元化合物单层提供了一种思路。

4.4 二元和三元VIA族元素结构设计

受 TMDCs 最常见的三种相（2H、1T 和 1T′）结构的启发，可以设计VIA族 S、Se 和 Te 三种元素构成的多种 ABA（9 种）、Janus ABB（9 种）和 Janus ABC 型（9 种）三明治型化合物。根据元素的排列组合、不同的元素配位和成键状态共可以组合成 27 种不同的结构。这里不一一画出每种结构的晶格结构图，仅列出其不同相中的典型代表，如图 4.7 所示。表 4.1 列出了二元和三元 VIA 族化合物不同相对应的空间群、点群对称和配位等相关信息。从侧视图来看，这些设计的二元和三元 VIA 族化合物中除 ABA 型中的 2H 相结构在垂直方向上没有极化电场外，其他所有类型的结构由于上层和下层原子电负性或结构不对称性而导致其具有极化电场。这些结构的稳定性和具体的物理和化学性质在后面会详细介绍。

表 4.1　二元和三元VIA族化合物不同相对应的空间群、点群对称和配位

元素种类	类型	相	空间群	点群	No.	配位
2	ABA	2H	P $\bar{6}$ m2	D_{3h}^1	187	三棱柱体配位
		1T	P $\bar{3}$ m1	D_{3d}^3	164	八面体配位
		1T′	Pm	C_3^1	6	畸变八面体配位
	ABB	2H	P $\bar{6}$ m2	D_{3h}^1	187	三角棱柱配位
		1T	P $\bar{3}$ m1	D_{3d}^3	164	八面体配位
		1T′	Pm	C_3^1	6	畸变八面体配位
3	ABC	2H	P $\bar{6}$ m2	D_{3h}^1	187	三棱柱体配位
		1T	P $\bar{3}$ m1	D_{3d}^3	164	八面体配位
		1T′	Pm	C_3^1	6	畸变八面体配位

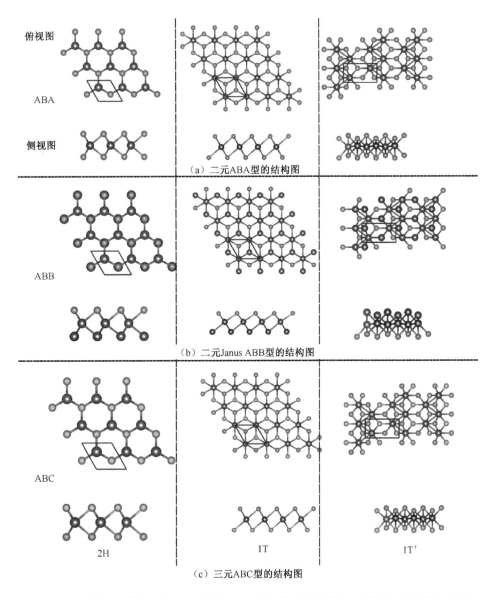

俛视图

ABA

侧视图

（a）二元ABA型的结构图

ABB

（b）二元Janus ABB型的结构图

ABC

2H   1T   1T′

（c）三元ABC型的结构图

注：第一列对应的是 2H 相结构，第二列对应的是 1T 相结构，第三列对应的是 1T′ 相结构。黄色球是 S 原子，绿色球是 Se 原子，棕色球是 Te 原子。

图 4.7　二元和三元VIA 族元素单层材料的部分晶体结构示意图

本章参考资料

[1]   URADE A R, LAHIRI I, SURESH K S. Graphene Properties, Synthesis and Applications: A Review. JOM, 2023, 75: 614.

[2]   LU X K, YU M F, HUANG H, et al. Tailoring Graphite with The Goal of Achieving Single Sheets. Nanotechnology, 1999, 10: 269.

[3]   MARCANO D C, KOSYNKIN D V, BERLIN J M, et al. Improved Synthesis of Graphene Oxide. ACS Nano, 2010, 4: 4806.

[4]   MAHATA S, SAHU A, SHUKLA P, et al. The novel and Efficient Reduction of Graphene Oxide Using Ocimum Sanctum L. Leaf Extract as an Alternative Renewable Bio-Resource. New J. Chem., 2018, 42: 19945.

[5]   REDDY K M, GLEDHILL A D, CHEN C H, et al. High Quality, Transferrable Graphene Grown on Single Crystal Cu(111) Thin Films on Basal-Plane Sapphire. Appl. Phys. Lett., 2011, 98.

[6]   YAMADA T, ISHIHARA M, HASEGAWA M. Large Area Coating of Graphene at Low Temperature Using a Roll-To-Roll Microwave Plasma Chemical Vapor Deposition. Thin Solid Films, 2013, 532: 89.

[7]   CHOI J, LEE H, KIM S. Atomic-Scale Investigation of Epitaxial Graphene Grown on 6H-SiC(0001) Using Scanning Tunneling Microscopy and Spectroscopy. J. Phys. Chem. C, 2010, 114: 13344.

[8]   ELÍAS A L, BOTELLO-MÉNDEZ A R, MENESES-RODRÍGUEZ D, et al. Longitudinal Cutting of Pure and Doped Carbon Nanotubes to Form Graphitic Nanoribbons Using Metal Clusters as Nanoscalpels. Nano Lett., 2010, 10: 366.

[9]   ATACA C, SAHIN H, CIRACI S. Stable, Single-Layer MX_2 Transition-Metal Oxides and Dichalcogenides in a Honeycomb-Like Structure. J. Phys. Chem. C, 2012, 116: 8983.

[10]   NAGUIB M, KURTOGLU M, PRESSER V, et al. Two-Dimensional Nanocrystals: Two-Dimensional Nanocrystals Produced by Exfoliation of Ti_3AlC_2 (Adv. Mater. 37/2011). Adv. Mater., 2011, 23: 4207.

[11]   MANNIX A J, ZHOU X F, KIRALY B, et al. Synthesis of Borophenes:

Anisotropic, Two-Dimensional Boron Polymorphs. Science, 2015, 350: 1513.

[12]　VOGT P, PADOVA P D, QUARESIMA C, et al. Silicene: Compelling Experimental Evidence for Graphenelike Two-Dimensional Silicon. Phys. Rev. Lett., 2012, 108: 155501.

[13]　ZHU F F, CHEN W J, XU Y, et al. Epitaxial Growth of Two-Dimensional Stanine. Nat. Mater., 2015, 14: 1020.

[14]　LI L K, YU Y J, YE G J, et al. Black Phosphorus Field-Effect Transistors. Nat. Nanotechnol., 2014, 9: 372.

[15]　LIU H, NEAL A T, ZHU Z, et al. Phosphorene: An Unexplored 2D Semiconductor with a High Hole Mobility. ACS Nano, 2014, 8: 4033.

[16]　ZHU Z, TOMANEK D. Semiconducting Layered Blue Phosphorus: A Computational Study. Phys. Rev. Lett., 2014, 112: 176802.

[17]　JI J, SONG X, LIU J, et al. Two-Dimensional Antimonene Single Crystals Grown by Van der Waals Epitaxy. Nat. Commun., 2016, 7: 13352.

[18]　ZHU Z L, CAI X L, YI S H, et al. Multivalency-Driven Formation of Te-Based Monolayer Materials: A Combined First-Principles and Experimental Study. Phys. Rev. Lett., 2017, 119: 106101.

[19]　LI Y, DUERLOO K-A N, WAUSON K, et al. Structural Semiconductor-To-Semimetal Phase Transition in Two-Dimensional Materials Induced by Electrostatic Gating. Nat. Commun., 2016, 7: 10671.

[20]　CHANG L, SUN Z, HU Y H. 1T Phase Transition Metal Dichalcogenides for Hydrogen Evolution Reaction. Electrochem. Energy R., 2021, 4: 194.

[21]　LAI Z, HE Q, TRAN T H, et al. Metastable 1T′-phase Group VIB Transition Metal Dichalcogenide Crystals. Nat. Mater., 2021, 20: 1113.

[22]　ZHAO W, PAN J, FANG Y, et al. Metastable MoS_2: Crystal Structure, Electronic Band Structure, Synthetic Approach and Intriguing Physical Properties. Chemistry – A European Journal, 2018, 24: 15942.

[23]　ZHU Z Y, CHENG Y C, Schwingenschloegl U. Giant Spin-Orbit-Induced Spin Splitting in Two-Dimensional Transition-Metal Dichalcogenide Semiconductors. Phys. Rev., 2011, 84: 153402.

[24]　ATACA C, SAHIN H, CIRACI S J. Stable, Single-Layer MX_2 Transition-Metal

Oxides and Dichalcogenides in a Honeycomb-Like Structure. J. Phys. Chem. C, 2012, 116:8983.

[25] ZHU C, ZHOU L, LIN Y, et al. Graphene-Like 2D Nanomaterial-Based Biointerfaces for Biosensing Applications, Biosensors & Bioelectronics: The International Journal for the Professional Involved with Research. Technology and Applications of Biosensers and Related Devices, 2017, 89:43.

[26] KOBAYASHI K, YAMAUCHI J. Electronic Structure and Scanning-Tunneling-Microscopy Image of Molybdenum Dichalcogenide Surfaces. Phys. Rev. B, 1995.

[27] KUC A, ZIBOUCHE N, HEINE T. Influence of Quantum Confinement on The Electronic Structure of The Transition Metal Sulfide TS_2. Phys. Rev. B, 2011, 83:245213.

[28] WU M, XIAO Y, ZENG Y, et al. Synthesis of Two-Dimensional Transition Metal Dichalcogenides for Electronics and Optoelectronics. InfoMat, 2021, 3: 362.

[29] ERIKSSON S L O. Electronic Structure of Two-Dimensional Crystals from Ab-Initio Theory, Phys. Rev. B., 2009, 79:115409.

[30] BOLLINGER M V, JACOBSEN K W, NORSKOV J K. Atomic and Electronic Structure of MoS_2 Nanoparticles. Phys. Rev. B, 2003, 67:085410.

[31] KOM T, HEYDRICH S, HIRMER M, et al. Low-temperature Photocarrier Dynamics in Monolayer MoS_2. Appl. Phys. Lett. 2011, 99:102109.

[32] BRANDAO F D, RIBEIRO G M, VAZ P H, et al. Identification of Rhenium Donors and Sulfur Vacancy Acceptors in Layered Mos_2 Bulk Samples. J. Appl. Phys., 2016, 119: 147.

[33] VARSHNEY V, PATNAIK S S, MURATORE C, et al. MD Simulations of Molybdenum Disulphide (Mos_2): Force-field Parameterization and Thermal Transport Behavior. Comp. Mater. Sci., 2010, 48: 101.

[34] YAN R, SIMPSON J R, BERTOLAZZI S, et al. Thermal Conductivity of Monolayer Molybdenum Disulfide Obtained from Temperature-Dependent Raman spectroscopy. Acs Nano, 2014, 8: 986.

[35] ZHANG Z, XIE Y, PENG Q, et al. Thermal Transport in MoS_2/Graphene Hybrid Nanosheets. Nanotechnology, 2015, 26: 375402.

[36]　HUANG W, LUO X, GAN C K. Theoretical Study of Thermoelectric Properties of Few-Layer MoS$_2$ and WSe$_2$. Phys. Chem. Chem. Phys. 2014, 16:10866.

[37]　LOPEZ-SANCHEZ O, LEMBKE D, KAYCI M, et al. Ultrasensitive Photodetectors based on Monolayer MoS$_2$. Nat. Nanotechnol. 2013, 8:497.

[38]　HUO N, YANG S, WEI Z, et al. Photoresponsive and Gas Sensing Field-Effect Transistors based on Multilayer WS$_2$ Nanoflakes. Sci. Rep. 2014, 4:5209.

[39]　CHHOWALLA M, SHIN H S, EDA G, et al. The Chemistry of Two-Dimensional Layered Transition Metal Dichalcogenide Nanosheets. Nat. Chem. 2013, 5: 263.

[40]　刘雪峰，马骏超，孙栋. 二维过渡金属二硫化物中自旋能谷耦合的谷电子学. 物理，2017, 46: 299.

[41]　ZHAO X M, WU Y J, CHEN C, et al. Electronic Transport of Bilayer Graphene with Asymmetry Line Defects. Chinese Phy. B, 2000, 25:117303.

[42]　ABANIN D A, SHYTOV A V, LEVITOV L S, et al. Nonlocal Charge Transport Mediated by Spin Diffusion in the Spin Hall Effect Regime. Phy. Rev. B, 2009, 79: 035304.1.

[43]　WU X, MENG H. Tunable Valley Filtering in Graphene with Intervalley Coupling. Europhysics Letters, 2016, 114(3):37008.

[44]　KOŚMIDER K, GONZÁLEZ J W, FERNÁNDEZROSSIER J. Large Spin Splitting in the Conduction Band of Transition Metal Dichalcogenide Monolayers. Phys. Rev. B, 2013, 88: 330.

[45]　CHEN J, DAI Y, MA Y, et al. Ultrathin Beta-Tellurium Layers Grown on Highly Oriented Pyrolytic Graphite by Molecular-Beam Epitaxy. Nanoscale, 2017, 9: 15945.

[46]　SHI Z, CAO R, KHAN K, et al. Two-Dimensional Tellurium: Progress, Challenges and Prospects. Nano-Micro Lett., 2020, 12: 99.

[47]　VON HIPPEL A. Structure and Conductivity in the VIb Group of the Periodic System. J. Chem. Phys. 2004, 16: 372.

[48]　WANG D, TANG L M, JIANG X X, et al. High Bipolar Conductivity and Robust In-Plane Spontaneous Electric Polarization in Selinene. Adv. Electronic Mater., 2019, 5: 1800475.

[49] LIN C, CHENG W D, CHAI G, et al. Thermoelectric Properties of Two-Dimensional Selenene and Tellurene from Group-VI Elements. Phys. Chem. Chem. Phys., 2018, 20: 24250.

[50] ZHANG T, LIN J H, ZHOU X L, et al. Stable Two-Dimensional Pentagonal Tellurene: A High ZT Thermoelectric Material with a Negative Poisson's Ratio. Appl. Surf. Sci., 2021, 559: 149851.

[51] LIU D, LIN X, TOMÁNEK D. Microscopic Mechanism of the Helix-to-Layer Transformation in Elemental Group VI Solids. Nano Lett., 2018, 18: 4908.

[52] QI L, HAN J, GAO W, et al. Monolayer Tellurenyne Assembled with Helical Telluryne: Structure and Transport Properties. Nanoscale, 2019, 11: 4053.

[53] GAO Z, TAO F, REN J. Unusually Low Thermal Conductivity of Atomically Thin 2D Tellurium. Nanoscale, 2018, 10: 12997.

[54] XIAN L, PÉREZ PAZ A, BIANCO E, et al. Square Selenene and Tellurene: Novel Group VI Elemental 2D Materials with Nontrivial Topological Properties. 2D Mater., 2017, 4: 041003.

[55] WANG Y, XIAO C, CHEN M, et al. Two-Dimensional Ferroelectricity and Switchable Spin-Textures in Ultra-Thin Elemental Te Multilayers. Mater. Horiz., 2018, 5: 521.

[56] RAMÍREZ-MONTES L, LÓPEZ-PÉREZ W, GONZÁLEZ-HERNÁNDEZ R, et al. Large Thermoelectric Figure of Merit in Hexagonal Phase of 2D Selenium and Tellurium. Int. J. Quantum Chem., 2020, 120: 26267.

[57] LIU G, WANG H, LI G L. Structures, Mobilities, Electronic and Optical Properties of Two-Dimensional α-Phase Group-VI Binary Compounds: α-Se$_2$Te and α-SeTe$_2$. Phys. Lett. A, 2020, 384: 126431.

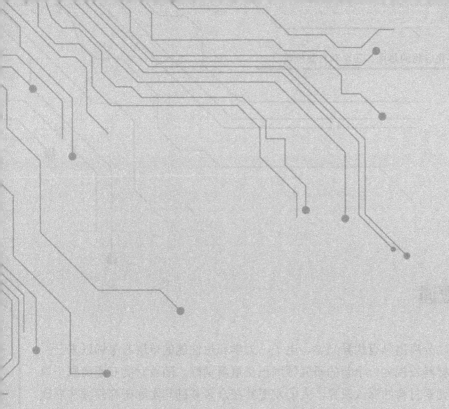

第 5 章

二维 VIA 族碲烯和硒烯的物理性质研究

5.1 概述

自成功分离出具有优异光学、电子、力学和热性能的单层石墨烯以来[1, 2]，二维元素材料被视为一个新的研究领域正在重新觉醒。随着对类石墨烯原子厚度的二维元素材料的深入研究，人们发现其在众多基础和实际研究领域都展现出独特的性质和优异的性能。二维元素材料由于其独特的结构、电化学、电子性能、近室温拓扑绝缘性，在电子和光电子及各种能量存储和转换应用方面引发了科研人员极大的研究兴趣。特别是，新兴的二维元素材料通常具有大表面积、高理论容量、结构各向异性、高载流子迁移率和可调带隙，使其成为许多储能和转换技术有希望的选择[3, 4]。

后石墨烯时代，类石墨烯的二维元素材料（如硅烯和磷烯)在实验室相继成功合成，具有原子层厚度的二维材料家族成员不断壮大。这些由元素周期表上III 族到 VI 族元素的单原子变体组成的原子厚度薄材料已经展现了令人兴奋的特性。迄今为止，已有 15 种主族二维元素材料的存在得到了实验验证或理论预测，包括 IIIA 族中的硼烯[5]、铝烯[6]，IVA 族中的石墨烯[1,2]、硅烯[7]、锗烯[8]、锡烯[9]和铅烯[8]，VA 族中的黑磷烯[10]、砷烯、锑烯和铋烯[11-13]，VIA 族中的硒烯和碲烯[14]等，如图 5.1 所示。这些二维元素材料在电子传感器、柔性/低功耗电子器件、自旋电子器件、光电子器件、光伏电子器件、表面等离子体光子学、电池、超级电容材料和热电材料等领域有重要的应用。

碲烯（Tellurene）和硒烯（Selenene）由于其独特的螺旋链晶体结构，既可以二维（2D）薄膜的形式存在，也可以一维（1D）纳米线的形式存在，且具有优异可调带隙、高载流子迁移率、良好的热电性能、环境稳定性和强的角度相关光响应。当前，碲烯和硒烯越来越受到人们的关注。特别是，通过克服石墨烯、过渡金属二硫族化合物和黑磷遇到的基本挑战，碲烯已经开始显示出超越摩尔定律的新一代电子材料的能力。

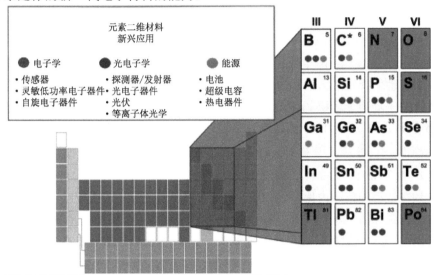

元素框内的每个彩色圆圈表示文献中探索的不同应用领域。到目前为止，人们还没有探索过灰色背景填充的元素（N，O，S，Ti和Po）

（a）主族元素的二维类似物概述

（b）在石墨烯分离后，几种最新二维元素材料的实验合成时间

图 5.1　通过实验或理论途径探索的二维元素材料种类和实验室合成的时间[15]

5.2　碲烯和硒烯晶体结构与稳定性

2017 年，贾瑜[14]教授课题组在理论上预言了可能由ⅥA 族单质元素组成的二维单层材料——碲烯的存在，并获得初步实验验证，相关成果发表在 PRL

[PRL 119, 106101 (2017)]上，打开了研究二维VIA族元素单层材料的大门。表5.1汇总了当前理论计算的各种不同相结构的碲烯和硒烯的晶格常数、内聚能、带隙、有效质量和迁移率等。理论预测，类1T相MoS$_2$的α相碲烯是稳定结构，四方的β相碲烯和类2H相MoS$_2$的γ相碲烯是亚稳定结构，它们的晶体结构在第4章介绍过。这些结构具有三层排列，由Te固有的多价性质驱动，中间层的Te表现得更像金属，两个外层则更像半导体。这三个相的声子谱均不存在虚频模，表明他们都是热力学稳定的，如图5.2所示。在有限的温度范围内，采用从头算分子动力学模拟（AIMD）进一步研究了其热动力学稳定性。结果表明，室温下α-Te和β-Te的平衡结构几乎没有变化。γ-Te在温度高于200 K时变得不稳定。Singh等人[16]也对α-Te和α-Se进行了分子动力学模拟，如图5.2所示。α-Te和α-Se的晶体结构没有发生键的断裂和明显的变形，体系的能量和温度均在较小的范围内振荡，表明这两种结构均是动力学稳定的。

结构优化后，α-Te的晶格常数a=b=4.15 Å，β-Te的晶格常数a=4.17 Å，b=5.49 Å，γ-Te的晶格常数a=b=3.92 Å，α-Se的晶格常数a=b=3.72 Å，β-Se的晶格常数a=4.2 Å，b=4.99 Å，γ-Se的晶格常数a=b=3.59 Å，其他资料中的计算结果如表5.1所示。由于碲烯和硒烯均属于VIA族的二维元素材料，两者的核外电子排布相同，结构相近，因此它们有很多相似的性质，这里主要以碲烯为例进行详细的阐述。

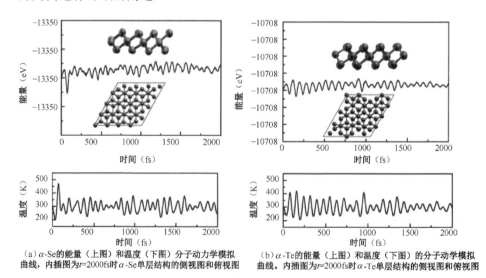

（a）α-Se的能量（上图）和温度（下图）分子动力学模拟曲线，内插图为t=2000fs时α-Se单层结构的侧视图和俯视图

（b）α-Te的能量（上图）和温度（下图）的分子动力学模拟曲线。内插图为t=2000fs时α-Te单层结构的侧视图和俯视图

图5.2　α-Se和α-Te的分子动力学模拟[16]

表 5.1　不同相碲烯和硒烯单层的参数汇总

（表中括号内的 e，h，x，y，zig 和 arc 分别表示电子、空穴、x 方向、y 方向、Z 字型方向和扶手椅方向。带隙 E_g 的计算采用了 PBE、PBE+SOC 和 HSE 的计算方法）

化合物	a，b (Å)	d (Å)	E_c (eV/atom)	E_g (eV)	m^*/m_e	μ (10^3 cm² V⁻¹ s⁻¹)
α-Te[14]	$a=b=4.15$	3.67	2.62	0.76(PBE) 1.15(HSE)	0.11(e) 0.17(h)	1.76
α-Te[16]	$a=b=4.23$	3.64	3.05	0.70(PBE)	0.10(e,x) 0.55(h,x) 0.10(e,y) 0.13(h,y)	2.45(e,x) 1.04(h,x) 1.73(e,y) 0.80(h,y)
α-Te[17]	4.15	3.66	2.60	0.78(PBE) 1.10(HSE)	—	—
β-Te[14]	$a=4.17$ $b=5.49$	2.16	2.56	1.17(PBE) 1.79(HSE)	0.83(e, x) 0.19(e, y) 0.39(h, x) 0.11(h, y)	1.98(x) 0.45(y)
β-Te[18]	$a=5.69$ $b=4.23$	—	—	1.5(HSE)	0.82(e,arc) 0.37(h,arc) 0.23(e,zig) 0.16(h,zig)	81(e,arc) 1343(h,arc) 134(e,zig) 514(h,zig)
γ-Te[14]	$a=b=3.92$	4.16	2.46	—	—	—
五角-Te[19]	$a=b=6.93$	2.03	-2.93	0.91(PBE)	0.54(h) 0.30	0.11(x) 0.34(y)
α-Se[16]	$a=b=3.72$	3.14	3.35	0.76(PBE)	0.11(e,x) 0.62(h,x) 0.10(e,y) 0.15(h,y)	2.60(e,x) 0.85(h,x) 2.18(e,y) 0.80(h,y)
α-Se[20]	$a=b=3.75$	3.14	2.56	0.70(PBE) 0.66(PBE+SOC) 1.11(HSE) 1.06(HSE+SOC)	0.038(e) 0.043(h)	6.97(e) 9.48(h)
β-Se[20]	$a=4.2$ $b=4.99$	1.75	2.71	1.76(PBE) 1.71(PBE+SOC) 2.64(HSE) 2.53(HSE+SOC)	0.571(e,x) 0.437(h,x) 0.442(e,y) 0.693(h,y)	0.018(e,x) 0.571(h,x) 0.082(e,y) 0.112(h,y)
γ-Se[17]	3.59	3.50	2.46	—	—	—

续表

化合物	a, b （Å）	d （Å）	E_c （eV/atom）	E_g （eV）	m^*/m_e	μ （10^3 cm² V⁻¹ s⁻¹）
四方-Se[21]	3.66	0.77	—	0.112(PBE+SOC)	0.044(e,zig) 0.039(h,zig) 0.52(e,arc) 0.35(h,arc)	93.2(e,zig) 42.2(h,zig) 93.2(e,arc) 0.69(h,arc)
四方-Te[21]	4.18	0.88	—	0.158(PBE+SOC)	0.14(e,zig) 0.051(h,zig) 1.68(e,arc) 0.86(h,arc)	0.14(e,zig) 1.49(h,zig) 0.02(e,arc) 2.04(h,arc)
2H-MoS$_2$[14]	—	—	—	—	0.47(e) 0.58(h)	0.08(e) 0.29(h)

5.3 电子能带和光学性质

如图 5.3（a）～图 5.3（c）所示是 α-Te、β-Te 和 γ-Te 的电子能带图，实线采用 PBE 方法，虚线采用 PBE+SOC 方法。α-Te 和 β-Te 是带隙为 0.76 eV 和 1.17eV 的间接带隙半导体，γ-Te 是金属态。为了更精确地计算能带结构和带隙，分别采用多种方式（PBE、PBE+SOC、HSE、HSE+SOC）计算带隙，如图 5.3（d）所示。通过比较可以看到，与一般经验一致，PBE 方法计算的带隙确实比 HSE 计算的带隙偏小。打开 SOC 效应后，由于能带发生劈裂，带隙略微减小。另外，打开 SOC 效应后，α-Te、β-Te 分别诱导了Γ点从间接带隙到近直接带隙和直接带隙的转变。这种间接带隙到直接带隙的转变可能会显著提高它们的光吸收能力。事实上，如图 5.3（h）和图 5.3（i）所示，α-Te 和 β-Te 都表现出极好的光学吸收性，可以用于光电子学和光子探测。另外，β-Te 还表现出光学各向异性，在"之"字形链方向上具有较强的吸光度，可用于偏振光学传感器的研制。另外，研究发现二维碲烯光吸收效率有很强的厚度依赖性，即光吸收系数随碲烯厚度减少而显著增加[22]，这是因为与厚度相关的层间电子杂化和带色散都随着层厚度的增加而变得更强。碲烯的高、各向异性的光吸收和高迁移率表明其在光子学和光电子学中有巨大的应用潜力。

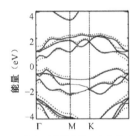

（a）α-Te的电子能带结构，实线表示PBE方法，虚线表示PBE+SOC方法

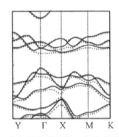

（b）β-Te的电子能带结构，实线表示PBE方法，虚线表示PBE+SOC方法

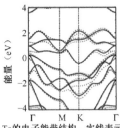

（c）γ-Te的电子能带结构，实线表示PBE方法，虚线表示PBE+SOC方法

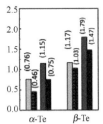

（d）用PBE（PBE+SOC）和HSE（HSE+SOC）方法计算碲烯带隙，分别用青色（青色网格）和红色（红色网格）条表示

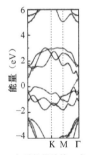

（e）α-Se电子能带结构，实线表示PBE方法，虚线表示PBE+SOC方法

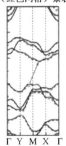

（f）β-Te电子能带结构，实线表示PBE方法，虚线表示PBE+SOC方法

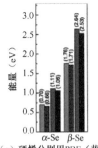

（g）硒烯分别用PBE（蓝色），PBE+SOC（蓝色/网格）、HSE（红色）、HSE+SOC方法（红色网格）方法计算带隙

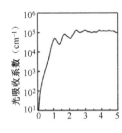

（h）α-Se的光吸收系数

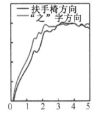

（i）β-Te的光吸收系数

图 5.3　Te 和 Se 的电子能带结构和光吸收系数[14, 20]

5.4 迁移率

载流子迁移率是测量半导体电导率的重要参数，它决定了半导体材料的导电性，影响电子器件的工作速度。因此，迁移率对电子器件材料至关重要。通常高电子迁移率的材料都具有小的有效质量。人们采用声子限制法分别计算了不同相的碲烯和硒烯的迁移率，如表 5.1 所示。二维材料迁移率的计算公式为[14, 16, 23-26]：

$$\mu = \frac{e\hbar^3 C_{2D}}{k_B T m^* m_d E_l^2} \tag{5.1}$$

其中，C_{2D} 是弹性模量，通过 $C_{2D} = \frac{1}{S_0} \frac{\partial^2 E}{\partial(\Delta l/l_0)^2}$ 计算得到，E 是材料在微小应变下的总能量，应变的范围$-2\%\sim+2\%$，步长为 0.5%；l_0 是平衡结构的晶格常数，Δl 是晶格常数的变化量。m^* 是输运过程中电子或空穴的有效质量，它的计算公式为 $\frac{1}{m_x^*} = \frac{1}{\hbar} \frac{\partial^2(E_k)}{\partial k_x^2}$，$m_d = \sqrt{m_x^* m_y^*}$。$m_d$ 是平均有效质量，考虑到材料是各向同性的，因此沿着 a 和 b 晶格矢量上的有效质量 m_a^* 和 m_b^* 相等，可以得到平均有效质量 $m_d = \left(m_a^* m_b^*\right)^{1/2}$。$E_l$ 是价带顶和导带底输运方向上的形变势，其表达式为 $E_l = \frac{\partial E_{\text{edge}}}{\partial(\Delta l/l_0)}$，$E_{\text{edge}}$ 是 VBM 或 CBM 在微小应变下的能量，其他符号 e、$\hbar$ 和 k_B 分别是电子电荷、简化的普朗克常数和玻尔兹曼常数。

α-Te、α-Se 和 β-Te 的有效质量都比 2H MoS$_2$ 的有效质量小，它们的迁移率比 2H MoS$_2$ 的迁移率（$\mu_e = 0.08 \times 10^3$ cm^2 V^{-1} s^{-1}，$\mu_h = 0.29 \times 10^3$ cm^2 V^{-1} s^{-1}）大，如表 5.1 所示。α-Te 和 β-Te 的迁移率高达 1.76×10^3 cm^2 V^{-1} 和 1.98×10^3 cm^2 V^{-1} s^{-1}，表明它们具有高的电导率，是很有前途的电子功能材料，可广泛应用于传感器、场效应管 FET 等领域。另外，因为不同方向上的有效质量不同，β-Te x 方向的迁移率和 y 方向的迁移率有较大的差异，表明 β-Te 的迁移率具有很强的各向异性。硒和碲沿"之"字形方向的迁移率均大于相应的扶手椅方向的迁移率。在"之"字形方向上，硒烯载流子迁移率最大，为 93200 cm^2 V^{-1} s^{-1}，在导带最小值的底部。碲的载流子迁移率总体上低于硒，在扶手椅方向上载流子迁移率最低，为 20 cm² V⁻¹ s⁻¹。为提高载流子的迁移率，资料[21]尝试在二维材料中采用"之"字形键合模式，可以有效地提高材料的迁移率。

5.5　晶格热导率和热电优值

　　一般来说，低德拜温度 Θ_D 对应低导热系数。晶格热导率是导热系数的重要组成部分，大的热导率意味着优良的导热性能，反之，则意味着差的导热性能。导热性能好的材料可以用作散热和热传导材料，导热性能差的材料可用作热电材料，能够实现能量的收集和转换。低热导率对热电材料是非常重要的，因为用于测量热电效率的热电优值（ZT）与热导率成反比。大量的理论研究表明碲烯和硒烯具有较低的晶格热导率 k_1 和优异的 ZT，且晶格热导率和 ZT 具有明显的各向异性，如表 5.2 所示。例如，理论研究发现 β-Te 在扶手椅和"之"字形方向上的室温 k_1 分别为 2.16 W/mK 和 4.08 W/mK，这比其他任何报道过的 2D 材料都要低[27]。这种异常低的 k_1 归因于软声模式、极低能量的光学模式及光声声子之间的强散射。700 K 时，N-type 和 P-type 掺杂的 α-Te[18]沿扶手椅和"之"字形方向上的最大 ZT 分别达到 0.65 和 2.9。室温 α-Se[17]的晶格热导率为 2.39 W/mK，最大 ZT 约等于 1；四方 Te[21]和四方 Se[21]在 300 K 时的晶格热导率分别是 0.61 W/mK 和 2.33 W/mK，四方 Te 沿扶手椅和"之"字形方向上 N-type（P-type）掺杂的最大 ZT 分别为约 0.48（约 0.79）和约 0.52（约 0.61），四方 Se 沿扶手椅和"之"字形方向上 N-type（P-type）掺杂的最大 ZT 分别为约 0.64（约 0.46）和约 0.42（约 0.35）。另外，二维碲烯和硒烯的晶格热导率要小于其他二维元素材料（如砷烯、磷烯、锑烯和石墨烯等），这使得碲烯和硒烯成为一种潜在的新型热电材料。

表 5.2　不同相碲烯和硒烯单层的参数汇总

（表中括号内的 x、y、zig 和 arc 分别表示 x 方向，y 方向，"之"字形方向和扶手椅方向。）

化合物	k_1（W/mK）@300 K	ZT（N-type）	ZT（P-type）
β-Te[27]	2.16(arc) 4.08(zig)	——	——
α-Te[28]	9.85	0.18(300 K) 0.57(700 K)	0.54(300 K) 0.83(700 K)

化合物	k_1（W/mK）@300 K	ZT（N-type）	ZT（P-type）
α-Te[29]	0.43(arc) 1.29(zig)	0.6(300 K, x) 0.46(300 K, y)	0.8(300 K, x) 0.38(300 K, y)
α-Te[18]	2.16(arc) 4.08(zig)	0.1(700K,arc) 0.12(700K,zig) 0.65(700K,arc) 0.39(700K,zig)	0.54(700K,arc) 0.17(700K,zig) 2.9(700 K, arc) 0.84(700 K, zig)
α-Te[17]	3.33	约1(300 K)	
四方 Te[21]	0.61	约0.48(300 K, arc) 约0.52(300 K, zig)	0.79(300 K, arc) 约0.61(300 K, zig)
五角 Te[19]	0.28	2.84(300 K)	约2.17(300 K)
四方 Se[21]	2.33	0.64(300 K, arc) 约0.42(300 K, zig)	0.46(300 K, arc) 约0.35(300 K, zig)
α-Se	3.04[30]	—	
α-Se[17]	2.39	约1(300 K)	—
块体 Te	1.6($\perp c$,exp.) [31] 2.9($\parallel c$,exp.) [31] 1.5[32] 2.77[27]	约0.2(675 K)[31] 1(700 K)[32]	约0.31(300 K)[31] 约0.56(500 K)[31]
砷烯[33]	9.6(arc) 30.7(zig)	1.6(300K,arc) 0.6(300K,zig)	0.7(300K,arc) 0.1(300K,zig)
磷烯	13(arc) [34] 30(zig) [34]	1~2.5[35]	2.5(500 K, arc)[36]
锑烯[37]	15.1	—	—
石墨烯[38]	3600		

5.6 压电性质

二维元素材料具有令人兴奋的机电性能和极薄的结构，引起了研究人员的广泛关注。然而，由于组成这种材料的所有原子都是同一种原子，因此原子的电负性相同，这些材料大多具有稳定的中心对称结构，并且缺乏如压电性和铁电性等性质。DFT 计算预测，单层 α-Te 不寻常的玻恩有效电荷的存在导致大的非零压电性和弱反常铁电性[39]。压电响应力显微镜实验也证实了 α 相超薄碲薄膜的均匀压电响应。在厚度为 1 nm 时，测得压电响应系数为 d_{33}=1 pm/V[39]，这种压电性质与厚度有着紧密的关联。

也有不少的理论报道[40, 41]证明其他不具有中心对称的二维碲烯具有压电性能。例如，由于具有 P3$_1$21 空间群结构和 D_3^4 对称的二维 Te 分子具有高度定向极化和非中心对称性，这种二维 Te 分子展现出较大的压电性，同时具有自发极化行为[40]。单层 Te 的 d_{11}=0.03 pm/V[40]，双层 Te 的 d_{11}=1.64 pm/V，d_{33}=15 pm/V[40]。此外，压电系数可以通过应变来调节[40]。e_{11} 和 d_{11} 与应变之间具有近似线性的关系，这意味着 Te 在高密度柔性力传感器中具有潜在的应用前景，可以识别拉伸和压缩力。在资料[42]中也观察到应变诱导单层碲烯发生相变产生巨压电性，即原本具有中心对称结构的 Te 没有压电性，经过小于 1% 的应变后，平均压电系数增大到 82×10^{-10} C/m。另外，双层碲烯的压电系数明显优于单层材料的压电系数，说明压电系数与材料的厚度有很强的依赖性。综上所述，碲烯具有自发极化的压电性能，碲烯为构建强健、可靠、高密度的神经形态计算逻辑存储芯片提供了平台[40]。具有压电性质的碲烯的相关参数如表 5.3 所示。

表 5.3 几种具有压电性质的碲烯的参数汇总

（括号里面的 ML 表示单层结构，TL 表示双层结构。）

化合物	空间群	点群对称	e_{ij}（10^{-10} C/m）	d_{ij}（pm/V）
α-Te			82[42]	d_{33}=1[39]
Te[40]	P3$_1$21	D_3^4	e_{11}=80(ML) e_{31}=2(ML) e_{11}=13280(TL) e_{31}=592(TL)	d_{11}=0.03(ML) d_{11}=1.64(TL), d_{31}=0.04(TL) d_{33}=15(TL) d_{33}=20(exp.)
本征结构 β-Te[41]	P2/m	C_{2h}^1	0	0
应变结构 β-Te[41]	P2/m	C_{2h}^1	e_{21}=-2.52 e_{22}=-12.76 e_{23}=-0.09 e_{26}=-0.23	d_{21}=36.69 d_{22}=-310.32 d_{23}=-15.18 d_{26}=-5.14
β-Te[41]	P2	C_2^1	e_{21}=-1.77 e_{22}=-9.25 e_{23}=-0.05 e_{26}=0.78	d_{21}=25.79 d_{22}=-298.78 d_{23}=12.12 d_{26}=15.54

5.7 拓扑性质

通过第一性原理预测了四方硒烯和四方碲烯具有特殊的椅子状弯曲结构并且具有非平凡拓扑性质[43]。这种特殊的结构在费米能级附近产生各向异性能带色散，通过自旋轨道耦合打开的相当大的带隙（约 0.1 eV）使四方硒烯和四方碲烯拓扑绝缘体具有非平凡的边缘态，如图 5.4 所示。四方硒烯和四方碲烯的瓦尼尔电荷中心（WCC）波段（黑线）和参考线（红色虚线）只相交一次，$Z_2 = 1$（非平凡），说明两个系统都是拓扑绝缘体。拓扑绝缘体最重要的特征之一是它们具有自旋和动量锁定的无间隙螺旋边缘态。另外，这种新型二维元素材料可以在合适的衬底上生长，如 Au（100）表面。因此，四方硒烯和四方碲烯是新型电子和自旋电子有前途的应用材料。

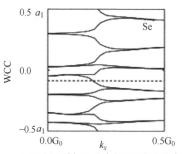

（a）四方硒烯沿 k_x 方向的瓦尼尔电荷中心
（WCC）演化，a_1 为晶格常数，$G_0 = \dfrac{2\pi}{a_1}$

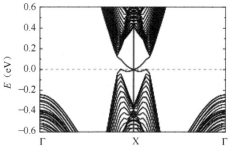

（b）四方硒烯在费米能级附近的能带结构（考虑了SOC效应），
螺旋边缘状态用红色实线突出显示

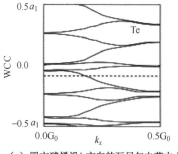

（c）四方碲烯沿 k_x 方向的瓦尼尔电荷中心
（WCC）演化

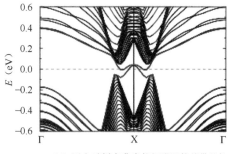

（d）四方碲烯在费米能级附近的能带结构
（考虑了SOC效应）

图 5.4 四方硒烯和碲烯的瓦尼尔电荷中心演化和能带结构图[43]

资料[19]也通过计算 Z_2 拓扑序和边缘态，证明了 SH 型（四方）Te 是一种具有大拓扑带隙（0.21 eV）的拓扑绝缘体（TI），如图 5.5 所示。SP 型 Te 的能带结构对厚度很灵敏。如图 5.6 所示，SP 型 Te 只是一种具有间接带隙的普通半导体，但当打开 SOC 或增加层数时，其带隙 E_g 逐渐减小，并由间接带隙向直接带隙过渡：两层的带隙 E_g=0.50 eV（间接），三层的带隙为 E_g=0.34 eV（直接），四层的带隙 E_g=0.29 eV（直接）。另外，在多层材料的应变结构中还发现了非平庸的拓扑性质，这种拓扑性质在高单轴应变（7%）下的三层 SP 型 Te 中存在。结果表明，SP 型 Te 的层数越多，引起其拓扑转变所需的单轴应变越低。

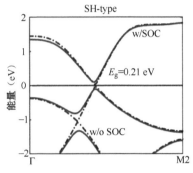

（a）SH型Te的能带结构图，蓝点线表示PBE方法，红线表示PBE+SOC方法

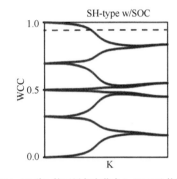

（b）SH型Te的瓦尼尔电荷中心（WCC）的演化

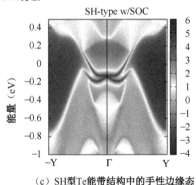

（c）SH型Te能带结构中的手性边缘态

图 5.5　SH 型 Te 的能带结构，瓦尼尔电荷中心演化和手性边缘态[19]

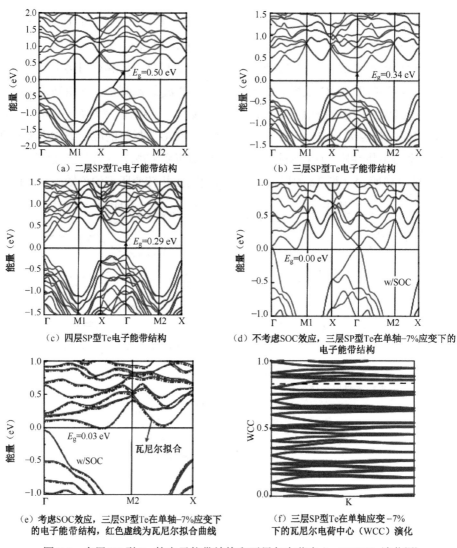

（a）二层SP型Te电子能带结构　　　　（b）三层SP型Te电子能带结构

（c）四层SP型Te电子能带结构　　　　（d）不考虑SOC效应，三层SP型Te在单轴−7%应变下的电子能带结构

（e）考虑SOC效应，三层SP型Te在单轴−7%应变下的电子能带结构，红色虚线为瓦尼尔拟合曲线　　（f）三层SP型Te在单轴应变−7%下的瓦尼尔电荷中心（WCC）演化

图 5.6　多层 SP 型 Te 的电子能带结构和瓦尼尔电荷中心（WCC）演化[19]

本章参考资料

[1]　NOVOSELOV K S, GEIM A K, MOROZOV S V, et al. Electric Field Effect in Atomically Thin Carbon Films. Science, 2004, 306: 666.

[2]   BERGER C, SONG Z, LI X, et al. Electronic Confinement and Coherence in Patterned Epitaxial Graphene. Science, 2006, 312: 1191.

[3]   CASTELLANOS-GOMEZ A. Why All the Fuss About 2D Semiconductors. Nature Photonics, 2016, 10: 202.

[4]   WU Z, QI J, WANG W, et al. Emerging Elemental Two-Dimensional Materials for Energy Applications. J. Mater. Chem. A, 2021, 9: 18793.

[5]   MANNIX A J, ZHOU X F, KIRALY B, et al. Synthesis of Borophenes: Anisotropic, Two-Dimensional Boron Polymorphs. Science, 2015, 350: 1513.

[6]   KAMAL C, CHAKRABARTI A, EZAWA M. Aluminene as Highly Hole-Doped Graphene. New J. Phys., 2015, 17: 083014.

[7]   VOGT P, PADOVA P D, QUARESIMA C, et al. Silicene: Compelling Experimental Evidence for Graphenelike Two-Dimensional Silicon. Phys. Rev. Lett., 2012, 108: 155501.

[8]   YUHARA J, HE B, MATSUNAMI N, et al. Graphene's Latest Cousin: Plumbene Epitaxial Growth on a "Nano WaterCube". Adv. Mater., 2019, 31: 1901017.

[9]   ZHU F F, CHEN W J, XU Y, et al. Epitaxial Growth of Two-Dimensional Stanine. Nat. Mater., 2015, 14: 1020.

[10]   LI L K, YU Y J, YE G J, et al. Black Phosphorus Field-Effect Transistors. Nat. Nanotechnol., 2014, 9: 372.

[11]   JI J, SONG X, LIU J, et al. Two-Dimensional Antimonene Single Crystals Grown by Van Der Waals Epitaxy. Nat. Commun., 2016, 7: 13352.

[12]   ZHANG S, YAN Z, LI Y, et al. Atomically Thin Arsenene and Antimonene: Semimetal–Semiconductor and Indirect–Direct Band-Gap Transitions. Angew. Chem. Int. Ed., 2015, 54: 3112.

[13]   REIS F, LI G, DUDY L, et al. Bismuthene on a SiC Substrate: A Candidate for a High-Temperature Quantum Spin Hall Material. Science, 2017, 357: 287.

[14]   ZHU Z L, CAI X L, YI S H, et al. Multivalency-Driven Formation of Te-Based Monolayer Materials: A Combined First-Principles and Experimental Study. Phys. Rev. Lett., 2017, 119: 106101.

[15]   GLAVIN N R, RAO R, VARSHNEY V, et al. Emerging Applications of

Elemental 2D Materials. Adv. Mater., 2020, 32: 1904302.

[16] SINGH J, JAMDAGNI P, JAKHAR M, et al. Stability, Electronic and Mechanical Properties of Chalcogen (Se and Te) Monolayers. Phys. Chem. Chem. Phys., 2020, 22: 5749.

[17] RAMÍREZ-MONTES L, LÓPEZ-PÉREZ W, GONZÁLEZ-HERNÁNDEZ R, et al. Large Thermoelectric Figure of Merit in Hexagonal Phase of 2D Selenium and Tellurium. Int. J. Quantum Chem., 2020, 120: 26267.

[18] SANG D K, DING T, WU M N, et al. Monolayer β -tellurene: A Promising P-Type Thermoelectric Material via First-Principles Calculations. Nanoscale, 2019, 11: 18116.

[19] ZHANG T, LIN J H, ZHOU X L, et al. Stable Two-Dimensional Pentagonal Tellurene: A High ZT Thermoelectric Material with a Negative Poisson's Ratio. Appl. Surf. Sci., 2021, 559: 149851.

[20] WANG D, TANG L M, JIANG X X, et al. High Bipolar Conductivity and Robust In-Plane Spontaneous Electric Polarization in Selinene. Adv. Electronic Mater., 2019, 5: 1800475.

[21] LIN C, CHENG W D, CHAI G, et al. Thermoelectric Properties of Two-Dimensional Selenene and Tellurene from Group-VI Elements. Phys. Chem. Chem. Phys., 2018, 20: 24250.

[22] QIAO J, PAN Y, YANG F, et al. Few-Layer Tellurium: One-Dimensional-Like Layered Elementary Semiconductor with Striking Physical Properties. Science bulletin, 2017, 63 3: 159.

[23] BRUZZONE S, FIORI G. Ab-Initio Simulations of Deformation Potentials and Electron Mobility in Chemically Modified Graphene and Two-Dimensional Hexagonal Boron-Nitride. Appl. Phys. Lett., 2011, 99: 222108.

[24] QIAO J, KONG X, HU Z X, et al. High-Mobility Transport Anisotropy and Linear Dichroism in Few-Layer Black Phosphorus. Nat. Commun., 2014, 5: 4475.

[25] TAKAGI S, TORIUMI A, IWASE M, et al. On the Universality of Inversion Layer Mobility in Si MOSFET's: Part II-Effects of Surface Orientation. IEEE Trans. Electron Devices, 1994, 41: 2363.

[26] ZHANG W, HUANG Z, ZHANG W, et al. Two-Dimensional Semiconductors

with Possible High Room Temperature Mobility. Nano Res., 2014, 7: 1731.

[27] GAO Z, TAO F, REN J. Unusually Low Thermal Conductivity of Atomically Thin 2D Tellurium. Nanoscale, 2018, 10: 12997.

[28] GAO Z, LIU G, REN J. High Thermoelectric Performance in Two-Dimensional Tellurium: An Ab Initio Study. ACS Appl. Mater. Interfaces, 2018, 10: 40702.

[29] SHARMA S, SINGH N, SCHWINGENSCHLÖGL U. Two-Dimensional Tellurene as Excellent Thermoelectric Material. ACS Appl. Energ. Mater., 2018, 1: 1950.

[30] LIU G, GAO Z, LI G L, et al. Abnormally Low Thermal Conductivity of 2D Selenene: An Ab Initio Study. J. Appl. Phys., 2020, 127: 065103.

[31] PENG H, KIOUSSIS N, SNYDER G J. Elemental Tellurium as a Chiral P-Type Thermoelectric Material. Phys. Rev. B, 2014, 89: 195206.

[32] LIN S, LI W, CHEN Z, et al. Tellurium as a High-Performance Elemental Thermoelectric. Nat. Commun., 2016, 7: 10287.

[33] SUN Y, WANG D, SHUAI Z. Puckered Arsenene: A Promising Room-Temperature Thermoelectric Material from First-Principles Prediction. J. Phys. Chem. C, 2017, 121: 19080.

[34] QIN G, YAN Q B, QIN Z, et al. Anisotropic Intrinsic Lattice Thermal Conductivity of Phosphorene from First Principles. Phys. Chem. Chem. Phys., 2015, 17: 4854.

[35] KHANDELWAL A, MANI K, KARIGERASI M H, et al. Phosphorene – The Two-Dimensional Black Phosphorous: Properties, Synthesis and Applications. Mater. Sci. Eng. B, 2017, 221: 17.

[36] FEI R, FAGHANINIA A, SOKLASKI R, et al. Enhanced Thermoelectric Efficiency via Orthogonal Electrical and Thermal Conductances in Phosphorene. Nano Lett., 2014, 14: 6393.

[37] WANG S, WANG W, ZHAO G. Thermal Transport Properties of Antimonene: An Ab Initio Study. Phys. Chem. Chem. Phys., 2016, 18: 31217.

[38] LINDSAY L, LI W, CARRETE J, et al. Phonon Thermal Transport in Strained and Unstrained Graphene from First Principles. Phys. Rev. B, 2014, 89: 155426.

[39] APTE A, KOUSER S, SAMGHABADI F S, et al. Piezo-Response in Two-

Dimensional Alpha-Tellurene Films. Mater. Today, 2020, 44: 40.

[40] RAO G, FANG H, ZHOU T, et al. Robust Piezoelectricity with Spontaneous Polarization in Monolayer Tellurene and Multilayer Tellurium Film at Room Temperature for Reliable Memory. Adv. Mater., 2022, 34: 2204697.

[41] SACHDEVA P K, GUPTA S, BERA C. Large Piezoelectric and Thermal Expansion Coefficients with Negative Poisson's Ratio in Strain-Modulated Tellurene. Nanoscale Advances, 2021, 3: 3279.

[42] CAI X, REN Y, WU M, et al. Strain-Induced Phase Transition and Giant Piezoelectricity in Monolayer Tellurene. Nanoscale, 2020, 12: 167.

[43] XIAN L, PÉREZ PAZ A, BIANCO E, et al. Square Selenene and Tellurene: Novel Group VI Elemental 2D Materials with Nontrivial Topological Properties. 2D Mater., 2017, 4: 041003.

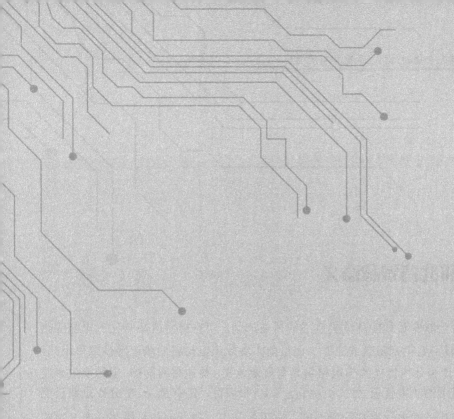

第 6 章

1T 相二元 VIA 族化合物输运性质的理论研究

6.1 研究背景和意义

随着全球变暖和能源危机挑战的日益加剧，可直接将废热转化为电能的热电（TE）材料近年来备受关注[1-4]。但目前大多数热电材料的热电转换效率不高，因此，设计和寻找优良的热电材料具有重要意义。热电材料的热–电转换效率通常用无量纲的热电优值 $ZT = S^2\sigma T /(k_e + k_l)$ 来表征，其中 S、σ、T 分别是塞贝克系数、载流子的电导率和开氏温度。k_e 和 k_l 是电子热导率和晶格热导率，对应电子和声子对热导率的贡献。较大的 ZT 需要较高的 $S^2\sigma$ 或较低的 k。但我们无法独立优化这些传输系数，因为它们之间存在复杂的耦合效应，如 S 和 σ 与载流子浓度成反比关系[5,6]，而根据 Wiedemann-Franz 法则[7] σ 和 k_e 具有正比例关系。目前，多项实验和理论研究证明降低维数[8-10]、使用大原子质量的材料[11]、设计具有能带收敛的电子能带结构[4, 12]、使用多纳米结构掺杂[13]和创建分层架构[14]是优化 ZT 的有效策略。

在过去的几十年中，二维（2D）材料家族得到了极大的丰富[15-26]。由于 2D 材料具有独特而有趣的物理性质及在各个领域的潜在应用前景，目前已经预测和合成了许多元素的 2D 材料[27]。如单层 SnSe[28, 29]、Bi$_2$Te$_3$[30, 31]和 MoS$_2$[32]在高性能热电器件的应用中表现出引人注目的热电特性。然而，理论和实验研究表明大多数 2D 材料如 2H-TMDCs 单层[33-36]中的 k_l 较高，这严重限制了其在热电中的应用。有趣的是，先前的一些报道[34, 37, 38]证实，由于低键合硬度[34]，1T-TMDCs 单层通常比 2H-TMDCs 单层具有更低的 k_l。例如，2H-TMDCs 单层的 k_l 范围为 50~150 W m^{-1} K^{-1}，而 1T-TMDCs 的 k_l 范围为 10~30 W m^{-1} K^{-1}。因此，有望在 1T 相单层中寻找有希望的热电材料。此外，关于VIA族元素 2D 材料的理论和实验研究很少报道，直到碲烯被预测并在高取向热解石墨（HOPG）基底上成功合成[26, 39]。受碲烯[11, 40, 41]和硒烯[11, 41]是迄今为止 2D 材料家族中报道的具有最低晶格热导率的启发，我们设想由VIA 族 S、Se 和 Te 组成的 1T 相（2H 相不稳定）二元化合物可能具有异常低的晶格热导率和优异的热电性能。经过动力学稳定性测试，发现仅有 S_2Se、S_2Te、Se_2Te 和 $SeTe_2$ 这四种单层材料具有稳定的结构。本章计算了 1T 相 S_2Se、S_2Te、Se_2Te 和 $SeTe_2$ 单层的晶格热导率和热电性能，结果表明它们均具有较低的晶格热导率和大的热电优值，表明它们是新的有前途的 2D 热电材料。鉴于这四种材料的研究方法相同，本章主要以 Se_2Te 和 $SeTe_2$ 为例进行详细的分析。

6.2　计算模型和理论

本章的计算使用基于第一性原理的 VASP[42, 43]软件中的投影缀加波赝势（PAW）[42]方法进行。采用广义梯度近似（GGA）下的 PBE 泛函[44]。单电子波函数的截止动能设定为 540 eV。结构优化和电子结构计算分别采用 $14×14×1$ 和 $24×24×1$ **k** 点网格的 Monkhorst-Pack 方法对布里渊区进行采样。电子迭代和离子弛豫的收敛阈值分别设置为 10^{-8} eV 和 -0.001 eV/Å。

采用 BoltzTraP[45]软件包计算得到电子输运系数。塞贝克系数 S 和电导率 σ 被定义为[37]：

$$S(\mu,T) = \frac{ek_B}{\sigma}\int d\varepsilon \left(-\frac{\partial f_\mu(T,\varepsilon)}{\partial \varepsilon}\right)\Xi(\varepsilon)\frac{\varepsilon-\mu}{k_BT} \tag{6.1}$$

$$\sigma(\mu,T) = e^2\int d\varepsilon \left(-\frac{\partial f_\mu(T,\varepsilon)}{\partial \varepsilon}\right)\Xi(\varepsilon) \tag{6.2}$$

式中，$f_\mu(T,\varepsilon)$ 是费米-狄拉克分布函数，$f_\mu(T,\varepsilon)=\dfrac{1}{e^{(\varepsilon-\mu)/k_BT+1}}$，$k_B$ 是玻尔兹曼常数，μ 是化学势。$\Xi(\varepsilon)$ 是输运分布函数，$\Xi(\varepsilon)=\sum\limits_k v_k \otimes v_k \tau_k$，其中 v_k 和 τ_k 分别是群速度和体系状态 k 对应的弛豫时间。

声子色散和二阶谐波原子间力常数（IFC）是采用密度泛函微扰理论（DFPT）在 PHONOPY 软件包[46]中计算的。考虑第三近邻的三阶非谐原子间力常数（IFC）可以通过有限位移方法基于总能量相对于原子位移的三阶导数来评估。二阶力常数和三阶力常数均使用 $3×3×1$ 的超胞和 $5×5×1$ **k** 点网格的 Monkhorst -

Pack方法对布里渊区取样进行计算。基于弛豫时间近似，晶格热导率 k_1 和其他热力学性质通过 ShengBTE 软件包[47]迭代求解声子玻尔兹曼输运方程得到。为准确评估晶格热导率，经过收敛测试后采用非常密集的 $160 \times 160 \times 1$ 的 Q 网格和最佳高斯展宽 $s=0.7$。

6.3　结果与讨论

6.3.1　结构与稳定性

图 6.1 是 1T 相二维 Se_2Te 和 $SeTe_2$ 单层的俯视和侧视结构图。1T 相 Se_2Te 和 $SeTe_2$ 属于 $P\bar{3}m1$ 空间群（No.164），具有类 $1T\text{-}MoS_2$（α 相）结构和 D_{3d} 点群对称性。结构完全弛豫后，Se_2Te 和 $SeTe_2$ 的晶格参数分别为 $a=b=3.981$ Å，$a=b=4.023$ Å，与资料[48]一致。相邻两个 Se（Te）层的距离 d 分别为 3.321 Å 和 3.413 Å。

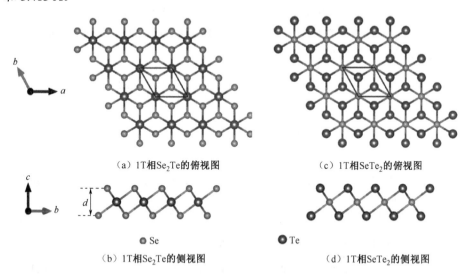

（a）1T相Se_2Te的俯视图　　　　　　（c）1T相$SeTe_2$的俯视图

● Se　　　　　● Te

（b）1T相Se_2Te的侧视图　　　　　　（d）1T相$SeTe_2$的侧视图

图 6.1　1T 相二维 Se_2Te 和 $SeTe_2$ 的晶体结构图

为测试 1T 相ⅥA族二元化合物 Se_2Te 和 $SeTe_2$ 的动力学稳定性，我们用 PHONOPY 代码[46]来计算声子谱，如图 6.2 所示。声子谱在整个高对称路径上不存在虚频，证明 Se₂Te 和 SeTe₂ 具有动力学稳定性。一个包含 3 个原子的原胞有 9 个声子分支，包括 3 个声子分支和 6 个光学支。声子分支和光学支都分为平面内和平面外振动模。对于声子分支，有一个平面外声子分支（ZA）和两个平面内声子分支，即横向声学模（TA）和纵向声学模（LA）。类似地，有两个双重简并的面内声子模（LO₁-TO₁ 和 LO₂-TO₂）及两个非简并的面外声子模，分别表示为 ZO₁ 和 ZO₂[49-51]。与 3D 材料不同，当维度减少到二维时，LO 和 TO 模式之间的分裂在区域中心消失。由于维度对屏蔽的库仑相互作用的影响，二维材料的声子劈裂现在依赖于动量。随着动量的减小，与极化电荷密度相关的电场线在周围介质中越来越多地扩散，导致偶极子之间的相互作用消失，从而导致声子劈裂消失影响所驱动的动量[52]。由于 Se 和 Te 原子之间的质量差异很小，光学声子分支之间没有声子带隙，且由于 SeTe₂ 的原胞中有两个较重的 Te 原子，SeTe₂ 的声子频率小于 Se₂Te 的声子频率，这符合体系原子质量大，声子最大频率小的规律。Se₂Te 和 SeTe₂ 单层的光学声子的最大频率分别为 6.52 THz 和 6.25 THz。

　　此外，面外振动模 ZA 在布里渊区的高对称 M 点和 K 点处软化，声子的声-光分支之间存在强散射。这些特性与材料的晶格热导率密切相关，本章后面部分将对此进行详细介绍。与石墨烯[53, 54]不同，Se₂Te 和 SeTe₂ 单层的 ZA 支在 Γ 点附近是线性的，类似于 α-Sn 和 β-Sn[55]，而不是二次 ZA 支色散。原因是 1T 相 Se₂Te 和 SeTe₂ 单层的屈曲结构属于 D₃d 点群对称性，破坏了反射对称性，因此 Z 模与 XY 模耦合[56]，导致 ZA 声子在 Γ 点附近线性色散[57]。

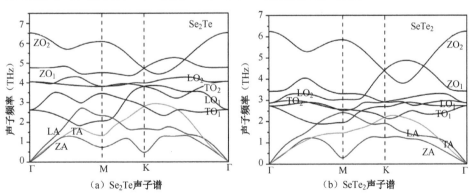

(a) Se₂Te 声子谱　　　　　　　(b) SeTe₂ 声子谱

面外振动模式 ZA、面内振动模式 LA 和 TA、光学支振动模式（LO、TO、ZO）分别用不同的颜色表示。

图 6.2　1T-相 Se₂Te 和 SeTe₂ 的声子谱

6.3.2 电子性质

电子结构是与光学、电子传输、热电和压电等半导体研究领域相关的关键物理特性。因此，正确计算电子能带结构至关重要，如图 6.3 所示。平衡结构的能带结构分别用 PBE、PBE+SOC 和 HSE06+SOC 方法进行计算，如图 6.3（a）和图 6.3（b）所示。对于 Te 这样的重元素，SOC 效应[58]在材料的电子能带结构中起着至关重要的作用，因此在计算中被考虑。当考虑了 SOC 效应后，能带中出现分裂，简并消失，导致 1T 相 Se$_2$Te 和 SeTe$_2$ 的带隙分别从 0.482 eV（PBE）减小到 0.394 eV（PBE+SOC），从 0.734 eV（PBE）减小到 0.359 eV（PBE+SOC），这与 Liu[48]等人的计算结果一致。半导体具有窄带隙（范围在 0.3～1.0 eV）[59, 60]的性质有利于热电性能。观察到 PBE 和 PBE+SOC 两种方法计算的 1T-Se$_2$Te 的能带结构彼此之间存在微小差异，表明 SOC 对能带结构的影响较小。此外，PBE 和 PBE+SOC 在 1T-Se$_2$Te 中的价带最大值（VBM）和导带最小值（CBM）位于不同的位置，表明它是一种间接带隙半导体。然而，用 PBE 和 PBE+SOC 两种方法计算的 1T-SeTe$_2$ 的能带结构显示出明显的差异。考虑 SOC 效应时，会发生间接到直接带隙的变化，这表明与 1T-Se$_2$Te 相比，1T-SeTe$_2$ 有利于光吸收[26]。SOC 的效应在 1T-SeTe$_2$（原胞包含两个较重的 Te 原子）和 1T-Se$_2$Te（原胞包含一个较重的 Te 原子）中起完全不同的作用，因为 SOC 的作用在 α-Te 单层中是显著的[26]，而在 α-Se 单层中则可以忽略 SOC 的作用[61]。

PBE 方法总是低估带隙，Heyd-Scuseria-Ernzerhof（HSE）混合泛函计算结果更接近实验值。考虑了 SOC 效应的 HSE 方法计算 Se$_2$Te 和 SeTe$_2$ 单层的带隙分别为 0.809 eV 和 0.644 eV。由于 HSE 对与态密度和有效质量相关的能带形状[41]的影响可以忽略不计，加上 HSE 的计算成本高，综合考量，我们采用与资料[26, 41, 48]相同的 PBE+SOC 方法来计算两种材料的电输运和热输运性质。

图 6.3（c）和图 6.3（d）计算了 HSE06+SOC 能级的总态密度（DOS）和分波态密度（PDOS），因为费米能级附近的电子态将有助于理解热电输运系数的大小和变化。在费米能级附近，观察到 Te 原子主要贡献 SeTe$_2$ 单层的价带，而 Se 原子支配 Se$_2$Te 单层的价带。费米能级附近的导带来源于 Se 和 Te 原子的杂化态。另外，我们还计算了 Se 和 Te 相邻原子之间相互作用区域的局域电荷密度分布（ELF），如图 6.4 所示。从图 6.4（a）和图 6.4（b）中可以看出，Se-Te 原子之间有电荷聚集，从 ELF 的具体值计算可以看出它们之间的局域电荷密度均大于 0.5，表明 Se$_2$Te 和 SeTe$_2$ 均为共价化合物，随着原子质量的增加，SeTe$_2$

中 Se 和 Te 之间的化学键比 Se₂Te 弱。

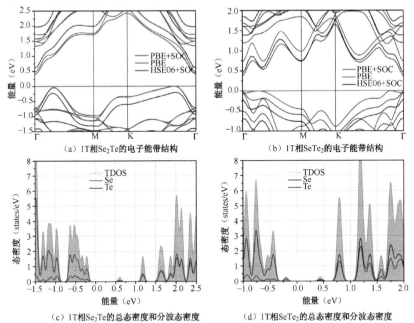

(a) 1T相Se₂Te的电子能带结构　　　　　(b) 1T相SeTe₂的电子能带结构

(c) 1T相Se₂Te的总态密度和分波态密度　　　(d) 1T相SeTe₂的总态密度和分波态密度

图 6.3　1T 相 Se₂Te 和 SeTe₂的能带结构、总态密度（DOS）和分波态密度（PDOS）

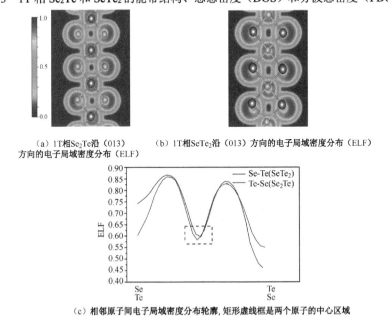

(a) 1T相Se₂Te沿（013）　　(b) 1T相SeTe₂沿（013）方向的电子局域密度分布（ELF）
方向的电子局域密度分布（ELF）

(c) 相邻原子间电子局域密度分布轮廓,矩形虚线框是两个原子的中心区域

图 6.4　1T 相 Se₂Te 和 SeTe₂的电子局域密度分布（ELF）和相邻原子间 ELF 分布轮廓

6.3.3　电输运性质

6.3.3.1　高迁移率

载流子迁移率作为半导体传输特性的一个特征，它是电子设备运行速度的相对量度。因此，对 Se₂Te 和 SeTe₂ 单层这两种材料的载流子迁移率进行理论研究是必不可少的。我们采用基于常数弛豫时间近似（CRTA）的玻尔兹曼输运理论方法的 BoltzTraP[45]软件包来计算电子传输性质。尽管，在许多计算案例中，CRTA 给出了很好的结果[62-64]，但一些电子传输系数，如电导率 σ 和电子热导率 k_e 是在 CRTA[65-67]下计算的，因此引入不确定性并限制了可以做出的正确预测。根据 Matthiessen 规则[68-71]，使用 CRTA 也会高估与散射机制相关的弛豫时间，进而导致电导率和迁移率计算得不准确。因此，我们需要尽可能多地考虑影响弛豫时间的散射机制。根据资料[69, 70]，一般考虑声子、极性光学声子和杂质的载流子散射是合理的。此外，考虑到杂质散射在室温下对迁移率的贡献比在液氦温度下小 2～3 个数量级[72]，在这项工作中只考虑声学声子和极性光学声子散射机制对弛豫时间的影响。

使用声学声子极限近似[73]和 Bardeen-Shockley 形变势（DP）理论[74]，计算了 1T 相 Se₂Te 和 SeTe₂ 的室温载流子迁移率。二维材料的迁移率计算公式如下[26, 71, 73-76]：

$$\mu = \frac{e\hbar^3 C_{2D}}{k_B T m^* m_d E_1^2} \tag{6.3}$$

具体的计算过程，详见上一章节。至此，与热电性质相关的电子弛豫时间可以通过 $\tau_{ac} = \frac{\mu m^*}{e}$[41, 77]使用上述计算的迁移率 μ_{ac} 和有效质量 m^* 来计算。表 6.1 罗列了电子和空穴的有效质量、弹性模量、形变势、迁移率和弛豫时间。

为检测面内弹性模量 C_{2D} 计算的正确性，我们还使用有限差分法[78-82]计算材料的弹性刚度系数 C_{11}，因为对于六方晶系结构的 2D 材料，$C_{2D} = C_{11}$[82-84]。两种方法计算得到的结果非常接近［C_{2D}（Se₂Te 和 SeTe₂ 分别为 44.020 N/m、37.589 N/m），C_{11}（Se₂Te 和 SeTe₂ 分别为 44.595 N/m、37.450 N/m）］，表明面内弹性模量 C_{2D} 的计算是正确的。此外，我们还计算了机械性能和各向异性指数，如表 6.2 所示，所有计算的弹性刚度系数都满足弹性稳定性标准[85]：$C_{11} > 0$ 和 $C_{11} > |C_{12}|$，表明 Se₂Te 和 SeTe₂ 满足机械稳定性。计算的弹性刚度系数表明 Se₂Te

和 SeTe$_2$ 具有出色的柔韧性。并且，机械性能及电传输和声子传输性能是各向同性的，这是由于图 6.4（a）和图 6.4（b）中所示的化学键的各向同性造成的。

表 6.1　单层 Se$_2$Te 和 SeTe$_2$ 在 300 K 温度下，有效质量 m^*/m_e、面内弹性模量 C_{2D}、形变势 E_1、载流子迁移率 μ_{ac} 和声学声子散射相关的弛豫时间 τ_{ac}，极性光学声子散射相关的弛豫时间 τ_{op}，τ 是总弛豫时间

化合物	载流子类型	m^*/m_e	C_{2D} (N/m)	E_1 (eV)	μ_{ac} (cm²V⁻¹s⁻¹)	τ_{ac} (10⁻¹⁴ s)	τ_{op} (10⁻¹⁴ s)	τ (10⁻¹⁴ s)
Se$_2$Te	e	0.124 0.099[a]	44.020 43.64[a]	6.726 6.676[a]	1349.194 2.13×10³[a]	9.513	3.45	2.507
	h	0.608 0.651[a]		5.092 4.196[a]	97.915 0.13×10³[a]	3.385	0.65	0.577
SeTe$_2$	e	0.072 0.057[a]	37.589 36.19[a]	6.425 6.620[a]	3744.321 5.43×10³[a]	15.39	5.35	3.966
	h	0.093 0.072[a]		6.353 6.590[a]	2295.413 3.43×10³[a]	12.138	4.41	3.087
α-Te[b]	e	0.11	—	—	2.09×10³	—	—	—
	h	0.17		—	1.76×10³	—	—	—
SnS$_2$[c]	e	0.73(Γ-M) 0.3(K-M)	66.86	−2.344	756.60	—	—	31.403
	h	−2.12(Γ-M) −0.4(K-M)		−1.97	187.44	—	—	22.593
SnSe$_2$[c]	e	0.71(Γ-M) 0.31(K-M)	56.32	−2.79	462.61	—	—	18.674
	h	−2.06(Γ-M) −0.39(K-M)		−2.37	115.65	—	—	13.546
SnSe[d]	e	0.53(Γ-M)	58.53	4.37	154.72	—	—	4.662
	h	0.84(K-M)		2.81	148.97	—	—	7.114

[a] Ref.[48], [b] Ref.[26], [c] Ref.[86], [d] Ref.[87]

如图 6.5 所示，弹性模量 C_{2D} 和形变势 E_1 是通过在单轴轻微应变下拟合 C_{2D} 和 E_1 的值得到的。与 α-Te、SnS$_2$、SnSe$_2$、SnSe 单层相比，Se$_2$Te 和 SeTe$_2$ 单层具有较高的迁移率，特别是 SeTe$_2$ 的电子和空穴迁移率高达 3744.321 cm² V⁻¹ s⁻¹ 和 2295.413 cm² V⁻¹ s⁻¹，表明它们可能是纳米电子器件材料有希望的候选者。如此高的迁移率可能与 Se$_2$Te 和 SeTe$_2$ 单层具有相对较小的有效质量有关。

表6.2 弹性刚度系数 C_{ij}（N/m），杨氏模量 Y（N/m），剪切模量 G（N/m），泊松比 v，各向异性指数 A^{SU}，面阻抗 K^V/K^R 和切阻抗 G^V/G^R

	C_{11}	C_{12}	C_{66}	Y	v	G	A^{SU}	K^V/K^R	G^V/G^R
Se₂Te	44.60	10.70	16.95	42.03	0.240	16.95	0	1	1
	43.64[48]	10.60[48]	—	41.06[48]	0.243[48]	—	—	—	—
SeTe₂	37.450	10.231	13.610	34.655	0.273	13.610	0	1	1
	36.19[48]	9.93[48]	—	33.47[48]	0.274[48]	—	—	—	—

人们普遍认为，非极性材料和极性材料之间的散射机制是不同的[89]。对于非极性材料，散射机制包括电子-声学声子散射和电子-光学声子散射。带边缘附近的散射率取决于状态密度（DOS）[89]的形状，且声学声子是室温下散射率的主要贡献者。对于极性材料，极光声子散射有一个因子（$\varepsilon_\infty^{-1} - \varepsilon_S^{-1}$），它根据介电常数的大小来测量声子诱导偶极场的强度，ε_∞ 和 ε_S 分别是高频和静态介电常数。因此，在极性材料的情况下，散射率不再局限于 DOS 形状[89]。一般来说，当（$\varepsilon_\infty^{-1} - \varepsilon_S^{-1}$）很小时，极性声子散射较弱，如介电常数较大的 SnTe（$\varepsilon_\infty = 45$，$\varepsilon_S = 1770$），否则，不能忽略极性声子散射[90]。

考虑极性光学声子散射相关的弛豫时间 τ_{op}，2D 材料的迁移率表示为[69,91,92]：

$$\mu_{op} = \frac{4\pi\varepsilon_0\varepsilon_p\hbar^2}{e\omega_{LO}m^{*2}Z_0}\left[e^{\hbar\omega_{LO}/k_BT} - 1\right] \tag{6.4}$$

其中，ω_{LO}、ε_0 和 m^* 分别是光学声子频率、真空介电常数和有效质量。ε_p 定义为：$\varepsilon_p = (\varepsilon_\infty^{-1} - \varepsilon_0^{-1})^{-1}$，$Z_0$ 是材料的本征厚度[69]。在高温极限下（$\hbar\omega << k_BT$），弛豫时间 τ_{op} 可以表示为[70]：

$$\tau_{op} = \frac{4\pi\varepsilon_0\hbar^3}{e^2k_BTm^*Z_0}\left(\frac{1}{\varepsilon_\infty} - \frac{1}{\varepsilon_S}\right)^{-1} \tag{6.5}$$

Se₂Te 和 SeTe₂ 单层的 ε_∞ 和 ε_S 分别为 0.96、12.43 和 0.93、20.26。Se₂Te 和 SeTe₂ 单层的静态介电常数 ε_S 大于 α-硒烯（11.6）和 α-碲烯（13.9），这是因为与 α-Se 和 α-Te 相比，Se₂Te 和 SeTe₂ 单层的带隙较小，与半导体的双能带模型一致[93]。根据 Matthiessen 法则，τ 满足：

$$\frac{1}{\tau} = \frac{1}{\tau_{ac}} + \frac{1}{\tau_{op}} \tag{6.6}$$

通过表 6.1 的计算数据发现极性光学声子散射对载流子弛豫时间起着重要

作用，在不考虑纵向光学声子（LO）贡献的情况下可能会高估总弛豫时间 τ，因此在考虑极性光学声子散射机制时将获得更准确的 ZT。

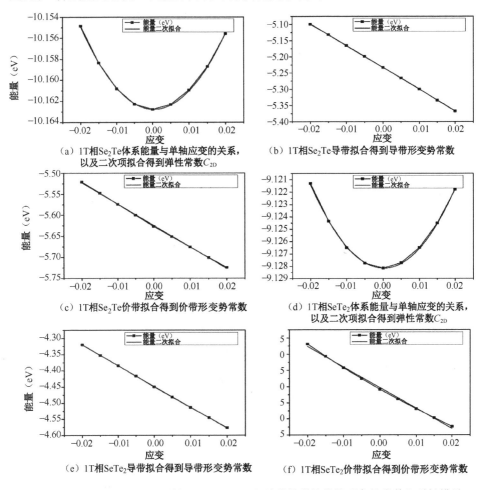

（a）1T相Se₂Te体系能量与单轴应变的关系，以及二次项拟合得到弹性常数C_{2D}

（b）1T相Se₂Te导带拟合得到导带形变势常数

（c）1T相Se₂Te价带拟合得到价带形变势常数

（d）1T相SeTe₂体系能量与单轴应变的关系，以及二次项拟合得到弹性常数C_{2D}

（e）1T相SeTe₂导带拟合得到导带形变势常数

（f）1T相SeTe₂价带拟合得到价带形变势常数

图 6.5　1T-Se₂Te 和 1T-SeTe₂ 基于 PBE+SOC 方法的能带结构的形变势常数和弹性模量

6.3.3.2　热电功率因子

通过求解玻尔兹曼输运方程，计算不同温度下的塞贝克系数 S、电导率与弛豫时间比 σ/τ、热电功率因子 PF 等热电系数，如图 6.6 所示。对于 Se₂Te，P 型塞贝克系数 S 高于 N 型 S，与 P 型 SeTe₂ 相当，明显大于其他 1T 相单层材料，如 SiTe₂、SnTe₂[70]和 MX₂（M＝Mo、W；X＝S、Se、Te）[94]。对 SeTe₂ 而言，P型掺杂 S 小于 N 型掺杂 S。在热电功率因子 PF［图 6.6（c）和图 6.6（d）］及本节后面的热电优值 ZT（见图 6.10）中也可以发现相同的现象，这是由于方程 $\mathrm{PF}=S^2\sigma$ 和 $\mathrm{ZT}=S^2\sigma T/k$ 均与 S 平方相关，所以 S 对 PF 和 ZT 起主要贡献，因此 PF 正比于 S^2。N 型和 P 型塞贝克系数不同可能是由它们在费米能级附近的 DOS 差异导致的。S 与费米能级附近的 DOS[87]成反比，$\sigma=\mu ne$ 可以通过增加费米能级的 DOS 来增强[33]，如图 6.3（c）和图 6.3（d）所示。这样的现象也同样出现在单层 $MoSe_2$ 和 WSe_2[33]，以及 MSe（M=Ge、Sn、Pb）单层[87]中。此外，除了 N 型掺杂 Se_2Te，其他的 N 型和 P 型掺杂 S 在 $10^{12}\sim10^{14}$ cm^{-2} 和 $10^{11}\sim10^{13}$ cm^{-2} 的给定范围内都与载流子浓度近似成线性关系，并且随着载流子浓度的增加而减小。

此外，无论是 P 型还是 N 型掺杂 Se_2Te 和 $SeTe_2$ 单层，在 $10^{13}\sim10^{14}$ cm^{-2} 和 $10^{12}\sim10^{13}$ cm^{-2} 的较高载流子浓度下，电导率与弛豫时间比 σ/τ 迅速增加。有趣的是，P 型 Se_2Te 的 σ/τ 明显优于 P 型 $SeTe_2$，并且差异在高浓度区域增加。另外，P 型掺杂 Se_2Te 的 σ/τ 优于 N 型掺杂 Se_2Te。对于 N 型掺杂 Se_2Te 和 $SeTe_2$ 单层，σ/τ 的差异不明显。总之，对于 Se_2Te 单层，P 型掺杂 S 和 σ/τ 都优于 N 型掺杂，而对于 $SeTe_2$，N 型掺杂 S 优于 P 型掺杂，而 N 型和 P 型掺杂的 σ/τ 值几乎相同，进而 P 型掺杂 Se_2Te 和 N 型掺杂 $SeTe_2$ 的 PF 更高。

考虑到温度的影响，S 和 PF 随着温度从 300 K 到 600 K 的变化而减弱。在 300 K（600 K）时，对应的 P 型掺杂 Se_2Te 和 $SeTe_2$ 的最佳 PF 分别为 2.26×10^{-3} W/mK^2（1.82×10^{-3} W/mK^2）和 4.79×10^{-3} W/mK^2（4.29×10^{-3} W/mK^2），其对应载流子浓度分别为 4.81×10^{13} cm^{-2}（7.89×10^{13} cm^{-2}）和 4.23×10^{13} cm^{-2}（8.24×10^{13} cm^{-2}）。此外，对应 N 型掺杂 Se_2Te 和 $SeTe_2$ 的最佳 PF 分别为 1.79×10^{-3} W/mK^2（1.14×10^{-3} W/mK^2）和 16.01×10^{-3} W/mK^2（13.19×10^{-3} W/mK^2），其相应的载流子浓度分别为 2.96×10^{12} cm^{-2}（2.63×10^{12} cm^{-2}）和 8.72×10^{12} cm^{-2}（9.87×10^{12} cm^{-2}）。随着温度的升高，PF 峰向更高的载流子浓度移动，这是因为 S 和 σ/τ 的交点对应于最佳 PF 值向高浓度移动，在 $SnSe_2$ 单层[10]也观察到了同样的现象。使用 Wiedemann-Franz 定律[7]估算电子热导率 k_e：$k_e=L_0\sigma T$，其中 $L_0=2.45\times10^{-8}$ J^2 K^{-2} C^{-2} 是洛伦兹数，计算的电子热导率如图 6.7 所示。可以看出，k_e 在给定的高载流子浓度区域中大幅增加而没有明显的温度依赖性。

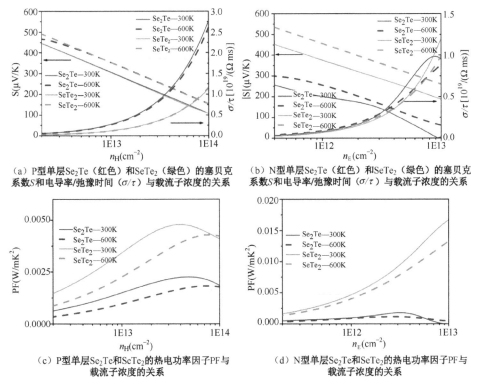

（a）P型单层Se₂Te（红色）和SeTe₂（绿色）的塞贝克
系数S和电导率/弛豫时间（σ/τ）与载流子浓度的关系

（b）N型单层Se₂Te（红色）和SeTe₂（绿色）的塞贝克
系数S和电导率/弛豫时间（σ/τ）与载流子浓度的关系

（c）P型单层Se₂Te和SeTe₂的热电功率因子PF与
载流子浓度的关系

（d）N型单层Se₂Te和SeTe₂的热电功率因子PF与
载流子浓度的关系

图 6.6　在 300 K 和 600 K 时，P 型（左）和 N 型（右）单层 Se₂Te（红色）和 SeTe₂

（绿色）的塞贝克系数 S、电导率与弛豫时间之比 σ/τ 和热电功率

因子 PF 作为载流子浓度的函数关系图

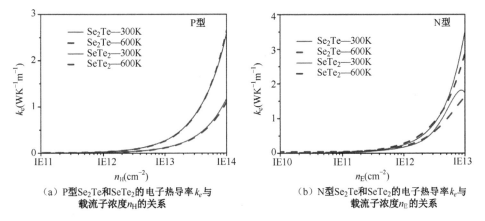

（a）P型Se₂Te和SeTe₂的电子热导率k_e与
载流子浓度n_H的关系

（b）N型Se₂Te和SeTe₂的电子热导率k_e与
载流子浓度n_E的关系

图 6.7　300K 和 600 K 时 P 型和 N 型 Se₂Te 和 SeTe₂ 的电子热导率 k_e 作为载流子浓度的函数

6.3.4 热输运性质

6.3.4.1 超低晶格热导率

Se$_2$Te 和 SeTe$_2$ 单层相对于最大声子平均自由程（MFP）的室温累积热导率 k_1 如图 6.8（a）和图 6.8（b）所示。MFP 分布在描述样本内的声子传输行为方面起着至关重要的作用，因为 MFP 可以通过将其与样本的长度进行比较来测量尺寸对弹道或扩散声子传输的影响。这里将累积热导率 k_1 拟合为单参数函数[47]：

$$k_1\left(\Lambda \leqslant \Lambda_{max}\right) = \frac{k_{1,max}}{1 + \dfrac{\Lambda_0}{\Lambda_{max}}} \tag{6.7}$$

其中，$k_{1,max}$ 是最大晶格热导率，Λ_{max} 是截止 MFP。Se$_2$Te 和 SeTe$_2$ 单层的声子 MFP 通过拟合曲线得到，对应的值分别为 34.39 nm 和 12.35 nm，远小于其他 2D 材料[57, 86]。

如图 6.8（c）所示，Se$_2$Te 和 SeTe$_2$ 在室温下表现出超低晶格热导率，分别为 1.89 W m^{-1} K^{-1} 和 0.25 W m^{-1} K^{-1}。另外，S$_2$Se 和 S$_2$Te 的晶格热导率分别为 0.63 W m^{-1} K^{-1} 和 0.14 W m^{-1} K^{-1}。他们的晶格热导率均低于大多数 1T 相 2D 材料，如 SnS$_2$（6.41 W m^{-1} K^{-1}）、SnSe$_2$（3.82 W m^{-1} K^{-1}）[86]、SiTe$_2$（2.27 W m^{-1} K^{-1}）、SnTe$_2$（1.62 W m^{-1} K^{-1}）[70]、ZrS$_2$（3.29 W m^{-1} K^{-1}）[37]、MX$_2$（M＝Mo, W; X＝S, Se, Te）（10.7 W m^{-1} K^{-1}）[94]、Selenene（2.39 W m^{-1} K^{-1}）、Tellurene（3.33 W m^{-1} K^{-1}）、Stanene（11.6 W m^{-1} K^{-1}）[57]、ZrS$_2$ 和 HfS$_2$（10~30 W m^{-1} K^{-1}）[34]、MoS$_2$（100 W m^{-1} K^{-1}）、MoSe$_2$（50~60 W m^{-1} K^{-1}）、WSe$_2$（100 W m^{-1} K^{-1}）[33-36]，表明 S$_2$Se、S$_2$Te、Se$_2$Te 和 SeTe$_2$ 单层是有前途的热电材料。还可以观察到 $k_1 \propto T^{-1}$，表明声子散射的 Umklapp 过程主导热导率[40, 87]，这在其他重元素和二维碲烯[40]中很常见。

如图 6.2 所示，三个声子分支（ZA/TA/LA）纠缠在一起，光学声子模式和声学声子模式之间发生强耦合，这可以加强声子散射通道，从而降低 k_1[40, 95]。此外，面外声振动模式 ZA 在 SeTe$_2$ 的 M 点和 Se$_2$Te 的 K（M）点具有很强的软化效应，有利于降低晶格热导率[40]。此外，在表 6.3 中计算并总结了不同声子模式对 300 K 总晶格热导率的贡献。对于 Se$_2$Te 和 SeTe$_2$，LA 声子分支的贡献率（42.92%、65.42%）远大于 ZA 声子分支的贡献率（27.31%、11.49%），而在石墨烯[96]和单层 MoS$_2$[97]中 ZA 声子模式对热导率的贡献占主导地位，对应的贡献率分别为 80% 和 39%。正如资料[98]所报道的，ZA 模式对石墨烯热导率的贡献占主导地位是由于单原子厚度材料中的对称选择规则，这强烈限制了 ZA 模式的非谐声子——声子散射。同时，1T 相 Se_2Te 和 $SeTe_2$ 单层的屈曲结构打破了面外对称性，其中对称选择规则不再适用。此外，光声子分支对 $SeTe_2$ 的总贡献率高达 16.76%，这是不容忽视的。如此高的贡献百分比是由于 ZO 模式和 LO/TO 模式之间存在微小声子带隙，导致它们之间存在强耦合和显著的散射通道。TA 分支对 $SeTe_2$ 晶格热导率的贡献率很低，这可能是因为与 $SeTe_2$ 的 TA 分支相比，$SeTe_2$ 的 TA 分支是一种更硬的模式。

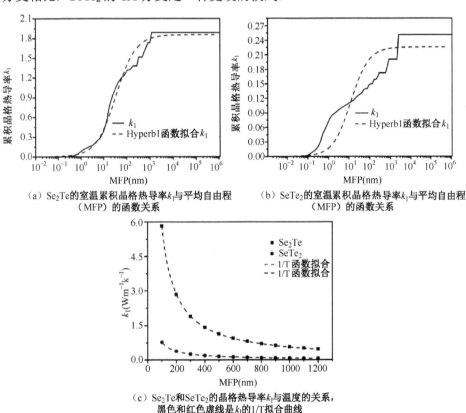

（a）Se_2Te 的室温累积晶格热导率 k_1 与平均自由程（MFP）的函数关系

（b）$SeTe_2$ 的室温累积晶格热导率 k_1 与平均自由程（MFP）的函数关系

（c）Se_2Te 和 $SeTe_2$ 的晶格热导率 k_1 与温度的关系，黑色和红色虚线是 k_1 的 1/T 拟合曲线

图 6.8　Se_2Te 和 $SeTe_2$ 的室温累积晶格热导率 k_1 与 MFP 的函数关系，

及晶格热导率与温度的关系

表6.3　300K时，声子模式（ZA、TA、LA 和所有光学支）对总晶格热导率的贡献

	ZA	TA	LA	光学支	k_l（W m^{-1} K^{-1}）
Se$_2$Te	27.31%	22.20%	42.92%	7.57%	1.89
SeTe$_2$	11.49%	6.33%	65.42%	16.76%	0.25
石墨烯[54]	76%	15%	8%	1%	2897

为进一步了解为什么 Se$_2$Te 和 SeTe$_2$ 单层具有低晶格热导率，我们计算了声子散射率、声子群速度和格林爱森（Grüneisen）参数，如图 6.9 所示。在图 6.9（a）和图 6.9（b）中，计算了 Se$_2$Te 和 SeTe$_2$ 的声子散射率，它们大于 1T-TiSe$_2$[99]和五边形 PtM$_2$（M = S, Se, Te）[100]，这表明它们具有相对较短的声子寿命，因为声子寿命与声子散射率成反比，所以晶格热导率小。如图 6.9（c）和图 6.9（d）所示，与 GeSe、SnSe 单层[87]和 MoS$_2$[101]相比，Se$_2$Te 和 SeTe$_2$ 表现出更小的声子群速度，以及 Se$_2$Te（0.956 km/s）和 SeTe$_2$（0.755 km/s）的声速平均值远小于 PbSe（1.35 km/s）、GeSe（3.24 km/s）和 SnSe（2.70 km/s）[87]，导致 k_l 相对较低因为 k_l 与基于以下公式的 v^2 成正比：

$$k_1 = \frac{1}{V} \sum_{\lambda} C_{\lambda q} v_{\lambda q}^2 \tau_{\lambda} \tag{6.8}$$

其中，$C_{\lambda q}$ 是摩尔比热容，$v_{\lambda q}$ 是声子速度，τ_{λ} 是弛豫时间。相对较小的声子群速度来自重元素质量和弱化学键[102]（见图 6.4），它证实了 LA 模式具有最大的声子群速度，这与声子模式（ZA、TA、LA 和所有光学支）对总晶格热导率的贡献非常一致，如表 6.3 所示。

用于测量材料非谐性强度的格林爱森（Grüneisen）参数 γ 也是研究 k_l 的关键物理量。它被定义为[103]

$$\gamma_i(\boldsymbol{q}) = -\frac{a_0}{\omega_i(\boldsymbol{q})} \frac{\partial \omega_i(\boldsymbol{q})}{\partial a_0} \tag{6.9}$$

式中，a_0 是晶格常数，i 是声子分支系数，$\boldsymbol{q}$ 是波矢。一般来说，格林爱森参数越大，非谐散射过程越强[40, 104, 105]，这会严重限制声子传输并导致相对较低的晶格热导率 k_l。如图 6.9（e）和图 6.9（f）所示，在长波长极限下获得了优异的格林爱森参数 γ，特别是对于 SeTe$_2$，这是由显著的声学声子和光学声子散射引起的，因此产生了超低 k_l，这和报道的 SnSe[106]、单层过渡金属二硫化物[107]和 SnX$_2$（X=S, Se）[86]是一致的。

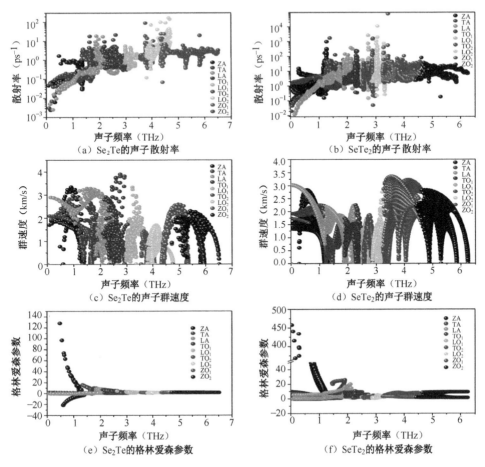

图 6.9　Se₂Te（左）和 SeTe₂（右）在 300 K 时的声子散射率、声子群速度和

格林爱森（Grüneisen）参数与声子频率的函数关系

综上所述，我们将 Se₂Te 和 SeTe₂ 单层异常低的 k_l 归因于：①软声模式；②极低能量光学模式；③光声声子之间的强耦合；④大的声子-声子散射率；⑤小声子群速度；⑥优越的格林爱森参数。Se₂Te 和 SeTe₂ 超低的晶格热导率表明它们可能是合适的热电性能材料。

6.3.4.2　高热电优值

根据之前计算的塞贝克系数、电导率、电子热导率和晶格热导率，分别计算了 300K 和 600 K 时 ZT，如图 6.10 所示。对于 SeTe₂，N 型掺杂明显优于 P

型掺杂。而对于 Se$_2$Te，N 型掺杂的热电性能低于 P 型掺杂，表明 SeTe$_2$ 是 N 型二维热电材料，Se$_2$Te 是 P 型二维热电材料。这种差异可能来自费米能级附近的不同 DOS，如图 6.3（c）和图 6.3（d）所示。SeTe$_2$ 在 CBM 附近有较大的 DOS，有利于 N 型掺杂热电应用；然而，Se$_2$Te 在 VBM 附近有较大的 DOS，表明 Se$_2$Te 有利于 P 型掺杂热电应用，同其他具有类金刚石结构的硫族化物一样[108, 109]。ZT 随着温度的升高而增加，而 PF 与温度呈反比关系是因为晶格散射在高温下占主导地位。

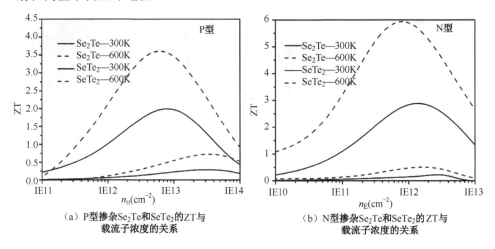

（a）P 型掺杂 Se$_2$Te 和 SeTe$_2$ 的 ZT 与
载流子浓度的关系

（b）N 型掺杂 Se$_2$Te 和 SeTe$_2$ 的 ZT 与
载流子浓度的关系

图 6.10　在 300 K 和 600 K 时 P 型掺杂和 N 型掺杂 Se$_2$Te 和 SeTe$_2$ 的

热电优值 ZT 作为载流子浓度的函数图

值得一提的是，SeTe$_2$ 具有出色的热电性能，室温下最佳载流子浓度分别在 1.46×10^{12} cm^{-2} 和 7.37×10^{12} cm^{-2} 时，ZT 高达 2.88（N 型）和 1.91（P 型），可以与经典的热电材料 SnSe（$2.6 \pm 0.3, 935$ K）[28]、SnSe$_2$（0.64, 700 K）[10]、GeSe（1.76, 700 K）、SnSe（2.23, 700K）[87]、二维 α-Se 和 α-Te（~1, 300 K）[11]、四方 Se（0.64, 300 K）[41]、四方 Te（0.79, 300 K）[41]、PtX$_2$（X=O, S, Se, Te）（0.84~1.69, 300 K）[110] 相媲美。此外，SeTe$_2$ 单层的 N 型和 P 型掺杂的最大 ZT 在 600 K 时分别高达 5.94 和 3.60，相应的载流子浓度分别为 7.36×10^{11} cm^{-2} 和 6.53×10^{12} cm^{-2}。同时，Se$_2$Te 在最佳载流子浓度分别为 3.56×10^{13} cm^{-2} 和 1.64×10^{12} cm^{-2} 时，N 型和 P 型掺杂也具有较大的 ZT，分别为 0.73 和 0.5。最后，我们也计算了 S$_2$Te 和 S$_2$Se 的 ZT，计算结果表明 N（P）型掺杂 S$_2$Se 在 300 K 和

600 K 时对应的最大 ZT 分别为 0.68（0.79）和 1.29（2.20）；S_2Te 在 300 K 和 600 K 时对应的最大 ZT 分别为 14.43（4.06）和 9.9（4.05）。研究表明，1T 相VIA 族二元化物 S_2Se、S_2Te、Se_2Te 和 $SeTe_2$ 单层均具有较大的 ZT，特别是 S_2Te 和 $SeTe_2$ 单层在 N 型和 P 型掺杂方面表现出优异的 ZT，这主要归因于超低的晶格热导率，表明它们是热电应用中有竞争力候选者。这项研究将促进对二维 1T 相 VIA 族二元化合物的热电性质进行进一步的研究。

6.4　本章小结

基于第一性原理计算结合玻尔兹曼输运理论，我们系统地评估了 1T 相 S_2Se、S_2Te、Se_2Te 和 $SeTe_2$ 单层的稳定性、能带结构、载流子迁移率和热电性质。主要以 Se_2Te 和 $SeTe_2$ 为例进行了详细的分析和讨论。SOC 效应对 $SeTe_2$ 的电子结构有显著影响，而对 Se_2Te 的影响相对较小，因为在 $SeTe_2$ 的原始晶胞中有两个重的 Te 原子。1T-Se_2Te 是间接带隙半导体，窄带隙为 0.394 eV（PBE+SOC）、0.809 eV（HSE06+SOC），而 1T-$SeTe_2$ 是直接带隙半导体，窄带隙为 0.359 eV（PBE+SOC），0.644 eV（HSE06+SOC），这种窄带隙半导体有利于热电性质。此外，$SeTe_2$ 表现出高载流子迁移率，电子和空穴的迁移率分别为 3744.321 $cm^2 V^{-1} s^{-1}$ 和 2295.413 $cm^2 V^{-1} s^{-1}$，表明它在纳米电子器件中的应用可能具有重要意义。

另外，计算了每种振动模式对晶格热导率的贡献，并讨论了晶格热导率的尺寸依赖性。为进一步了解超低晶格热导率的原因，我们计算了声子光谱、声子群速度、声子散射率和 Grüneisen 参数。超低晶格热导率源于其软声模式、极低能量的光学模式、光声声子之间的强耦合、较大的声子-声子散射率、较小的声子群速度和较大的 Grüneisen 参数。此外，结合超低热导率和优异电子性能，300 K 时，S_2Se、S_2Te、Se_2Te 和 $SeTe_2$ 的 N（P）型掺杂对应的最大 ZT 分别为 0.68（1.29）、14.43（4.06）、0.6（0.25）和 2.88（1.99）；600 K 时对应的最大 ZT 分别为 0.79（2.20）、9.9（4.05）、0.73（0.5）和 5.94（3.60）。单层 S_2Se、S_2Te、Se_2Te 和 $SeTe_2$ 的超低晶格热导率和高ZT，表明它们是热电应用的有力竞争者。这些结果为在实验和理论中探索新的 1T 相 TE 材料非常有价值。

本章参考资料

[1]   ZHANG X, ZHAO L D. Thermoelectric Materials: Energy Conversion between Heat and Electricity. J. Materiomics, 2015, 1: 92.

[2]   VINEIS C J, SHAKOURI A, MAJUMDAR A, et al. Nanostructured Thermoelectrics: Big Efficiency Gains from Small Features. Adv. Mater., 2010, 22: 3970.

[3]   BELL L E. Cooling, Heating, Generating Power, and Recovering Waste Heat with Thermoelectric Systems. Science, 2008, 321: 1457.

[4]   OUYANG Y, ZHANG Z, LI D, et al. Emerging Theory, Materials, and Screening Methods: New Opportunities for Promoting Thermoelectric Performance. Ann. Phys.-Berlin, 2019, 531: 1800437.

[5]   PEI Y, WANG H, SNY DE R G J. Thermoelectric Materials: Band Engineering of Thermoelectric Materials (Adv. Mater. 46/2012). Adv. Mater., 2012, 24: 6124.

[6]   SNYDER G J, TOBERER E S. Complex Thermoelectric Materials. Nat. Mater., 2008, 7: 105.

[7]   JONSON M, MAHAN G D. Mott's Formula for the Thermopower and the Wiedemann-Franz Law. Phys. Rev. B, 1980, 21: 4223.

[8]   DRESSELHAUS M S, CHEN G, TANG M Y, et al. New Directions for Low-Dimensional Thermoelectric Materials. Adv. Mater., 2007, 19: 1043.

[9]   HUNG N T, HASDEO E H, NUGRAHA A, et al. Quantum Effects in the Thermoelectric Power Factor of Low-Dimensional Semiconductors. Phys. Rev. Lett., 2016, 117: 036602.

[10]   LI G P, DING G Q, GAO G Y. Thermoelectric Properties of $SnSe_2$ Monolayer. J. Phys.: Condens. Matter, 2017, 29: 7.

[11]   RAMÍREZ-MONTES L, LÓPEZ-PÉREZ W, GONZÁLEZ-HERNÁNDEZ R, et al. Large Thermoelectric Figure of Merit in Hexagonal Phase of 2D Selenium and Tellurium. Int. J. Quantum Chem., 2020, 120: 26267.

[12]   PEI Y, SHI X, LALONDE A, et al. Convergence of Electronic Bands for High Performance Bulk Thermoelectrics. Nature, 2011, 473: 66.

[13]   MA Z, WANG C, CHEN Y, et al. Ultra-high Thermoelectric Performance in

SnTe by the Integration of Several Optimization Strategies. Mater. Today Phys., 2021, 17: 100350.

[14] BISWAS K, HE J, BLUM I D, et al. High-Performance Bulk Thermoelectrics with All-Scale Hierarchical Architectures. Nature, 2012, 489: 414.

[15] NOVOSELOV K S, GEIM A K, MOROZOV S V, et al. Electric Field Effect in Atomically Thin Carbon Films. Science, 2004, 306: 666.

[16] LIU L, FENG Y P, SHEN Z X. Structural and Electronic Properties of h-BN. Phys. Rev. B, 2003, 68: 104102.

[17] ATACA C, SAHIN H, CIRACI S. Stable, Single-Layer MX_2 Transition-Metal Oxides and Dichalcogenides in a Honeycomb-Like Structure. J. Phys. Chem. C, 2012, 116: 8983.

[18] NAGUIB M, KURTOGLU M, PRESSER V, et al. Two-Dimensional Nanocrystals: Two-Dimensional Nanocrystals Produced by Exfoliation of Ti_3AlC_2 (Adv. Mater. 37/2011). Adv. Mater., 2011, 23: 4207.

[19] MANNIX A J, ZHOU X F, KIRALY B, et al. Synthesis of Borophenes: Anisotropic, Two-Dimensional Boron Polymorphs. Science, 2015, 350: 1513.

[20] VOGT P, PADOVA P D, QUARESIMA C, et al. Silicene: Compelling Experimental Evidence for Graphenelike Two-Dimensional Silicon. Phys. Rev. Lett., 2012, 108: 155501.

[21] ZHU F F, CHEN W J, XU Y, et al. Epitaxial Growth of Two-Dimensional Stanine. Nat. Mater., 2015, 14: 1020.

[22] LI L K, YU Y J, YE G J, et al. Black Phosphorus Field-Effect Transistors. Nat. Nanotechnol., 2014, 9: 372.

[23] LIU H, NEAL A T, ZHU Z, et al. Phosphorene: An Unexplored 2D Semiconductor with a High Hole Mobility. ACS Nano, 2014, 8: 4033.

[24] ZHU Z, TOMANEK D. Semiconducting Layered Blue Phosphorus: A Computational Study. Phys. Rev. Lett., 2014, 112: 176802.

[25] JI J, SONG X, LIU J, et al. Two-Dimensional Antimonene Single Crystals Grown by Van Der Waals Epitaxy. Nat. Commun., 2016, 7: 13352.

[26] ZHU Z L, CAI X L, YI S H, et al. Multivalency-Driven Formation of Te-Based Monolayer Materials: A Combined First-Principles and Experimental Study.

Phys. Rev. Lett., 2017, 119: 106101.

[27] BHIMANAPATI G R, LIN Z, MEUNIER V, et al. Recent Advances in Two-Dimensional Materials Beyond Graphene. ACS Nano, 2015, 9: 11509.

[28] ZHAO L D, LO S H, ZHANG Y, et al. Ultralow Thermal Conductivity and High Thermoelectric Figure of Merit in SnSe Crystals. Nature, 2014, 508: 373.

[29] CHANG C, WU M, HE D, et al. 3D Charge and 2D Phonon Transports Leading to High Out-of-Plane ZT in N-Type SnSe Crystals. Science, 2018, 360: 778.

[30] SON J S, CHOI M K, HAN M K, et al. n-Type Nanostructured Thermoelectric Materials Prepared from Chemically Synthesized Ultrathin Bi_2Te_3 Nanoplates. Nano Lett., 2012, 12: 640.

[31] MIN Y, PARK G, KIM B, et al. Synthesis of Multishell Nanoplates by Consecutive Epitaxial Growth of Bi_2Se_3 and Bi_2Te_3 Nanoplates and Enhanced Thermoelectric Properties. ACS Nano, 2015, 9: 6843.

[32] BABAEI H, KHODADADI J M, SINHA S. Large Theoretical Thermoelectric Power Factor of Suspended Single-layer MoS_2. Appl. Phys. Lett., 2014, 105: 193901.

[33] KUMAR S, SCHWINGENSCHLOEGL U. Thermoelectric Response of Bulk and Monolayer $MoSe_2$ and WSe_2. Chem. Mater., 2015, 27: 1278.

[34] GU X K, YANG R G. Phonon Transport in Single-Layer Transition Metal Dichalcogenides: A First-Principles Study. Appl. Phys. Lett., 2014, 105: 131903.

[35] KANDEMIR A, YAPICIOGLU H, KINACI A, et al. Thermal Transport Properties of MoS_2 and $MoSe_2$ Monolayers. Nanotechnology, 2016, 27: 055703.

[36] JIN Z, LIAO Q, FANG H, et al. A Revisit to High Thermoelectric Performance of Single-layer MoS_2. Sci. Rep., 2015, 5: 18342.

[37] LV H Y, LU W J, SHAO D F, et al. Strain-Induced Enhancement in the Thermoelectric Performance of a ZrS_2 Monolayer. J. Mater. Chem. C, 2016, 4: 4538.

[38] DING G, GAO G Y, HUANG Z, et al. Thermoelectric Properties of Monolayer MSe_2 (M=Zr, Hf): Low Lattice Thermal Conductivity and a Promising Figure of Merit. Nanotechnology, 2016, 27: 375703.

[39] CHEN J, DAI Y, MA Y, et al. Ultrathin Beta-Tellurium Layers Grown on

Highly Oriented Pyrolytic Graphite by Molecular-Beam Epitaxy. Nanoscale, 2017, 9: 15945.

[40] GAO Z, TAO F, REN J. Unusually Low Thermal Conductivity of Atomically Thin 2D Tellurium. Nanoscale, 2018, 10: 12997.

[41] LIN C, CHENG W D, CHAI G, et al. Thermoelectric Properties of Two-Dimensional Selenene and Tellurene from Group-VI Elements. Phys. Chem. Chem. Phys., 2018, 20: 24250.

[42] KRESSE G, FURTHMÜLLER J. Efficient Iterative Schemes for Ab Initio Total-Energy Calculations Using a Plane-Wave Basis Set. Phys. Rev. B, 1996, 54: 11169.

[43] KRESSE G, FURTHMÜLLER J. Efficiency of Ab-Initio Total Energy Calculations for Metals and Semiconductors Using a Plane-Wave Basis Set. Comp. Mater. Sci., 1996, 6: 15.

[44] PERDEW J P, BURKE K, ERNZERHOF M. Generalized Gradient Approximation Made Simple. Phys. Rev. Lett., 1996, 77: 3865.

[45] MADSEN G K H, SINGH D J. BoltzTraP. A Code for Calculating Band-Structure Dependent Quantities. Comput. Phys. Commun., 2006, 175: 67.

[46] TOGO A, OBA F, TANAKA I. First-Principles Calculations of the Ferroelastic Transition between Rutile-Type and $CaCl_2$-type SiO_2 at High Pressures. Phys. Rev. B, 2008, 78: 134106.

[47] LI W, CARRETE J, A. KATCHO N, et al. ShengBTE: A Solver of the Boltzmann Transport Equation for Phonons. Comput. Phys. Commun., 2014, 185: 1747.

[48] LIU G, WANG H, LI G L. Structures, Mobilities, Electronic and Optical Properties of Two-Dimensional α-phase Group-VI Binary Compounds: α-Se_2Te and α-$SeTe_2$. Phys. Lett. A, 2020, 384: 126431.

[49] YAGMURCUKARDES M, PEETERS F M. Stable Single Layer of Janus MoSO: Strong Out-of-Plane Piezoelectricity. Phys. Rev. B, 2020, 101: 8.

[50] HOU B, ZHANG Y, ZHANG H, et al. Room Temperature Bound Excitons and Strain-Tunable Carrier Mobilities in Janus Monolayer Transition-Metal Dichalcogenides. J. Phys. Chem. Lett., 2020, 11: 3116.

[51]   ZHANG X, CUI Y, SUN L, et al. Stabilities, and Electronic and Piezoelectric Properties of Two-Dimensional Tin Dichalcogenide Derived Janus Monolayers. J. Mater. Chem. C, 2019, 7: 13203.

[52]   SOHIER T, GIBERTINI M, CALANDRA M, et al. Breakdown of Optical Phonons' Splitting in Two-Dimensional Materials. Nano Lett., 2017, 17: 3758.

[53]   NIKA D L, POKATILOV E P, ASKEROV A S, et al. Phonon Thermal Conduction in Graphene: Role of Umklapp and Edge Roughness Scattering. Phys. Rev. B, 2009, 79: 155413.

[54]   LINDSAY L, WU L, CA RRETE J, et al. Phonon Thermal Transport in Strained and Unstrained Graphene from First Principles. J. Korean Chem. Soc., 2014, 89: 155426.

[55]   NA S H, PARK C H. First-Principles Study of the Structural Phase Transition in Sn. J. Korean Chem. Soc., 2010, 56: 494.

[56]   HUANG L F, GONG P L, ZENG Z. Phonon Properties, Thermal Expansion, and Thermomechanics of Silicene and Germanene. Phys. Rev. B, 2015, 91: 205433.

[57]   PENG B, ZHANG H, SHAO H, et al. Low Lattice Thermal Conductivity of Stanine. Sci. Rep., 2016, 6: 20225.

[58]   HUMMER K, GRÜNEIS A, KRESSE G. Structural and Electronic Properties of Lead Chalcogenides from First principles. Phys. Rev. B, 2007, 75: 195211.

[59]   PEI Y, WANG H, SNYDER G J. Band Engineering of Thermoelectric Materials. Adv. Mater., 2012, 24: 6125.

[60]   ZHANG Y, KE X, CHEN C, et al. Thermodynamic Properties of PbTe, PbSe, and PbS: First-Principles Study. Phys. Rev. B, 2009, 80: 024304.

[61]   WANG D, TANG L M, JIANG X X, et al. High Bipolar Conductivity and Robust In-Plane Spontaneous Electric Polarization in Selinene. Adv. Electronic Mater., 2019, 5: 1800475.

[62]   FANG T, LI X, HU C, et al. Complex Band Structures and Lattice Dynamics of Bi_2Te_3-based Compounds and Solid Solutions. Adv. Funct. Mater., 2019, 29: 1900677.

[63]   WEI C, PÖHLS J H, HAUTIER G, et al. Understanding Thermoelectric

Properties from High-Throughput Calculations: Trends, Insights, and Comparisons with Experiment. J. Mater. Chem. C, 2016, 4: 4414.

[64]　SINGH S, KUMAR D, PANDEY S K. Experimental and Theoretical Investigations of Thermoelectric Properties of $La_{0.82}Ba_{0.18}CoO_3$ Compound in High Temperature Region. Phys. Lett. A, 2017, 381: 3101.

[65]　MUBARAK A A, HAMIOUD F, TARIQ S. Influence of Pressure on Optical Transparency and High Electrical Conductivity in CoVSn Alloys: DFT study. J. Electron. Mater., 2019, 48: 2317.

[66]　RESHAK A H. Thermoelectric Properties for AA- and AB-Stacking of a Carbon Nitride Polymorph (C3N4). RSC Adv., 2014, 4: 63137.

[67]　YEGANEH M, KAFI F, BOOCHANI A. Thermoelectric Properties of InN Graphene-Like Nanosheet: A First Principle Study. Superlattices Microstruct, 2020, 138: 106367.

[68]　LI X, ZHANG Z, XI J, et al. TransOpt. A Code to Solve Electrical Transport Properties of Semiconductors in Constant Electron-Phonon Coupling Approximation. Comp. Mater. Sci., 2021, 186: 110074.

[69]　LIU X, HU J, YUE C, et al. High Performance Field-Effect Transistor based on Multilayer Tungsten Disulfide. ACS Nano, 2014, 8: 10396.

[70]　WANG Y, GAO Z B, ZHOU J. Ultralow Lattice Thermal Conductivity and Electronic Properties of Monolayer 1T Phase Semimetal $SiTe_2$ and $SnTe_2$. Physica E, 2019, 108: 53.

[71]　ZHANG W, HUANG Z, ZHANG W, et al. Two-Dimensional Semiconductors with Possible High Room Temperature Mobility. Nano Res., 2014, 7: 1731.

[72]　HUANG B L, KAVIANY M. Ab Initio and Molecular Dynamics Predictions for Electron and Phonon Transport in Bismuth Telluride. Phys. Rev. B, 2008, 77: 125209.

[73]　QIAO J, KONG X, HU Z X, et al. High-Mobility Transport Anisotropy and Linear Dichroism in Few-Layer Black Phosphorus. Nat. Commun., 2014, 5: 4475.

[74]　BRUZZONE S, FIORI G. Ab-Initio Simulations of Deformation Potentials and Electron Mobility in Chemically Modified Graphene and Two-Dimensional Hexagonal Boron-Nitride. Appl. Phys. Lett., 2011, 99: 222108.

[75] TAKAGI S, TORIUMI A, IWASE M, et al. On the Universality of Inversion Layer Mobility in Si MOSFET's: Part II-Effects of Surface Orientation. IEEE Trans. Electron Devices, 1994, 41: 2363.

[76] SINGH J, JAMDAGNI P, JAKHAR M, et al. Stability, Electronic and Mechanical Properties of Chalcogen (Se and Te) Monolayers. Phys. Chem. Chem. Phys., 2020, 22: 5749.

[77] LAN Y S, CHEN X R, HU C E, et al. Penta-PdX$_2$ (X = S, Se, Te) Monolayers: Promising Anisotropic Thermoelectric Materials. J. Mater. Chem. A, 2019, 7: 11134.

[78] PAGE Y L, SAXE P. Symmetry-General Least-Squares Extraction of Elastic Data for Strained Materials from Ab Initio Calculations of Stress. Phys. Rev. B, 2002, 65: 104104.

[79] BLONSKY M N, ZHUANG H L, SINGH A K, et al. Ab Initio Prediction of Piezoelectricity in Two-Dimensional Materials. ACS Nano, 2015, 9: 9885.

[80] ALYÖRÜK M M, AIERKEN Y, ÇAKıR D, et al. Promising Piezoelectric Performance of Single Layer Transition-Metal Dichalcogenides and Dioxides. J. Phys. Chem. C, 2015, 119: 23231.

[81] ÇAKıR D, PEETERS F M, SEVIK C. Mechanical and Thermal Properties of h-MX$_2$ (M = Cr, Mo, W; X = O, S, Se, Te) Monolayers: A Comparative Study. Appl. Phys. Lett., 2014, 104: 203110.

[82] YIN H, GAO J, ZHENG G P, et al. Giant Piezoelectric Effects in Monolayer Group-V Binary Compounds with Honeycomb Phases: A First-Principles Prediction. J. Phys. Chem. C, 2017, 121: 25576.

[83] DUERLOO K A N, ONG M T, REED E J. Intrinsic Piezoelectricity in Two-Dimensional Materials. J. Phys. Chem. Lett., 2012, 3: 2871.

[84] KECIK D, DURGUN E, CIRACI S. Stability of Single-Layer and Multilayer Arsenene and Their Mechanical and Electronic Properties. Phys. Rev. B, 2016, 94: 205409.

[85] MAŹDZIARZ M. Comment on 'The Computational 2D Materials Database: High-Throughput Modeling and Discovery of Atomically Thin Crystals'. 2D Mater., 2019, 6: 048001.

[86]　SHAFIQUE A, SAMAD A, SHIN Y H. Ultra Low Lattice Thermal Conductivity and High Carrier Mobility of Monolayer SnS_2 And $SnSe_2$: a First Principles Study. Phys. Chem. Chem. Phys., 2017, 19: 20677.

[87]　ZHU X L, HOU C H, ZHANG P, et al. High Thermoelectric Performance of New Two-Dimensional IV–VI Compounds: A First-Principles Study. J. Phys. Chem. C, 2020, 124: 1812.

[88]　LI R, SHAO Q, GAO E, et al. Elastic Anisotropy Measure for Two-Dimensional Crystals. Extreme Mech. Lett., 2020, 34: 100615.

[89]　LUNDSTROM M. Fundamentals of Carrier Transport, 2nd edn. Cambridge: Cambridge University Press, 2000.

[90]　LIU T H, ZHOU J, LI M, et al. Electron Mean-Free-Path Filtering in Dirac Material for Improved Thermoelectric Performance. Proc. Natl. Acad. Sci., 2018, 115: 879.

[91]　RADISAVLJEVIC B, KIS A. Mobility Engineering and a Metal–Insulator Transition in Monolayer MoS_2. Nat. Mater., 2013, 12: 815.

[92]　ZHONG Y, WU Y, CHANG B, et al. A $CoP/CdS/WS_2$ p–n–n Tandem Heterostructure: A Novel Photocatalyst for Hydrogen Evolution Without Using Sacrificial Agents. J. Mater. Chem. A, 2019, 7: 14638.

[93]　PENN D R. Wave-Number-Dependent Dielectric Function of Semiconductors. Phys. Rev., 1962, 128: 2093.

[94]　GE Y, WAN W, REN Y, et al. Large Thermoelectric Power Factor of High-Mobility Transition-Metal Dichalcogenides with 1T″ Phase. Phys. Rev. Res., 2020, 2: 013134.

[95]　LEE S, ESFARJANI K, LUO T, et al. Resonant Bonding Leads to Low Lattice Thermal Conductivity. Nat. Commun., 2014, 5: 3525.

[96]　GU X, YANG R. First-Principles Prediction of Phononic Thermal Conductivity of Silicene: A Comparison with Graphene. J. Appl. Phys., 2015, 117: 025102.

[97]　LI W, CARRETE J, MINGO N. Thermal Conductivity and Phonon Linewidths of Monolayer MoS_2 from First Principles. Appl. Phys. Lett., 2013, 103: 253103.

[98]　LINDSAY L, BROIDO D A, MINGO N. Flexural Phonons and Thermal Transport in Graphene. Phys. Rev. B, 2010, 82: 115427.

[99]   WANG Z L, CHEN G, ZHANG X, et al. The First-Principles and BTE Investigation of Phonon Transport in 1T-TiSe$_2$. Phys. Chem. Chem. Phys., 2021, 23: 1627.

[100] TAO W L, ZHAO Y Q, ZENG Z Y, et al. Anisotropic Thermoelectric Materials: Pentagonal PtM$_2$ (M = S, Se, Te). ACS Appl. Mater. Interfaces, 2021, 13: 8700.

[101] PENG B, ZHANG H, SHAO H, et al. Towards Intrinsic Phonon Transport in Single-Layer MoS$_2$. Ann. Phys.-Berlin, 2016, 528: 504.

[102] HUNG N T, NUGRAHA A R T, SAITO R. Designing High-Performance Thermoelectrics in Two-Dimensional Tetradymites. Nano Energy, 2019, 58: 743.

[103] MOUNET N, MARZARI N. First-principles Determination of The Structural, Vibrational and Thermodynamic Properties of Diamond, Graphite, and Derivatives. Phys. Rev. B, 2005, 71: 205214.

[104] HOU L, LI W D, WANG F, et al. Structural, Electronic, and Thermodynamic Properties of Curium Dioxide: Density Functional Theory Calculations. Phys. Rev. B, 2017, 96: 235137.

[105] YANG Z, YUAN K, MENG J, et al. Why Thermal Conductivity of CaO Is Lower Than That of CaS: A Study from the Perspective of Phonon Splitting of Optical Mode. Nanotechnology, 2021, 32: 025709.

[106] LI C W, HONG J, MAY A F, et al. Orbitally Driven Giant Phonon Anharmonicity in SnSe. Nat. Phys., 2015, 11: 1063.

[107] LIU J, CHOI G M, CAHILL D G. Measurement of The Anisotropic Thermal Conductivity of Molybdenum Disulfide by the Time-Resolved Magneto-Optic Kerr Effect. J. Appl. Phys., 2014, 116: 233107.

[108] XI L, PAN S, LI X, et al. Discovery of High Performance Thermoelectric Chalcogenides through Reliable High Throughput Material Screening. J. Am. Chem. Soc., 2018, 140: 10785.

[109] DING J, LIU C, XI L, et al. Thermoelectric Transport Properties in Chalcogenides ZnX (X=S, Se): From the Role of Electron-Phonon Couplings. J. Materiomics, 2021, 7: 310.

[110] ZHANG J, XIE Y, HU Y, et al. Remarkable Intrinsic ZT in the 2D PtX$_2$(X=O, S, Se, Te) Monolayers at Room Temperature. Appl. Surf. Sci., 2020, 532: 147387.

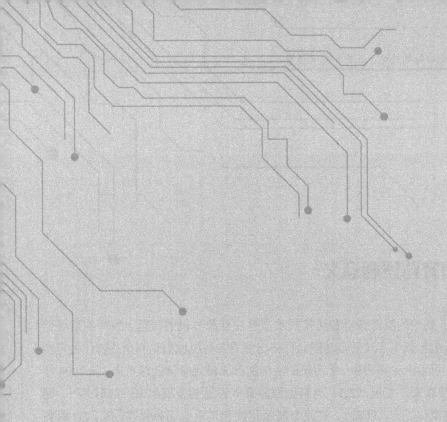

第 7 章

Janus VIA 族二元化合物压电、热电性质和 Rashba 效应的理论研究

7.1 研究背景和意义

目前，高效的能源储存和转换技术在解决能源危机的问题上发挥着重要作用。利用压电和热电等高效多功能器件将自然界各种机械振动和余热转化为电能进行存储，可以产生可再生、无污染的清洁能源来满足全球能源需求。自 2004 年发现石墨烯以来，二维（2D）材料如雨后春笋般蓬勃发展起来，如硅烯[1]、锗烯[2]、六方氮化硼[3]、黑磷[4]、过渡金属氧化物和过渡金属硫化物[5]等。2D 材料由于其独特的结构和量子尺寸效应具有许多新颖的物理和化学性质，在纳米电子、纳米光子、光催化、磁性、谷极化、电化学、压电和热电等领域中具有潜在应用。在这些 2D 材料中，VIB 族 TMDs 是研究最广泛的二维层状材料[6-12]之一。例如，典型的 2H 相 MoS_2 由于反演不对称性在理论[13]和实验[14, 15]中均被证明其具有本征压电性质，然而小的压电系数限制了机械能与电能的转换效率，阻碍了其实际应用。最近，Li[16]等首次成功合成了 Janus MoSSe 单层后，一种新型的不对称 Janus TMDs[17-23]单层被广泛研究。一方面，由于反转对称和面外镜像对称被打破，这些 Janus TMDs 单分子层表现出新的特性，如大的面外压电性[21]、对析氢反应的高催化活性[23]及用于水分解的宽太阳光谱[24]。另一方面，在这些非中心对称的 Janus TMDs 中若存在强的自旋-轨道耦合（SOC）效应，将会导致能带发生自旋劈裂而产生 Rashba 自旋劈裂[25]和谷极化[26, 27]现象，使其成为自旋电子学和谷电子学的理想候选材料。因此，修改传统的中心对称 2D 材料以形成 Janus 结构是产生压电特性[28,29]、光催化水的整体分解[24]和 Rashba 自旋劈裂[25]和谷极化[26, 27]现象的有效方法。

近年来，一个新的 2D 材料家族——2D VIA 族元素材料——出现在人们的视野中。这类材料具有高载流子迁移率、高光电导率和热电效应[30]。此外，碲烯和硒烯在迄今报道的单元素 2D 材料中具有最低的晶格热导率[31-33]。因此，由 Te 和 Se 元素组成的化合物均具有优异的热电和电子传输性能[34,35]。受非中心对称 Janus 结构具有新颖的性质和 VIA 族元素具有超低晶格热导率的启发，设想由 VIA 族元素（S、Se、Te）组成的 Janus 结构二元化合物具有优异的压电性、热电性和大 Rashba 自旋劈裂，进而在压电、热电和自旋电子学中具有潜在应用。

7.2　理论模型和计算细节

所有基于密度泛函理论（DFT）的计算均使用 VASP 代码[36,37]进行。投影缀加平面波（PAW）赝势用于描述离子和电子之间的相互作用[38]。用广义梯度近似（GGA）下的 PBE 泛函来描述交换关联势[39]。平面波动能截止设定为 500 eV。21×21×1 的 Monkhorst-Pack k 网格用于对布里渊区（BZ）[40]进行采样。电子步和离子步的收敛标准分别设置为 10^{-8} eV 和 -10^{-3} eV/Å，真空层（z 方向）设置为 20 Å。所有电子均考虑了自旋轨道耦合（SOC）相互作用。能量-应变法[13,41,42]用于研究弹性刚度系数 C_{ij}，密度泛函微扰理论（DFPT）[43,44]用于计算压电应力系数 e_{ij}。由于三维周期性边界条件，2D 压电应力系数必须通过与 2D 层之间的间距相对应的 z 轴晶格参数重新归一化：$e_{ij}^{2D} = ze_{ij}^{3D}$ [43,45,46]。

二阶力常数（谐波）采用有 5×5×1 超胞和 3×3×1 的 k 点网格和基于密度泛函微扰理论（DFPT）在 PHONOPY 代码[47]中实现。得到二阶力常数矩阵后，再通过对角化力常数矩阵可以得到声子色散关系。三阶力常数（非谐波）采用有限位移法[47,48]进行计算，采用 4×4×1 的超胞和 3×3×1 的 k 点网格。为得到精确的晶格热导率，我们分别测试了最近邻原子间相互作用和 Q-grid。晶格热导率使用 ShengBTE 代码[49]迭代求解声子玻尔兹曼输运方程获得。

7.3　结果与讨论

7.3.1　结构与稳定性

本章设计了 2H 相和 1T 相共 12 种 Janus VIA 族二元化合物。首先用 PHONOPY

软件测试这 12 种结构的动力学稳定性，经过测试发现 2H 相结构均不稳定，稳定的结构只存在于 1T 相结构中，这与碲烯的相关报道是一致的[50, 51]。经过声子谱研究发现 1T 相（#156，C_{3v} 点群对称）中满足动力学稳定性的结构有 STe_2、$SeTe_2$ 和 Se_2Te。图 7.1 所示为 STe_2、$SeTe_2$ 和 Se_2Te 的晶体结构图。平衡态的 STe_2、$SeTe_2$ 和 Se_2Te 的晶格常数分别为 $a=b=4.03$ Å，$a=b=4.11$ Å 和 $a=b=3.88$ Å，与资料[28, 52, 53]吻合。STe_2、$SeTe_2$、Se_2Te 对应的本征厚度 d 分别为 3.32 Å、3.46 Å、3.27 Å，对应的化学键长 l 分别为 2.72 Å（Te1-S）和 3.00 Å（Te1-Te2）、2.85 Å（Te1-Se）和 3.02 Å（Te1-Te1）、2.70 Å（Se1-Se2）和 2.85 Å（Te1-Se）。

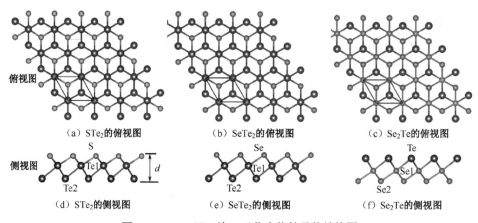

（a）STe_2的俯视图　　　（b）$SeTe_2$的俯视图　　　（c）Se_2Te的俯视图

（d）STe_2的侧视图　　　（e）$SeTe_2$的侧视图　　　（f）Se_2Te的侧视图

图 7.1　Janus VIA 族二元化合物的晶体结构图

从声子谱图 7.2 可以观察到所有声子频率都是正的，这证实了 Janus VIA 族二元化合物 STe_2、$SeTe_2$ 和 Se_2Te 单层在 0 K 时是动力学稳定的。值得注意的是，面外声子模（ZA）分支在 Γ 点附近具有很小的"U"形虚频。这种"U"形特征的小虚频与晶格不稳定性不对应，但它是二维系统中存在的弯曲声学模式的标志，在控制二维系统的热和机械性能方面起着至关重要的作用[54, 55]。这种"U"形特征在许多其他类似的 2D 材料中已经进行了详细的研究[56-58]。为进一步验证能量稳定性，我们利用公式 $E_{coh} = (E_{total} - nE_X - mE_Y)/(n+m)$ 计算了内聚能，其中，E_{total} 为 XY_2（X_2Y）单分子层的总能量，E_X 和 E_Y 是孤立的 X 和 Y 原子的能量，n 和 m 分别代表原胞中 X 原子和 Y 原子的个数。计算得到 STe_2、$SeTe_2$ 和 Se_2Te 单分子层的 E_{coh} 分别为-3.32 eV/atom、-3.17 eV/atom 和-3.14 eV/atom，证明这些体系是能量稳定的。

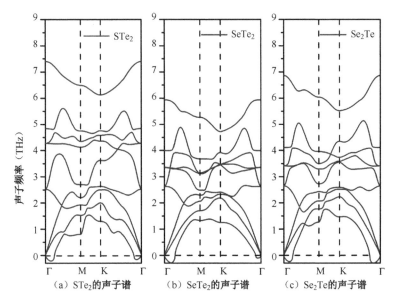

（a）STe$_2$的声子谱　　　（b）SeTe$_2$的声子谱　　　（c）Se$_2$Te 的声子谱

图 7.2　Janus VIA 族二元化合物的声子谱

7.3.2　能带结构及 Rashba 效应

首先计算这几种 Janus 二元化合物的能带结构，考虑到 PBE 势函数通常低估带隙，我们还计算了 HSE06 势函数下的能带。另外，为得到精确的能带结构，计算中均加入了 SOC 效应的修正，计算结果汇总如表 7.1 所示。图 7.3 所示为 Janus 二元化合物的能带结构（PBE+SOC），经过分析发现考虑 SOC 效应后，导带底（CBM）和价带顶（VBM）能带简并消失，出现了明显的能带分裂。不同于过渡金属具有强的 d 电子轨道定域效应，Janus VIA 族二元化合物的 VBM 位于布里渊区（BZ）中 K 点[59,60]，Janus 二元 STe$_2$、SeTe$_2$ 和 Se$_2$Te 的 CBM 均位于 Γ 点附近。STe$_2$ 和 SeTe$_2$ 的 VBM 位于 K 点和 Γ 点之间，Se$_2$Te 的 VBM 位于 M 点和 Γ 点之间。这可能与中心原子是 Te 还是 Se 有关。采用 PBE+SOC（HSE06+SOC）势函数，计算得到的本征 Janus STe$_2$、SeTe$_2$ 和 Se$_2$Te 的带隙分别为 0.74（1.23）eV、0.53（0.98）eV、0.67（1.06）eV，与相应的资料一致，如表 7.1 所示。

Rashba 效应是由于体系强的 SOC 效应及中心反演对称性破缺导致能带自旋劈裂现象，其在拓扑材料、超导材料、自旋电子学、铁电材料、热电材料等领域均有重要的应用[61-65]。镜面对称破缺引起平面内的 Rashba 劈裂和平面外的谷自旋极化[66]。Janus VIA 族化合物结构具有镜面不对称和空间反演不对称性，以及 Te 元素容易受到 SOC 效应的影响，进而诱导了本征 Rashba 劈裂效应和谷自旋极化现象，如图 7.3 所示。从 CBM 和 VBM 附近的放大图可以明显观察到 Rashba 劈裂和谷自旋分裂现象。对于具有 SOC 的系统，其哈密顿量通常表示为[67, 68]：

$$\hat{H} = \frac{\boldsymbol{p}^2}{2m^*} + V + \hat{H}_{\text{SOC}} \tag{7.1}$$

其中，$\boldsymbol{p}$、m^* 和 V 分别代表电子动量、电子有效质量和有效电势。$\hat{H}_{\text{SOC}}$ 是自旋轨道耦合效应引入的微扰项：

$$\hat{H}_{\text{SOC}} = \frac{\hbar}{4m^2c^2}(\nabla V \times \boldsymbol{p}) \cdot \boldsymbol{\sigma} \tag{7.2}$$

其中，$\hbar$、m、c 和 $\boldsymbol{\sigma}$ 分别是约化普朗克常数、电子质量、光速和泡利矩阵。对于二维系统，SOC 主要由 Rashba 效应和 Dresselhaus 效应组成。由结构反转不对称引起的 Rashba 哈密顿量为 $H_{\text{R}}(\boldsymbol{k}) = \alpha(\boldsymbol{\sigma} \times \boldsymbol{k}) \cdot \hat{z} = \alpha(k_y\sigma_x - k_x\sigma_y)$。由体反转不对称引起的 Dresselhaus 哈密顿量为 $H_{\text{D}}(\boldsymbol{k}) = \beta(k_x\sigma_x - k_y\sigma_y)$。

Janus VIA 族化合物结构属于 C_{3v} 点群对称，包括绕 z 轴三次旋转 C_3 和一个镜像操作 M：$y \to -y$，y 的方向是 ΓK 的方向。对于 C_{3v} 点群对称的二维系统，其自旋分裂哈密顿量可以拓展到 k 的三次方项[69]：

$$\hat{H}(k) = v_k(k_x\ \sigma_y - k_y\sigma_x) + \lambda_k(3k_x^2 - k_y^2)k_y\sigma_z \tag{7.3}$$

其中，$v_k = v(1 + \alpha k^2)$，$k = \sqrt{k_x^2 + k_y^2}$。σ_i、λ_i 和 α 分别是泡利矩阵、曲率参数和 Rashba 参数。上式中的第一项诱导了位于 Γ 点最低导带的平面内 Rashba 带的分裂（面内自旋极化），第二项导致位于在 K-Γ（STe$_2$ 和 SeTe$_2$）点和 M-Γ（Se$_2$Te）点之间的最高价带的面外频带分裂（谷自旋劈裂）。因此自旋极化矢量 $\boldsymbol{S} \propto [v_k\cos(\theta), -v_k\cos(\theta), \lambda_k\sin(3\theta)]$[66, 70, 71]。对于 Rashba 自旋分裂，它表示电子的自旋（$\boldsymbol{\sigma}$）和波矢量（$\boldsymbol{k}$）之间的耦合，相应的特征值和特征态可导出为：

$$E_{\text{R}\pm}(\boldsymbol{k}) = \frac{\hbar^2 k^2}{2m^*} \pm \alpha k = \frac{\hbar^2}{2m^*}(k \pm k_{\text{R}})^2 - E_{\text{R}}$$

$$\psi_{\text{R}\pm}(\boldsymbol{k}) = \frac{e^{i\boldsymbol{k}\cdot\boldsymbol{r}}}{2\pi\hbar}\frac{1}{\sqrt{2}}\begin{pmatrix} \pm\dfrac{ik_x + k_y}{k} \\ 1 \end{pmatrix} = \frac{e^{i\boldsymbol{k}\cdot\boldsymbol{r}}}{2\pi\hbar}\frac{1}{\sqrt{2}}\begin{pmatrix} \pm ie^{-i\theta} \\ 1 \end{pmatrix} \tag{7.4}$$

其中，符号+（−）分别代表内部和外部分支，E_R 是 Rashba 能量，k_R 是动量偏移。在二维 Bychkov-Rashba 模型中[72]，通过 Rashba 能量 E_R 与动量偏移量 k_R 的关系确定 Rashba 参数 $\alpha_R = 2E_R/k_R$。相比 PBE 势函数，HSE06 势函数可以显著提高能带带隙，但对反演带隙影响不大，这是因为筛选的混合泛函方法虽然增大了能带带隙，但并不能显著改变固有的 SOC 强度[73]，这也印证了我们采用 HSE 计算能带并没有出现 Rashba 自旋劈裂效应，而采用 PBE 势函数出现了明显的 Rashba 自旋劈裂现象，因此本章中的 Rashba 自旋劈裂效应均在 PBE 势函数同时考虑了 SOC 效应的方法中计算得到，具体的参数如表 7.1 所示。STe_2、$SeTe_2$ 和 Se_2Te 在 CBM 附近的 Rashba 参数 α_R 的值分别为 0.19 eV Å、0.39 eV Å 和 0.34 eV Å，通过比较发现 $SeTe_2$ 的 Rashba 参数 α_R 与资料[28]计算的结果完全一致，证明了我们计算的正确性。由于VIA 族元素的 p 轨道的 SOC 效应要比其他重元素弱很多，因此 Janus VIA 化合物的 α_R 比 BiTeI（1.31 eV Å）[74]、SbTeI（1.39 eV Å）[75]和 WseTe（0.92 eV Å）[76]小很多。然而，$SeTe_2$ 和 Se_2Te 的 Rashba 参数仍然可以和 MoSSe[77]、WSTe、MoSeTe[78]及 GaSe/MoSe$_2$ 异质结[79]相媲美，表明他们在自旋电子器件领域有潜在的应用。另外，由于系统净电偶极矩的存在，处在 K(M)点和 Γ 点之间的 VBM 处存在谷自旋分裂，并且 STe_2、$SeTe_2$ 和 Se_2Te 谷自旋分裂 λ_V 的能带分裂参数 [见图 7.3（c）、图 7.3（f）和图 7.3（i）]分别约为 134 meV、23 meV 和 51 meV。

表 7.1　计算得到的 Janus 二元化合物的带隙 E_g（eV），Rashba 能量 E_R（meV），动量偏移 k_R（Å^{-1}），Rashba 参数 α_R（eV Å），以及谷自旋劈裂能λ_V（eV）

化合物	计算方法	E_g	E_R	k_R	α_R	λ_V
STe_2	PBE+SOC	0.74	0.35	0.0037	0.19	0.134
	PBE	1.00[53]	—	—	—	—
	HSE+SOC	1.23	—	—	—	—
	HSE	1.49[53]	—	—	—	—
$SeTe_2$	PBE+SOC	0.53	0.70	0.0036	0.39	0.023
		约 0.52[28]	0.92[28]	0.0047[28]	0.39[28]	0.024[28]
	PBE	0.73[28],0.75[80]	—	—	—	—
	HSE+SOC	0.98	—	—	—	—
Se_2Te	PBE+SOC	0.67	0.56	0.0033	0.34	0.051
	HSE+SOC	1.06	—	—	—	—

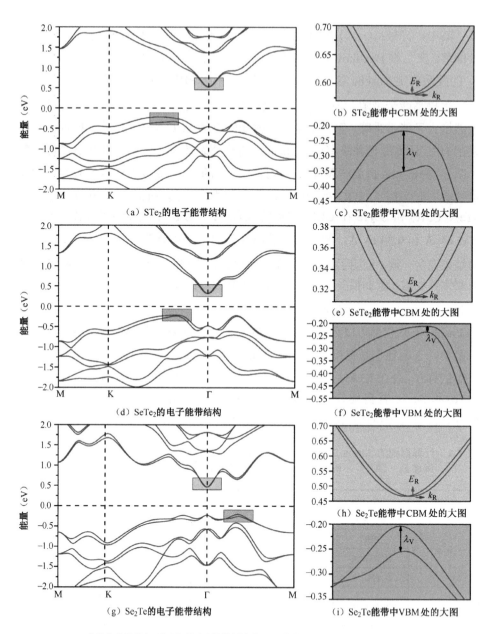

（a）STe₂的电子能带结构

（b）STe₂能带中CBM处的大图

（c）STe₂能带中VBM处的大图

（d）SeTe₂的电子能带结构

（e）SeTe₂能带中CBM处的大图

（f）SeTe₂能带中VBM处的大图

（g）Se₂Te的电子能带结构

（h）Se₂Te能带中CBM处的大图

（i）Se₂Te能带中VBM处的大图

亮黄和亮浅蓝矩形框分别对应能带图中位于 Γ 点的 CBM 和位于 K（M）点和

Γ 点之间的 VBM 的局部大图

图 7.3 考虑了 SOC 效应的 STe₂、SeTe₂ 和 Se₂Te 能带结构图

7.3.3　自旋纹理和六边形翘曲效应

为进一步确定自旋动量锁定在 Rashba 劈裂态中，我们采用 PyProcar 软件[81] 计算了在高于费米能级 1eV、0.7eV、0.7eV 的恒定能量值 $E=E_F+1$（0.7、0.7）eV 时（导带区域），以 Γ 点为中心的 k_x-k_y 动量平面中的自旋投影纹理，如图 7.4 所示。其中 S_x、S_y 和 S_z 分别代表了自旋在 x、y 和 z 方向上的分量。可以清楚地看到，S_x 和 S_y 自旋分量的自旋分裂带对具有相反的自旋方向。由于旋转对称，S_y 分量与 S_x 分量具有 90° 旋转重合性质。同心圆自旋投影纹理证实了在 CBM 附近存在 2D 经典 Rashba 自旋分裂，因为表面态的自旋结构内支和外支分别表现

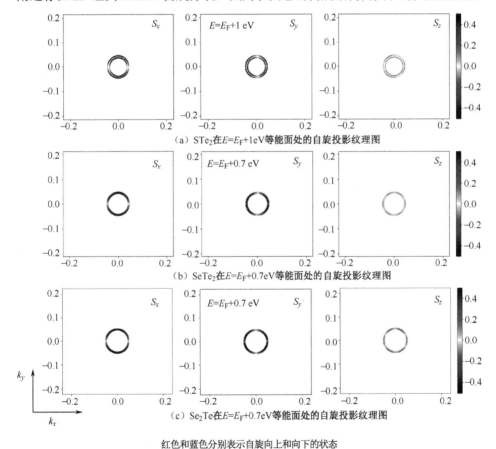

（a）STe₂在$E=E_F+1$eV等能面处的自旋投影纹理图

（b）SeTe₂在$E=E_F+0.7$eV等能面处的自旋投影纹理图

（c）Se₂Te在$E=E_F+0.7$eV等能面处的自旋投影纹理图

红色和蓝色分别表示自旋向上和向下的状态

图 7.4　Janus STe₂、SeTe₂ 和 Se₂Te 单层在二维布里渊区中以 Γ 点为中心且费米能级以上能量面为 1 eV、0.7 eV、0.7 eV 的自旋投影纹理图

出顺时针和逆时针的自旋方向。同时，自旋投影纹理图显示在 Γ 点附近存在与动量 k 成线性关系的 Rashba 型自旋分裂电子带。进一步分析不同自旋分量（S_x、S_y 和 S_z）在电子能带上的投影，发现在 CBM 附近 Rashba 自旋劈裂主要由平面内的 S_x 和 S_y 自旋分量组成，不存在任何面外 S_z 分量。这与图 7.5 中 STe$_2$ 单层的 S_x、S_y 和 S_z 方向上的自旋投影能带图反映的结论是一致的，因为当能量面较小时，自旋劈裂哈密顿量主要由方程式（7.3）中的第一项组成。

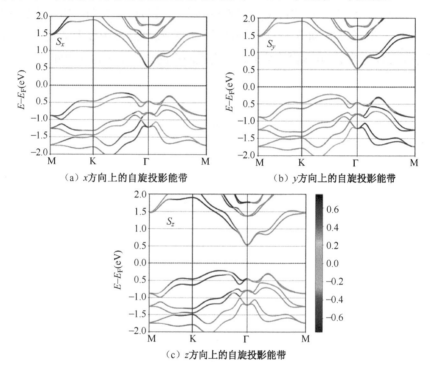

（a）x 方向上的自旋投影能带   （b）y 方向上的自旋投影能带

（c）z 方向上的自旋投影能带

图 7.5　STe$_2$ 单层自旋投影能带图

当增大恒定等能面后，自旋劈裂哈密顿量拓展到 k^3 项，出现了非零的 S_z 分量，以及非平凡 S_z 面外自旋极化，且在 S_x、S_y 和 S_z 自旋分量中均出现了六边形电子带（见图 7.6），表明在这些非典型的 Rashba 能带中存在六边形翘曲效应（Hexagonal Warping Effect）。这显然超出了只有面内分量的典型线性 Rashba 模型：$H_R(\boldsymbol{k}) = \alpha(\boldsymbol{\sigma} \times \boldsymbol{k}) \cdot \hat{z} = \alpha(k_y \sigma_x - k_x \sigma_y)$。为得到翘曲效应的强度，需要得到方程式（7.3）中第二项的系数 λ。首先基于晶体的对称性，创建导带底的 $k \cdot p$ 模型。在两带 $k \cdot p$ 模型中，与 Rashba 效应相关的哈密顿量扩展到动量的立方项的表达为[82, 83]：

$$\hat{H}_R(k) = \left(\alpha_1 k + \alpha_3 k^3\right)\left(\cos\varphi\sigma_y - \sin\varphi\sigma_x\right) + \lambda^2 k^3 \cos 3\varphi\sigma_z \tag{7.5}$$

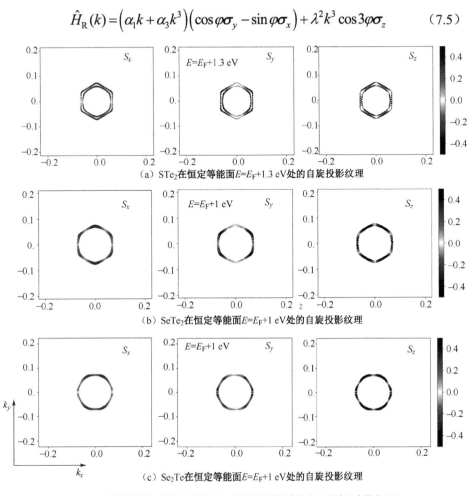

（a）STe₂在恒定等能面 $E=E_F+1.3$ eV 处的自旋投影纹理

（b）SeTe₂在恒定等能面 $E=E_F+1$ eV 处的自旋投影纹理

（c）Se₂Te 在恒定等能面 $E=E_F+1$ eV 处的自旋投影纹理

Rashba 自旋劈裂图中明显出现了由于 k^3 项引起的翘曲效应（六边形自旋纹理）

图 7.6　Janus STe₂、SeTe₂ 和 Se₂Te 单层在二维布里渊区中以 Γ 点为中心

且费米能级以上能量面为 1.3 eV、1 eV、1 eV 的自旋投影纹理图

其中，极坐标 $\varphi = \arccos(k_x/k)$，k_x 轴沿第一个布里渊区的 Γ-M 方向。

$$\alpha_3 = \frac{\hbar^4}{4m^4c^2}\sum_{n,m}\frac{\left\langle\varphi_0|\rho_x|\varphi_n^+\right\rangle\left\langle\varphi_n^+|\partial_z V|\varphi_m^+\right\rangle\left\langle\varphi_m^+|\rho_x|\varphi_0\right\rangle}{\left(\varepsilon_0 - \varepsilon_n^E\right)\left(\varepsilon_0 - \varepsilon_m^E\right)} \tag{7.6}$$

$$\lambda = \frac{\hbar^4}{4m^4c^2}\sum_{n,m}\frac{\left\langle\varphi_0|\rho_x|\varphi_n^+\right\rangle\left\langle\varphi_n^+|\partial_x V|\varphi_m^+\right\rangle\left\langle\varphi_m^+|\rho_x|\varphi_0\right\rangle}{\left(\varepsilon_0 - \varepsilon_n^E\right)\left(\varepsilon_0 - \varepsilon_m^E\right)} \tag{7.7}$$

上述方程中除一阶线性项 α_1 外，α_3 和 λ 分别是对哈密顿量有贡献的各向同性和各向异性的三阶项，它们分别依赖垂直于表面的晶体势的偏导数 $\partial_z V$ 和平面内的电势梯度 $\partial_x V$。由此，能量劈裂的平方可以表示为[84]：

$$\Delta E(k)^2 = \left(\alpha_1 k + \alpha_3 k^3\right)^2 + \lambda^2 k^6 \cos^2(3\varphi) \tag{7.8}$$

上式中，$\Delta E(k) = \left[E_+(k) - E_-(k)\right]/2$ 是 Rashba 自旋劈裂内外支的能量差。如图 7.7 所示，以 STe$_2$ 为例进行抛物线 $\alpha_1^2 k^2$（红色）拟合，得到 $\alpha_1 = 0.16$ eV Å。拟合曲线与计算数据 ΔE^2 只在很小的动量范围内拟合得很好，而在较大的动量区域出现了翘曲项，这意味着需要引入三次方项 k^3 来进行更好的拟合。可以看到，无论是 ΓM（绿色）方向还是 ΓK（橄榄色）方向，引入三次方项 k^3 后第一性原理计算能带数据与拟合曲线非常吻合，表明在较大等能面的 Rashba 自旋劈裂中 k^3 项具有较大的贡献，是不能忽略的。通过拟合得到 α_3 和 λ 分别为 1.01 eV Å^3 和 1.06 eV Å^3。同理，计算出了 SeTe$_2$（Se$_2$Te）单层的 α_1、α_3 和 λ 分别为 0.046（0.024）eV Å、0.11（0.21）eV Å^3 和 0.07（0.23）eV Å^3。

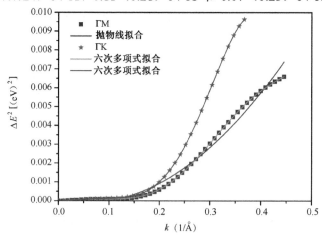

红色和绿色（橄榄色）曲线分别是抛物线 $\alpha_1^2 k^2$ 和六次方多项式拟合曲线

图 7.7　Janus STe$_2$ 沿着 ΓM（绿色）方向和 ΓK（橄榄色）
方向占据态能量劈裂的平方 ΔE^2

7.3.4　双轴应变对能带及 Rashba 效应的调控

为研究双轴应变对二元 Janus STe$_2$、SeTe$_2$ 和 Se$_2$Te 的能带结构调控效应，我们分别用 PBE 势函数并考虑 SOC 效应计算了不同双轴应变（拉伸应变和压缩应变）的能带图，如图 7.8 所示。从图中可以明显地观察到：在压缩应变（−6%）到拉伸应变（6%）的变化过程中，Janus STe₂、SeTe₂ 和 Se₂Te 的带隙不断地

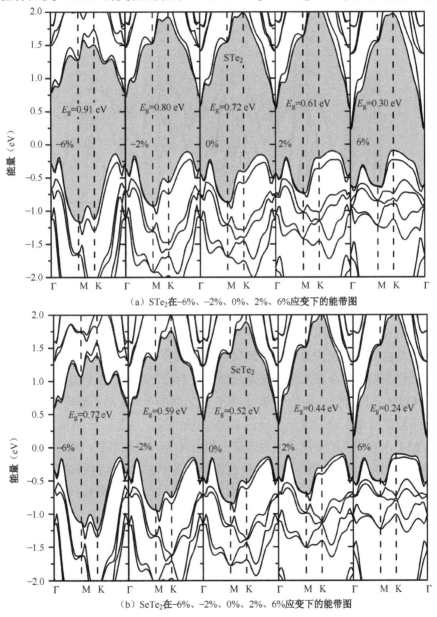

（a）STe₂在−6%、−2%、0%、2%、6%应变下的能带图

（b）SeTe₂在−6%、−2%、0%、2%、6%应变下的能带图

图 7.8　不同双轴应变下 Janus STe₂、SeTe₂ 和 Se₂Te 的能带图

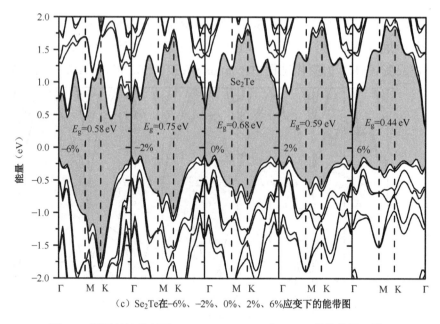

（c）Se$_2$Te在−6%、−2%、0%、2%、6%应变下的能带图

图7.8　不同双轴应变下Janus STe$_2$、SeTe$_2$和Se$_2$Te的能带图（续）

减小，如STe$_2$的带隙从0.91 eV（−6%）减小到0.30 eV（6%），SeTe$_2$的带隙从0.72 eV（−6%）减小到0.24 eV（6%），Se$_2$Te的带隙从0.75 eV（−2%）减小到0.44 eV（6%），这表明适当的拉伸应变减小带隙，而压缩应变增大带隙。能带的变化是由应变引起的原子轨道的重叠导致的[85]。其中，STe$_2$和SeTe$_2$单层能隙的变化主要是由于在双轴应变从压缩应变到拉伸应变的变化过程中，位于Γ点的CBM不断降低，而位于K点和Γ点之间的VBM却不断增加。而Se$_2$Te单层带隙的减小主要归因于Γ点的CBM不断降低，尽管位于M点和Γ点之间的VBM也有相应的变化，但对带隙的影响不大。由此可见，双轴应变可以有效地调控2D材料的能带，这在其他的研究报告中也有同样的结论[86, 87]。另外，通过对比不同双轴应变下价带的最高能级，还可以发现随着拉伸应变的增加，M点和K点价带最高能级对应的本征能量不断增加，而且K点增加的速度明显高于M点，当拉伸应变为6%时，VBM从K点和Γ点之间变成K点。这说明价带中的K点对应变比M点更敏感，更容易通过应变进行调控。与M点和K点不同，Γ点的本征能量从压缩应变到拉伸应变则不断地减小。

　　图7.9进一步定量研究了双轴应变对带隙和Rashba参数的调控。从图中不难发现，带隙与应变之间基本满足线性依赖关系，带隙随着拉伸应变单调减小，

却随着压缩应变单调增加。另外，随着压缩应变的增大，Rashba 参数先增大后减小。与压缩应变不同，拉伸应变可以明显地增强 Rashba 参数，这与资料[74, 88]的结论是一致的。当拉伸应变增加到 6% 时，STe_2、$SeTe_2$ 和 Se_2Te 的 Rashba 参数分别增大到 1.10 eV Å、0.87 eV Å 和 1.10 eV Å，表明通过施加拉伸应变可以有效地调控 Janus 二元化合物的 Rashba 参数，有利于设计高性能的自旋电子器件。应变能够调控能带和自旋劈裂源于应力影响原子间的相对位置，进而影响原子间键合的性质和强度，导致带隙和自旋劈裂发生变化。我们的研究结果表明应变是一种有前途的调控电子能带和 Rashba 自旋劈裂的途径，为其在纳米电子学和自旋电子学领域的应用提供了可能性。

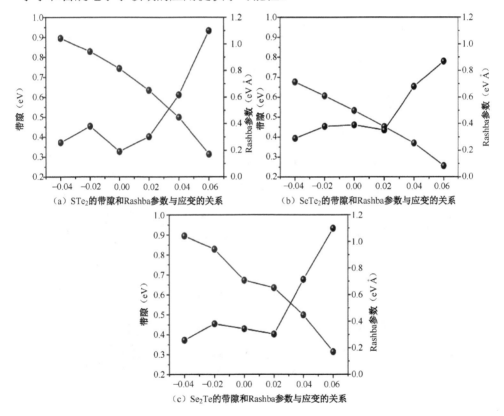

图 7.9　STe_2、$SeTe_2$ 和 Se_2Te 的带隙（红色）和 Rashba 参数（蓝色）随双轴应变的变化曲线

为进一步了解应变对价带布里渊区中不同 **k** 点的影响，对无应变 Janus 二元单层，我们计算了其投影能带，如图 7.10 所示。可以看到，对于 STe_2 和 $SeTe_2$

能带，CBM 主要由 Te 的 p 轨道贡献，即 Rashba 自旋劈裂主要由 Te 的 p 轨道贡献，由于 Te 原子具有相对较大的 SOC 效应，而 VBM 主要由 S（Se）的 p 轨道贡献，没有出现 Rashba 自旋劈裂。不同的是，Se_2Te 的 CBM 和 VBM 都主要由 Se 和 Te 的 p 轨道贡献，并且 VBM 处 Se-p 的贡献大于 Te-p 的贡献，这再次印证了 VBM 主要由相对质量较小的轻原子贡献，而 CBM 主要由相对质量较大的重原子贡献[28]。更深入的研究发现 STe_2 和 $SeTe_2$ 的 CBM 主要由 Te 的 p_z 轨道贡献，与资料[28]的结果一致，而 VBM 主要由 S（Se）的 p_{x+p_y} 轨道贡献。由于中间原子不同，Se_2Te 的 CBM 和 VBM 由哪些原子轨道组成与 STe_2 和 $SeTe_2$ 略有不同。

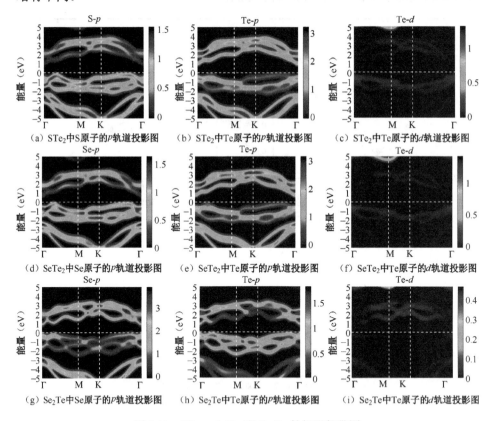

（a）STe_2 中 S 原子的 p 轨道投影图　（b）STe_2 中 Te 原子的 p 轨道投影图　（c）STe_2 中 Te 原子的 d 轨道投影图

（d）$SeTe_2$ 中 Se 原子的 p 轨道投影图　（e）$SeTe_2$ 中 Te 原子的 p 轨道投影图　（f）$SeTe_2$ 中 Te 原子的 d 轨道投影图

（g）Se_2Te 中 Se 原子的 p 轨道投影图　（h）Se_2Te 中 Te 原子的 p 轨道投影图　（i）Se_2Te 中 Te 原子的 d 轨道投影图

图 7.10　STe_2、$SeTe_2$ 和 Se_2Te 的投影能带图

7.3.5　势函数和局域电荷密度

STe₂、SeTe₂、Se₂Te 的静电势能的平面平均值和电子局域电荷密度轮廓（ELF profiles）如图 7.11 所示。由于 Janus STe₂、SeTe₂ 和 Se₂Te 的 z 轴方向上镜面不对称，导致静电势梯度（$\Delta\phi$）约为 0.5 eV，这与结构的功函数变化有关[76]。由于 Janus 单层结构中的电子再分配，形成了中心 Te（Te1）与外部 Te（Te2）之间、Te1（Te2）与 S 或 Se 之间的局域电场，以及中心原子 Se（Se1）与外部 Se（Se2）之间、Se1 与 Te 之间的局域电场，方向如图 7.11 中不同颜色的箭头所示。净局域电场从 Te2 指向 S（Se），Te 指向 Se2，方向用粉色箭头表示。

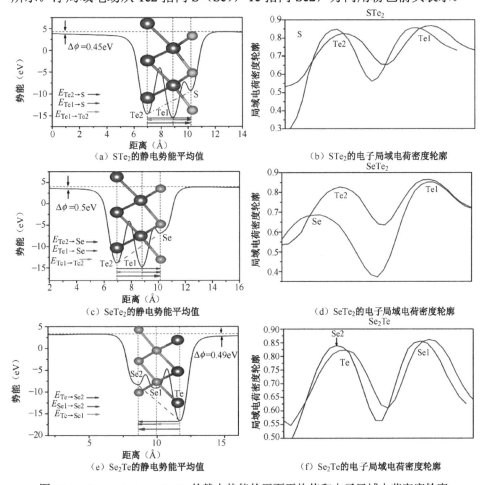

（a）STe₂ 的静电势能平均值

（b）STe₂ 的电子局域电荷密度轮廓

（c）SeTe₂ 的静电势能平均值

（d）SeTe₂ 的电子局域电荷密度轮廓

（e）Se₂Te 的静电势能平均值

（f）Se₂Te 的电子局域电荷密度轮廓

图 7.11　STe₂、SeTe₂、Se₂Te 的静电势能的平面平均值和电子局域电荷密度轮廓

固有电场的大小可以用两个最外层原子的平面平均静电势最小值的斜率（绿色虚线）来定义。固有电场的值越大表明垂直方向上的极化越强[28]。Janus STe$_2$、SeTe$_2$ 和 Se$_2$Te 的固有电场值分别为 1.65 eV/Å、2.17 eV/Å 和 2.69 eV/Å，极化强度的关系依次为 Se$_2$Te> SeTe$_2$> STe$_2$，均大于 Janus MoSSe（0.856 eV/Å）。极化强度大小的关系与谷自旋分裂 λ_v 的大小关系是一致的。

另外，为了确定电荷的转移，我们还计算了巴德电荷，从中心 Te1 原子向外部 S（Se）和 Te2 原子的电荷转移分别约为 0.59（0.42）e 和 0.17（0.18）e，因此，电荷转移差导致从外部 Te2 到 S（Se）产生净电场。不同于 SeTe$_2$ 和 STe$_2$，Se$_2$Te 的中心 Se1 原子获得 0.2 e，而两边的 Se2 和 Te 原子分别失去 0.17 e 和 0.03 e。局域电荷密度（ELF）方法不仅对共价键的表征有用，对较弱类型的键结合也可以提取很多信息[89]。根据 ELF profiles 可以判断出两个原子之间区域的 ELF 值均大于 0.5，表明这些原子之间为典型的共价键，这些化合物为共价化合物。

7.3.6 压电性质

在研究压电性质之前，先研究 Janus 二元单层的机械性质，主要计算了材料的弹性刚度系数 C_{ij}（见表 7.2），杨氏模量（Y）、剪切模量（G）和泊松比（v）（见图 7.12）。与二维 MoS$_2$ 和 Janus MoSTe 等材料[13, 21]相比，Janus STe$_2$、SeTe$_2$ 和 Se$_2$Te 单层具有较小的弹性刚度系数，表明二维 Janus VIA 单层比其他 2D 材料更柔韧、灵活。二维 Janus SeTe$_2$ 单层的力学性能较差源于其固有的电子性能。其中，计算得到的 SeTe$_2$ 单层的弹性刚度系数 C_{ij} 与资料[28]一致，同时 C_{11}（38.78 N/m）与用形变势理论得到的 C_{2D}（38.35 N/m，见表 7.3）非常吻合，表明了计算结果的可靠性。

由于这三种化合物结构相同且组成元素相近，因此它们的机械性质相近，如 STe$_2$、SeTe$_2$ 和 Se$_2$Te 单层对应的杨氏模量、剪切模量和泊松比分别为 38.70 N/m、36.18 N/m、40.86 N/m，14.96 N/m、14.36 N/m、16.11 N/m 和 0.29、0.26、0.27。Se$_2$Te 和 STe$_2$ 的机械性质比 SeTe$_2$ 稍微大一些，这主要是 Se$_2$Te 和 STe$_2$ 的化学键长比 SeTe$_2$ 的键长短，进而对应化学键的强度大导致的。

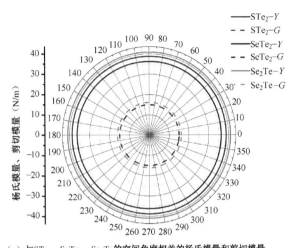

（a）与 STe$_2$、SeTe$_2$、Se$_2$Te 的空间角度相关的杨氏模量和剪切模量

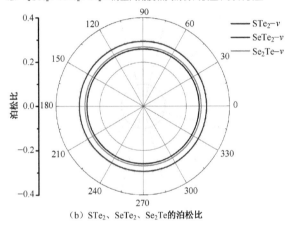

（b）STe$_2$、SeTe$_2$、Se$_2$Te 的泊松比

图 7.12　Janus STe$_2$、SeTe$_2$ 和 Se$_2$Te 单层的杨氏模量、剪切模量和泊松比

表 7.2　Janus 二元单层的弛豫离子弹性刚度系数 C_{ij}(N/m)、压电应力系数 e_{ij}(pC/m) 和压电应变系数 d_{ij}(pm/V)

化合物	C_{11}	C_{12}	e_{11}	e_{31}	d_{11}	d_{31}
STe$_2$	42.35	12.43	1169.94	22.04	39.21	0.40
SeTe$_2$	38.78	10.05	412.66	9.68	14.45	0.20
	38.82[28]	10.49[28]	461.4[28]	12.3[28]	16.285[28]	0.25[28]
Se$_2$Te	44.04	11.82	625.34	14.72	19.31	0.26
MoS$_2$[13]	130	32	364	—	3.73	—
MoSTe[21]	112.7	22.7	453	3.8	5.036	0.028

非中心对称压电材料可以在施加机械应力或应变时产生电势[90]。从理论上讲，压电材料必须是绝缘体或具有足够宽带隙的半导体，以避免电流泄漏[91, 92]。反演对称性的缺失使 Janus 单层具有潜在的面内和面外压电性[12]。对于具有 C_{3v} 点群对称性的二维系统，面内压电系数 e_{11}（d_{11}）和面外压电系数 e_{31}（d_{31}）都是独立且非零的。使用沃伊特（Voigt）表示法，独立的弹性张量 C_{ij} 和压电张量 e_{ij}（d_{ij}）定义为[21, 43]：

$$C_{ij} = \begin{Bmatrix} C_{11} & C_{12} & 0 \\ C_{12} & C_{11} & 0 \\ 0 & 0 & \dfrac{C_{11}-C_{12}}{2} \end{Bmatrix},$$

$$e_{ij} = \begin{Bmatrix} e_{11} & -e_{11} & 0 \\ 0 & 0 & -\dfrac{e_{11}}{2} \\ e_{31} & e_{31} & 0 \end{Bmatrix}, \qquad (7.9)$$

$$d_{ij} = \begin{Bmatrix} d_{11} & -d_{11} & 0 \\ 0 & 0 & -d_{11} \\ d_{31} & d_{31} & 0 \end{Bmatrix}$$

其中，独立的弹性常数和压电系数分别可简化为 C_{11}、C_{12} 和 e_{11}、e_{31}。因此，d_{11} 和 d_{31} 的推导如下：

$$d_{11} = \frac{e_{11}}{C_{11}-C_{12}} \qquad (7.10)$$

$$d_{31} = \frac{e_{31}}{C_{11}+C_{12}} \qquad (7.11)$$

结合上面计算的 C_{ij} 和 e_{ij}，得到 d_{ij} 的值。压电应变系数 d_{ij} 代表压电器件的机械-电能转换效率。由于弛豫离子压电系数可以直接在实验中观察到[15, 92-94]，我们只关注弛豫离子压电系数 e_{11}（e_{31}）和 d_{11}（d_{31}），如表 7.2 所示，并将其和典型的 2D 材料 MoS$_2$ 和 Janus MoSTe 进行了比较。

STe$_2$、SeTe$_2$、Se$_2$Te 单层的面内压电系数 e_{11}（d_{11}）分别为 1169.94 pC/m（39.21 pm/V）、412.66 pC/m（14.45 pm/V）、625.34 pC/m（19.31 pm/V）远大于大多数报道的 Janus 单层，如 MoXY（e_{11} =374～453 pC/m，d_{11}=3.76～5.3 pm/V）[21]，WXY（e_{11} =257～348 pC/m，d_{11}=2.26～3.52 pm/V）[21]，SnSSe（e_{11} = 100 pC/m，d_{11}=2.25 pm/V）[45]，以及典型的过渡金属硫化物 MoS$_2$（e_{11}=364 pC/m，d_{11}=3.73 pm/V），

证明 Janus STe_2、$SeTe_2$、Se_2Te 单层是很有前途的 2D 压电材料。由于 Janus 的独特结构，上下两层原子之间的电负性不同，在层内出现了天然的垂直内置电场，从而引起了面外压电响应。例如，STe_2（e_{31}= 22.04 pC/m，d_{31}= 0.4 pm/V）、$SeTe_2$（e_{31}=9.68 pC/m，d_{31}=0.2 pm/V）、Se_2Te（e_{31}=14.72 pC/m，d_{31}=0.26 pm/V）单层的面外压电系数 e_{31}（d_{31}）也优于 MoXY、WXY、SnSSe 和 MoS_2 的面外压电系数[21, 45, 95]。大的面内和面外压电响应的共存可以显著提高压电器件的兼容性和灵活性，尤其是功能层需要垂直堆叠的压电器件[29, 96]。

7.3.7　热电性质

计算材料的热电性质，首先要得到材料的电输运系数（电导率、塞贝克系数、电子热导率、热电功率因子等）和声子输运系数（晶格热导率）。本章基于玻尔兹曼输运理论，分别计算了电输运系数和热输运系数。

7.3.7.1　电输运性质

TransOpt 以玻耳兹曼输运理论为基础，利用弛豫时间近似法中的常数电–声耦合近似方法[97]计算材料的电输运系数。几个重要参数分别为电子（空穴）的形变势 E_1、杨氏模量 Y 和费米能级 E_f，详细的参数如表 7.3 所示。

表 7.3　二维材料的弹性模量 C_{2D}，VBM 和 CBM 附近的形变势 E_1^{VBM} 和 E_1^{CBM}，
以及杨氏模量 Y 和费米能级 E_f

化合物	C_{2D}（N/m）	E_1^{VBM}（eV）	E_1^{CBM}（eV）	Y（GPa）	E_f（eV）
Janus-STe_2	41.75	−4.34	−6.27	116.57	−1.69
Janus-$SeTe_2$	38.35	−4.78	−6.42	104.57	−2.00
Janus-Se_2Te	42.9	−7.77	−9.72	124.97	−2.19

图 7.13 是 Janus 二元化合物的塞贝克系数（S）和电导率（σ）与载流子浓度的关系。无论是 N 型掺杂还是 P 型掺杂，S 随着载流子浓度增加单调减小，而 σ 却随着载流子的增加近似呈指数增长。S 和 σ 之间有很强的耦合效应，这也是阻碍功率因子 PF（$PF = S^2\sigma$）增加的直接原因，进而限制了热电优值（ZT）。因此，塞贝克系数和电导率之间的去耦合成为当前提高热电效率的一种有效策略。可以观察到，在最佳掺杂浓度范围附近（S 和 σ 相交的区域），S 有随着温

度的增加而增加的趋势，相反，σ 随着温度的增加而减小。这主要是因为 S 与温度 T 成正相关[98]：

$$S = \frac{8\pi^2 k_B^2}{3e\hbar^2} m^* T \left(\frac{\pi}{3n}\right)^{2/3} \qquad (7.12)$$

其中，m^* 和 n 分别为电子（空穴）的有效质量和载流子的浓度。然而，电导率与迁移率成正相关，即 $\sigma = ne\mu = ne\dfrac{e\hbar^3 C_{2D}}{k_B T m^* m_d E_1^2}$，因为温度升高导致载流子的散射增强，载流子的迁移率降低，即迁移率 μ 与温度 T 成反相关，电导率与温度成反相关。

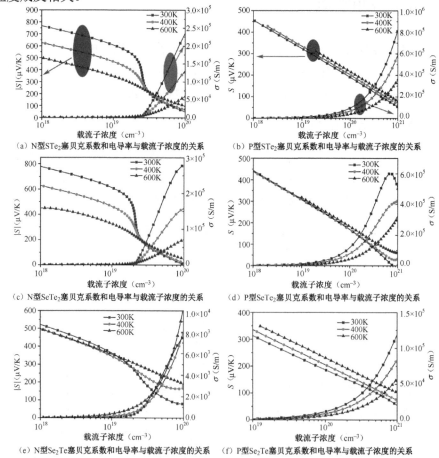

（a）N型STe₂塞贝克系数和电导率与载流子浓度的关系 （b）P型STe₂塞贝克系数和电导率与载流子浓度的关系

（c）N型SeTe₂塞贝克系数和电导率与载流子浓度的关系 （d）P型SeTe₂塞贝克系数和电导率与载流子浓度的关系

（e）N型Se₂Te塞贝克系数和电导率与载流子浓度的关系 （f）P型Se₂Te塞贝克系数和电导率与载流子浓度的关系

图 7.13　在不同温度条件下，STe₂、SeTe₂和Se₂Te 的塞贝克系数（S）和电导率（σ）与载流子浓度的关系

图 7.14 是功率因子在不同的温度（300 K、400 K、600 K）条件下随着载流子浓度变化的关系。从图中不难发现，随着温度的升高，功率因子（PF）逐渐下降。再结合图 7.13 塞贝克系数和电导率与载流子浓度的关系和公式 $PF = S^2\sigma$，可以得到 PF 随温度的变化关系和 σ 与温度的变化关系一致，而与 S 随温度的关系相反，即 PF 随温度降低主要由 σ 随温度的降低引起的。STe_2、$SeTe_2$ 的最大 PF 大于 Se_2Te，如 300 K 时，STe_2 和 $SeTe_2$ 的 N 型（P 型）PF 分别为 16.41（43.81）10^{-4} $Wm^{-1}K^{-2}$ 和 16.20（35.73）10^{-4} $Wm^{-1}K^{-2}$ 大于 Se_2Te 的 13.81（6.28）10^{-4} $Wm^{-1}K^{-2}$，这主要是由于前两种材料含有两个具有最优热电性能的 Te 元素。这几种材料的 PF 可以和典型的优异热电材料 SnSe（约 4×10^{-3} $Wm^{-1}K^{-2}$，300 K）、Bi_2Te_3（约 3.5×10^{-3} $Wm^{-1}K^{-2}$，300 K）和 PbTe（约 2.5×10^{-3} $Wm^{-1}K^{-2}$，500 K）、1T″相 $MoSe_2$（约 6×10^{-3} $Wm^{-1}K^{-2}$，200～500 K）和掺杂 MoS_2（2.98 $\times$ 10^{-3} $Wm^{-1}K^{-2}$）相媲美[99-103]，表明它们是高性能的 2D 热电材料。

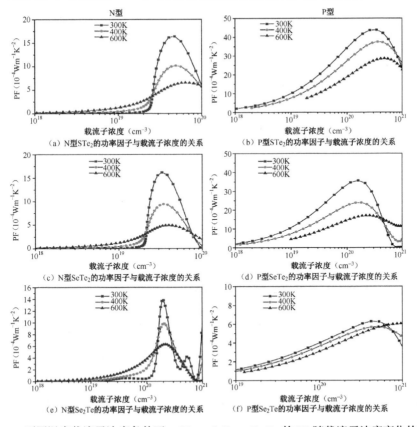

图 7.14　不同温度载流子浓度条件下，STe_2、$SeTe_2$、Se_2Te 的 PF 随载流子浓度变化的关系

7.3.7.2 热输运性质

为得到令人满意和收敛的晶格热导率 k_1，首先要检验三阶非谐波力常数（IFCs）截止半径的收敛性。但三阶非谐波 IFCs 不容易计算，二阶谐波 IFCs 比较容易获得，因此可以通过谐波 IFCs 分析来获得足够大的非谐波 IFCs 截止半径以得到满意的晶格热导率[104]。以 Janus STe_2 单层为例，我们计算了截止半径和 Q-grid 检验 k_1 的收敛性。截止半径决定了原子间相互作用的范围，被描述为谐波 IFCs（2 阶 IFCs）和高阶 IFCs。与二阶力常数相比，高阶力常数对非谐相互作用的影响较小，且不易得到。因此，采用二阶力常数的均方根（RMS）来估计非谐相互作用的强度，已成功地应用于许多材料中[105-107]。元素的均方根被定义为[105, 108]：

$$\text{RMS}(\boldsymbol{\Phi}_{ij}) = \left[\frac{1}{9} \sum_{\alpha,\beta} \left(\Phi_{ij}^{\alpha\beta} \right)^2 \right]^{\frac{1}{2}} \tag{7.13}$$

其中，$\boldsymbol{\Phi}_{ij}$ 为二阶力张量，表示为原子 i（α 方向）与原子 j（β 方向）之间的谐力响应。高均方根意味着强非谐相互作用。原子间距离越长，原子间作用力和非谐相互作用越小[106]。以 STe_2 为例，可以通过计算得到的二阶力张量来计算 RMS，计算的结果如图 7.15（a）所示。可以看出随着原子间距离的增大，均方根 RMS 的值有不断减小的趋势。结合图 7.15（b）分析可得到，二元 Janus STe_2 单层的截止半径高达 8.33 Å（第 9 最近邻）具有强非谐相互作用，可以得到收敛性较好的 k_1，并与第 10 最近邻的结果进行了比较，证明了所计算的 k_1 具有良好的收敛性。鉴于 $SeTe_2$、Se_2Te 和 STe_2 具有相同的结构和相似的元素组成，我们均采用相同的截止半径（第 9 最近邻）以得到令人满意的、收敛的晶格热导率 k_1。

考虑元素的范德华半径[31]，得到 STe_2、$SeTe_2$ 和 Se_2Te 对应的有效厚度分别为 7.12 Å、7.58 Å 和 7.39 Å。根据 2D 材料的归一化公式，得到 STe_2、$SeTe_2$ 和 Se_2Te 收敛的晶格热导率分别为 0.2 W/mK、0.133 W/mK 和 4.81×10^{-4} W/mK，其晶格热导率 k_1 明显小于同族的 α-Te（9.84 W/mK）[109]、α-Se（3.04 W/mK）[110]、α-Se_2Te（1.89 W/mK）[34]、square-Se（2.33 W/mK）[111]和 α-TeSSe（1.69 W/mK）[29]，说明 Janus STe_2、$SeTe_2$ 和 Se_2Te 单层具有优良的热电性能。如此低的 k_1 值归因于声波模式与低频光学分支之间的强耦合效应（见图 7.2），这导致了强烈的光声相互作用，抑制了声子传输。

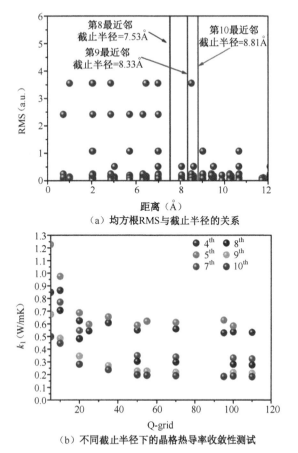

（a）均方根RMS与截止半径的关系

（b）不同截止半径下的晶格热导率收敛性测试

图 7.15　STe₂ 的均方根（RMS）与截止半径的关系以及 STe₂ 的

晶格热导率 k_1 随 Q-grid 变化的收敛性测试

　　此外，还研究了声子群速度 v_g、格林爱森参数 γ 和声子寿命 τ，如图 7.16
所示，以更深入地了解极低 k_1 值的起源。Janus α-STe₂ 的平均声子群速度
（0.77 km/s）比 α-TeSSe 的平均声子群速度（0.84 km/s）[29]要低，这是 Janus
α-STe₂ 晶格热导率较低的原因，因为 k_1 与声子群速度（v_g^2）成正比。随着声子
群速度的减小，α-STe₂ 较大的 γ 参数意味着较大的声子散射，导致出现较大
的非谐性限制了声子输运，从而导致 k_1 值较低。另外，相对小的声子寿命 τ，
尤其是对晶格热导率起主导作用的声子分支（ZA、TA 和 LA）的声子寿命较小，
也合理解释了 k_1 具有较小的值。因此，Janus α-STe₂ 的极低 k_1 值意味着它在热
电器件的实际应用中非常有潜力。

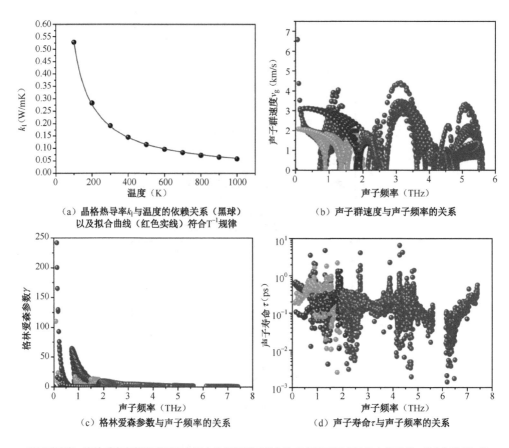

（a）晶格热导率k_l与温度的依赖关系（黑球）
以及拟合曲线（红色实线）符合T^{-1}规律

（b）声子群速度与声子频率的关系

（c）格林爱森参数与声子频率的关系

（d）声子寿命τ与声子频率的关系

声子群速度、格林爱森参数和声子寿命图中分别用不同颜色的球表示不同声子分支的贡献，其中红色球、绿色球、蓝色球和品红球分别代表声子的面外振动模（ZA）、面内横向模（TA）、面内纵向模（LA）和光学支模

图7.16　STe$_2$的晶格热导率、声子群速度、格林爱森参数、声子寿命

　　最后，结合已经计算得到的热电功率因子（PF）、晶格热导率k_l和电子热导率k_e，我们计算出了三种材料在300 K、400 K和600 K时的热电优值（ZT），如图7.17所示。在同一温度条件下，无论是N型还是P型载流子，三种材料的ZT均随着载流子的浓度先增大后减小。考虑温度效应后，只有STe$_2$的N型及SeTe$_2$的N型和P型ZT随着温度的增大而减小，而其他类型并没有明显的规律。这主要是由塞贝克系数、电导率、电子热导率和晶格热导率之间有耦合效应，相互制衡且都随着温度的变化而变化导致的。因此，ZT与温度之间并没有明确的规律可循。在温度为300 K时，STe$_2$、SeTe$_2$和Se$_2$Te的N型（P型）载流子掺杂的最大ZT值分别为2.11（2.09）、3.28（4.24）和3.40（6.51），基本

可以与经典的热电材料 SnSe（2.63, 2.46）、SnS（1.75, 1.88）、GeSe（1.99, 1.73）[112]
相媲美，甚至优于这些经典的热电材料。这表明其是性能优异的热电材料，在
热电器件应用中存在巨大的潜力。

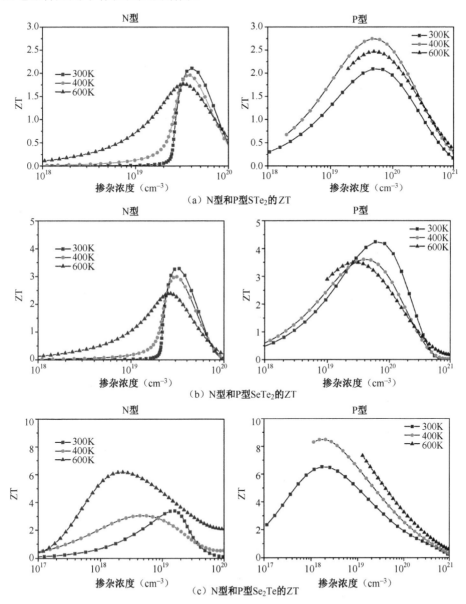

图 7.17　STe₂、SeTe₂ 和 Se₂Te 的 ZT 与掺杂浓度和温度的关系

7.4 本章小结

本章通过第一性原理计算系统地研究了 Janus 结构VIA族二元化合物（STe_2、$SeTe_2$ 和 Se_2Te）的本征电子结构、Rashba 自旋劈裂、六边形翘曲效应、压电性质和热电性质，以及双轴应变对能带和 Rashba 劈裂的调控。研究结果表明：

（1）在所有的 Janus 二元VIA族化合物中只有 STe_2、$SeTe_2$ 和 Se_2Te 均满足动力学稳定性和能量稳定性。Janus STe_2、$SeTe_2$ 和 Se_2Te 均为间接带隙半导体，对应的带隙分别为 1.23 eV、0.98 eV、1.06 eV。双轴应变可以通过改变 VBM 和 CBM 对应的本征能量而灵活地调控能带带隙，增强其在纳米光电子器件领域的应用。

（2）考虑到强的 SOC 效应及中心反演对称性和镜面对称破缺，STe_2、$SeTe_2$ 和 Se_2Te 在位于Γ点的 CBM 处的线性 Rashba 参数 α_R 的值分别为 0.19 eV Å、0.39 eV Å 和 0.34 eV Å，自旋投影纹理图也印证了在Γ点附近存在典型的线性 Rashba 劈裂。另外，双轴应变可以有效地调控 Rashba 参数，尤其是拉伸应变可以显著地增大 Rashba 参数，表明其是一种有前途的自旋电子器件材料。另外，在大的等能面上出现了非平凡的 S_z 分量，并且出现了六边形的翘曲效应，这主要是由哈密顿量中 k^3 项引起的。

（3）由于 Janus STe_2、$SeTe_2$ 和 Se_2Te 的 z 轴方向上镜面不对称，导致静电势梯度（$\Delta\phi$）约为 0.5 eV，且垂直方向上极化强度的关系满足：$Se_2Te > SeTe_2 > STe_2$，这与谷极化强度关系是一致的。

（4）由于反转对称和镜面对称破缺，STe_2、$SeTe_2$、Se_2Te 具有优异的面内和面外压电性质。STe_2、$SeTe_2$、Se_2Te 单层的面内（外）压电系数 d_{11}（d_{31}）分别为 39.21 pm/V（0.4 pm/V）、14.45 pm/V（0.2 pm/V）、19.31 pm/V（0.26 pm/V）远大于大多数报道的 Janus 单分子层 MoXY、WXY、SnSSe，说明其可以应用于压电器件领域。

（5）在温度 300 K 时，STe_2、$SeTe_2$ 和 Se_2Te 的 N 型（P 型）载流子掺杂的最大 ZT 值分别为 2.11（2.09）、3.28（4.24）和 3.40（6.51），基本可以与经典的热电材料 SnSe 相媲美，表明其是优良的热电材料。

本章参考资料

[1]　MOLLE A, GRAZIANETTI C, TAO L, et al. Silicene, Silicene Derivatives, and Their Device Applications. Chem. Soc. Rev., 2018, 47: 6370.

[2]　DAVILA M E, XIAN L, CAHANGIROV S, et al. Germanene: A Novel Two-Dimensional Germanium Allotrope Akin to Graphene and Silicene. New J. Phys., 2014, 16: 10.

[3]　LIU L, FENG Y P, SHEN Z X. Structural and Electronic Properties of h-BN. Phys. Rev. B, 2003, 68: 104102.

[4]　LI L K, YU Y J, YE G J, et al. Black Phosphorus Field-Effect Transistors. Nat. Nanotechnol., 2014, 9: 372.

[5]　ATACA C, SAHIN H, CIRACI S. Stable, Single-Layer MX_2 Transition-Metal Oxides and Dichalcogenides in a Honeycomb-Like Structure. J. Phys. Chem. C, 2012, 116: 8983.

[6]　WANG Q H, KALANTAR-ZADEH K, KIS A, et al. Electronics and Optoelectronics of Two-Dimensional Transition Metal Dichalcogenides. Nat. Nanotechnol., 2012, 7: 699.

[7]　YIN Z Y, LI H, LI H, et al. Single-Layer MoS_2 Phototransistors. ACS Nano, 2012, 6: 74.

[8]　RADISAVLJEVIC B, RADENOVIC A, BRIVIO J, et al. Single-layer MoS_2 Transistors. Nat. Nanotechnol., 2011, 6: 147.

[9]　ZHUANG H L, JOHANNES M D, BLONSKY M N. Computational Prediction and Characterization of Single-Layer CrS_2. Appl. Phys. Lett., 2014, 104: 022116.

[10]　HABIB M R, WANG S, WANG W, et al. Electronic Properties of Polymorphic Two-Dimensional Layered Chromium Disulphide. Nanoscale, 2019, 11: 20123.

[11]　YUAN X, YANG M, WANG L, et al. Structural Stability and Intriguing Electronic Properties of Two-Dimensional Transition Metal Dichalcogenide Alloys. Phys. Chem. Chem. Phys., 2017, 19: 13846.

[12]　ZHAO P, LIANG Y, MA Y, et al. Janus Chromium Dichalcogenide Monolayers with Low Carrier Recombination for Photocatalytic Overall Water-Splitting

under Infrared Light. J. Phys. Chem. C, 2019, 123: 4186.

[13] DUERLOO K A N, ONG M T, REED E J. Intrinsic Piezoelectricity in Two-Dimensional Materials. J. Phys. Chem. Lett., 2012, 3: 2871.

[14] WU W, WANG L, LI Y, et al. Piezoelectricity of Single-Atomic-Layer MoS$_2$ for Energy Conversion and Piezotronics. Nature, 2014, 514: 470.

[15] ZHU H, WANG Y, XIAO J, et al. Observation of Piezoelectricity in Free-Standing Monolayer MoS$_2$. Nat. Nanotechnol., 2015, 10: 151.

[16] LU A, ZHU H, XIAO J, et al. Janus Monolayers of Transition Metal Dichalcogenides. Nat. Nanotechnol., 2017, 12: 744.

[17] ZHANG J, JIA S, KHOLMANOV I, et al. Janus Monolayer Transition-Metal Dichalcogenides. ACS Nano., 2017, 11: 8192.

[18] THANH V V, VAN N D, TRUONG D V, et al. First-principles Study of Mechanical, Electronic and Optical Properties of Janus Structure in Transition Metal Dichalcogenides. Appl. Surf. Sci., 2020, 526: 146730.

[19] PATEL A, SINGH D, SONVANE Y, et al. High Thermoelectric Performance in Two-Dimensional Janus Monolayer Material WS-X (X = Se and Te). ACS Appl. Mater. Interfaces, 2020, 12: 46212.

[20] YANG X, SINGH D, XU Z, et al. An Emerging Janus MoSeTe Material for Potential Applications in Optoelectronic Devices. J. Mater. Chem. C, 2019, 7: 12312.

[21] DONG L, LOU J, SHENOY V B. Large in-Plane and Vertical Piezoelectricity in Janus Transition Metal Dichalchogenides. ACS Nano., 2017, 11: 8242.

[22] ZHANG Y, YE H, YU Z, et al. First-Principles Study of Square Phase MX$_2$ and Janus MXY (M=Mo, W; X, Y=S, Se, Te) Transition Metal Dichalcogenide Monolayers under Biaxial Strain. Physica E, 2019, 110: 134.

[23] ER D, YE H, FREY N C, et al. Prediction of Enhanced Catalytic Activity for Hydrogen Evolution Reaction in Janus Transition Metal Dichalcogenides. Nano Lett., 2018, 18: 3943.

[24] MA X, WU X, WANG H, et al. A Janus MoSSe Monolayer: A Potential Wide Solar-Spectrum Water-Splitting Photocatalyst with a Low Carrier Recombination Rate. J. Mater. Chem. A, 2018, 6: 2295.

[25] BYCHKOV Y A, RASHBA E. Properties of 2D Electron Gas with Lifted Spectral Degeneracy. Jetp Lett., 1984, 39: 78.

[26] DI X, LIU G B, FENG W, et al. Coupled Spin and Valley Physics in Monolayers of MoS_2 and Other Group-VI Dichalcogenides. Phys. Rev. Lett., 2012, 108: 196802.

[27] ZENG H, DAI J, YAO W, et al. Valley Polarization in MoS_2 Monolayers by Optical Pumping. Nat. Nanotechnol., 2012, 7: 490.

[28] CHEN Y, LIU J Y, YU J B, et al. Symmetry-Breaking Induced Large Piezoelectricity in Janus Tellurene Materials. Phys. Chem. Chem. Phys., 2019, 21: 1207.

[29] CHEN S B, CHEN X R, ZENG Z Y, et al. The Coexistence of Superior Intrinsic Piezoelectricity and Thermoelectricity in Two-Dimensional Janus Alpha-TeSSe. Phys. Chem. Chem. Phys., 2021, 23: 26955.

[30] LIN Z Y, WANG C, CHAI Y. Emerging Group-VI Elemental 2D Materials: Preparations, Properties and Device Applications. Small, 2020, 16: 16.

[31] GAO Z, TAO F, REN J. Unusually Low Thermal Conductivity of Atomically Thin 2D Tellurium. Nanoscale, 2018, 10: 12997.

[32] LIN C, CHENG W D, CHAI G, et al. Thermoelectric Properties of Two-Dimensional Selenene and Tellurene from Group-VI Elements. Phys. Chem. Chem. Phys., 2018, 20: 24250.

[33] RAMÍREZ-MONTES L, LÓPEZ-PÉREZ W, GONZÁLEZ-HERNÁNDEZ R, et al. Large Thermoelectric Figure of Merit in Hexagonal Phase of 2D Selenium and Tellurium. Int. J. Quantum Chem., 2020, 120: 26267.

[34] CHEN S, TAO W, ZHOU Y, et al. Novel Thermoelectric Performance of 2D 1T- Se_2Te and $SeTe_2$ with Ultralow Lattice Thermal Conductivity but High Carrier Mobility. Nanotechnology, 2021, 32: 455401.

[35] ZHONG X, HUANG Y, YANG X. Superior Thermoelectric Performance of α-Se_2Te Monolayer. Mater. Res. Express, 2021, 8: 045507.

[36] KRESSE G, FURTHMÜLLER J. Efficient Iterative Schemes for Ab Initio Total-Energy Calculations Using a Plane-Wave Basis Set. Phys. Rev. B, 1996, 54: 11169.

[37] KRESSE G, FURTHMÜLLER J. Efficiency of Ab-Initio Total Energy Calculations For Metals And Semiconductors Using A Plane-Wave Basis Set. Comp. Mater. Sci., 1996, 6: 15.

[38] KRESSE G, JOUBERT D. From Ultrasoft Pseudopotentials to the Projector Augmented-Wave Method. Phys. Rev. B, 1999, 59: 1758.

[39] PERDEW J P, BURKE K, ERNZERHOF M. Generalized Gradient Approximation Made Simple. Phys. Rev. Lett., 1996, 77: 3865.

[40] MONKHORST H J, PACK J D. Special Points for Brillouin-Zone Integrations. Phys. Rev. B, 1976, 13: 5188.

[41] YIN H, GAO J, ZHENG G, et al. Giant Piezoelectric Effects in Monolayer Group-V Binary Compounds with Honeycomb Phases: A First-Principles Prediction. J. Mater. Chem. C, 2017, 121: 25576.

[42] WANG V, XU N, LIU J C, et al. VASPKIT: A User-Friendly Interface Facilitating High-Throughput Computing and Analysis Using VASP Code. Comput. Phys. Commun., 2021, 267: 108033.

[43] BLONSKY M N, ZHUANG H L, SINGH A K, et al. Ab Initio Prediction of Piezoelectricity in Two-Dimensional Materials. ACS Nano, 2015, 9: 9885.

[44] GUO S D, GUO X S, ZHANG Y Y, et al. Small Strain Induced Large Piezoelectric Coefficient in α-AsP Monolayer. J. Alloys Compd., 2020, 822: 153577.

[45] GUO S D, GUO X S, HAN R Y, et al. Predicted Janus SnSSe Monolayer: A Comprehensive First-Principles Study. Phys. Chem. Chem. Phys., 2019, 21: 24620.

[46] LIU L, ZHUANG H L L. Single-Layer Ferromagnetic and Piezoelectric CoAsS with Pentagonal Structure. APL Mater., 2019, 7: 011101.

[47] TOGO A, OBA F, TANAKA I. First-Principles Calculations of the Ferroelastic Transition Between Rutile-Type and CaCl$_2$-type SiO$_2$ at High Pressures. Phys. Rev. B, 2008, 78: 134106.

[48] BARONI S, DE GIRONCOLI S, DAL CORSO A, et al. Phonons and Related Crystal Properties from Density-Functional Perturbation Theory. Rev. Mod. Phys., 2001, 73: 515.

[49] LI W, CARRETE J, A. KATCHO N, et al. ShengBTE: A Solver of the Boltzmann Transport Equation for Phonons. Comput. Phys. Commun., 2014, 185: 1747.

[50] ZHU Z L, CAI X L, YI S H, et al. Multivalency-Driven Formation of Te-Based Monolayer Materials: A Combined First-Principles and Experimental Study. Phys. Rev. Lett., 2017, 119: 106101.

[51] CAI X, HAN X, ZHAO C, et al. Tellurene: An Elemental 2D Monolayer Material beyond Its Bulk Phases without Van Der Waals Layered Structures. J. Semicon., 2020, 41: 081002.

[52] SHARMA M. Stability, Tunneling Characteristics and Thermoelectric Properties of $TeSe_2$ Allotropes. Mater. Sci. Eng. B, 2022, 280: 115692.

[53] SINGH J, JAKHAR M, KUMAR A. Stability, Optoelectronic and Thermal Properties of Two-Dimensional Janus α-Te_2S. Nanotechnology, 2022, 33: 215405.

[54] JIANG J W, WANG B S, WANG J S, et al. A Review on the Flexural Mode of Graphene: Lattice Dynamics, Thermal Conduction, Thermal Expansion, Elasticity and Nanomechanical Resonance. J. Phys.: Condens. Matter, 2015, 27: 083001.

[55] SINGH S, ROMERO A H. Giant Tunable Rashba Spin Splitting in a Two-Dimensional BiSb Monolayer and in BiSb/AlN Heterostructures. Phys. Rev. B, 2017, 95: 165444.

[56] YU W, NIU C-Y, ZHU Z, et al. Atomically Thin Binary V–V Compound Semiconductor: A First-Principles Study. J. Mater. Chem. C, 2016, 4: 6581.

[57] ZHENG H, LI X B, CHEN N K, et al. Monolayer II-VI Semiconductors: A First-Principles Prediction. Phys. Rev. B, 2015, 92: 115307.

[58] WANG H, LI Q, GAO Y, et al. Strain Effects on Borophene: Ideal Strength, Negative Possion's Ratio and Phonon Instability. New J. Phys., 2016, 18: 073016.

[59] SPLENDIANI A, SUN L, ZHANG Y B, et al. Emerging Photoluminescence in Monolayer MoS_2. Nano. Lett., 2010, 10: 1271.

[60] ZHUANG H L, HENNIG R G. Computational Search for Single-Layer Transition-Metal Dichalcogenide Photocatalysts. J. Phys. Chem. C, 2013, 117: 20440.

[61] CAPPELLUTI E, GRIMALDI C, MARSIGLIO F. Topological Change of the Fermi Surface in Low-Density Rashba Gases: Application to Superconductivity. Phys. Rev. Lett., 2007, 98: 167002.

[62] DI SANTE D, BARONE P, BERTACCO R, et al. Electric Control of the Giant Rashba Effect in Bulk GeTe. Adv. Mater., 2013, 25: 509.

[63] LIU G, ZHANG P, WANG Z, et al. Spin Hall Effect on the Kagome Lattice with Rashba Spin-Orbit Interaction. Phys. Rev. B, 2009, 79: 035323.

[64] IDEUE T, YE L, CHECKELSKY J G, et al. Thermoelectric Probe for Fermi Surface Topology in the Three-Dimensional Rashba Semiconductor BiTeI. Phys. Rev. B, 2015, 92: 115144.

[65] MATHIAS S, RUFFING A, DEICKE F, et al. Quantum-Well-Induced Giant Spin-Orbit Splitting. Phys. Rev. Lett., 2010, 104: 066802.

[66] YUAN H, BAHRAMY M S, MORIMOTO K, et al. Zeeman-Type Spin Splitting Controlled by an Electric Field. Nat. Phys., 2013, 9: 563.

[67] CHEN J, WU K, HU W, et al. Spin-Orbit Coupling in 2D Semiconductors: A Theoretical Perspective. J. Phys. Chem. Lett., 2021, 12: 12256.

[68] PARK S R, KIM C. Microscopic mechanism for the Rashba Spin-Band Splitting: Perspective from Formation of Local Orbital Angular Momentum. J. Electron. Spectrosc. Relat. Phenom., 2015, 201: 6.

[69] YUAN H, BAHRAMY M S, MORIMOTO K, et al. Zeeman-Type Spin Splitting Controlled by an Electric Field. Nat. Phys., 2013, 9: 563.

[70] BAHRAMY M S, YANG B J, ARITA R, et al. Emergence of Non-Centrosymmetric Topological Insulating Phase in Bitei under Pressure. Nat. Commun., 2012, 3: 679.

[71] ZHU Z Y, CHENG Y C, SCHWINGENSCHLÖGL U. Giant Spin-Orbit-Induced Spin Splitting in Two-Dimensional Transition-Metal Dichalcogenide Semiconductors. Phys. Rev. B, 2011, 84: 153402.

[72] CHENG Y C, ZHU Z Y, TAHIR M, et al. Spin-Orbit–Induced Spin Splittings in Polar Transition Metal Dichalcogenide Monolayers. Epl, 2013, 102: 57001.

[73] BAHRAMY M S, ARITA R, NAGAOSA N. Origin of Giant Bulk Rashba Splitting: Application to BiTeI. Phys. Rev. B, 2011, 84: 041202.

[74] YANG W, GUAN Z, WANG H, et al. Ideal Strength and Strain Engineering of the Rashba Effect in Two-Dimensional BiTeBr. Phys. Chem. Chem. Phys., 2021, 23: 6552.

[75] ZHUANG H L, COOPER V R, XU H, et al. Rashba Effect in Single-Layer Antimony Telluroiodide SbTeI. Phys. Rev. B, 2015, 92: 115302.

[76] YAO Q F, CAI J, TONG W Y, et al. Manipulation of the Large Rashba Spin Splitting in Polar Two-Dimensional Transition-Metal Dichalcogenides. Phys. Rev. B, 2017, 95: 165401.

[77] LI F, WEI W, ZHAO P, et al. Electronic and Optical Properties of Pristine and Vertical and Lateral Heterostructures of Janus MoSSe and WSSe. J. Phys. Chem. Lett., 2017, 5959.

[78] CHEN J, WU K, MA H, et al. Tunable Rashba Spin Splitting in Janus Transition-Metal Dichalcogenide Monolayers via Charge Doping. RSC Adv., 2020, 10: 6388.

[79] ZHANG Q, SCHWINGENSCHLÖGL U. Rashba Effect and Enriched Spin-Valley Coupling in GaX/MX$_2$ (M = Mo, W; X = S, Se, Te) Heterostructures. Phys. Rev. B, 2018, 97: 155415.

[80] RANI R, SHARMA M, SHARMA R. Optical Anisotropy in Bare and Janus Tellurene Allotropes from Ultraviolet to Visible Region: A First Principle Study. Mater. Sci. Eng., B, 2021, 265: 115014.

[81] HERATH U, TAVADZE P, HE X, et al. PyProcar: A Python Library for Electronic Structure Pre/Post-Processing. Comput. Phys. Commun., 2020, 251: 107080.

[82] VAJNA S, SIMON E, SZILVA A, et al. Higher-Order Contributions to the Rashba-Bychkov Effect with Application to the Bi/Ag(111) Surface Alloy. Phys. Rev. B, 2012, 85: 075404.

[83] CHENG C, SUN J T, CHEN X R, et al. Nonlinear Rashba Spin Splitting in Transition Metal Dichalcogenide Monolayers. Nanoscale, 2016, 8: 17854.

[84] FU L. Hexagonal Warping Effects in the Surface States of the Topological Insulator Bi$_2$Te$_3$. Phys. Rev. Lett., 2009, 103: 266801.

[85] CHANG C H, FAN X, LIN S H, et al. Orbital Analysis of Electronic Structure

and Phonon Dispersion in MoS_2, $MoSe_2$, WS_2 and WSe_2 Monolayers under Strain. Phys. Rev. B, 2013, 88: 195420.

[86] SCALISE E, HOUSSA M, POURTOIS G, et al. Strain-Induced Semiconductor to Metal Transition in the Two-Dimensional Honeycomb Structure of MoS_2. Nano. Res., 2012, 5: 43.

[87] YUE Q, KANG J, SHAO Z, et al. Mechanical and Electronic Properties of Monolayer MoS_2 under Elastic Strain. Phys. Lett. A, 2012, 376: 1166.

[88] MA Y, DAI Y, WEI W, et al. Emergence of Electric Polarity in BiTeX (X = Br and I) Monolayers and the Giant Rashba Spin Splitting. Phys. Chem. Chem. Phys., 2014, 16: 17603.

[89] KOUMPOURAS K, LARSSON J A. Distinguishing between Chemical Bonding and Physical Binding Using Electron Localization Function (ELF). J. Phys.: Condens. Matter, 2020, 32: 315502.

[90] HAO J, LI W, ZHAI J, et al. Progress in High-Strain Perovskite Piezoelectric Ceramics. Mater. Sci. Eng. R Rep., 2019, 135: 1.

[91] CHEN S B, ZENG Z Y, CHEN X R, et al. Strain-induced Electronic Structures, Mechanical Anisotropy, and Piezoelectricity of Transition-Metal Dichalcogenide Monolayer CrS_2. J. Appl. Phys., 2020, 128: 125111.

[92] ALYÖRÜK M M, AIERKEN Y, ÇAKIR D, et al. Promising Piezoelectric Performance of Single Layer Transition-Metal Dichalcogenides and Dioxides. J. Phys. Chem. C, 2015, 119: 23231.

[93] FEI R, LI W, LI J, et al. Giant Piezoelectricity of Monolayer Group IV Monochalcogenides: SnSe, SnS, GeSe, and GeS. Appl. Phys. Lett., 2015, 107: 173104.

[94] YIN H, GAO J, ZHENG G P, et al. Giant Piezoelectric Effects in Monolayer Group-V Binary Compounds with Honeycomb Phases: A First-Principles Prediction. J. Phys. Chem. C, 2017, 121: 25576.

[95] GUO Y, ZHOU S, BAI Y Z, et al. Enhanced Piezoelectric Effect in Janus Group-III Chalcogenide Monolayers. Appl. Phys. Lett., 2017, 110: 163102.

[96] ZHANG L, TANG C, ZHANG C, et al. First-Principles Screening of Novel Ferroelectric Mxene Phases with a Large Piezoelectric Response and Unusual

Auxeticity. Nanoscale, 2020, 12: 21291.

[97]　LI X, ZHANG Z, XI J, et al. TransOpt. A Code to Solve Electrical Transport Properties of Semiconductors in Constant Electron-Phonon Coupling Approximation. Comp. Mater. Sci., 2021, 186: 110074.

[98]　SNYDER G J, TOBERER E S. Complex Thermoelectric Materials. Nat. Mater., 2008, 7: 105.

[99]　OH J Y, LEE J H, HAN S W, et al. Chemically Exfoliated Transition Metal Dichalcogenide Nanosheet-Based Wearable Thermoelectric Generators. Energy Environ.Sci., 2016, 9: 1696.

[100]　NG H K, ABUTAHA A, VOIRY D, et al. Effects of Structural Phase Transition on Thermoelectric Performance in Lithium-Intercalated Molybdenum Disulfide [Li (x)MoS$_{(2)}$]. ACS Appl. Mater. Interfaces, 2019, 11: 12184.

[101]　HEREMANS J P, JOVOVIC V, TOBERER E S, et al. Enhancement of Thermoelectric Efficiency in PbTe by Distortion of the Electronic Density of States. Science, 2008, 321: 554.

[102]　ZHAO L D, TAN G, HAO S, et al. Ultrahigh Power Factor and Thermoelectric Performance in Hole-Doped Single-Crystal SnSe. Science, 2016, 351: 141.

[103]　HIPPALGAONKAR K, WANG Y, YE Y, et al. High Thermoelectric Power Factor in Two-Dimensional Crystals of MoS$_2$ Phys. Rev. B, 2017, 95: 115407.

[104]　QIN G, QIN Z, WANG H, et al. On the Diversity in the Thermal Transport Properties of Graphene: A First-Principles-Benchmark Study Testing Different Exchange-Correlation Functionals. Comp. Mater. Sci., 2018, 151: 153.

[105]　QIN G, HU M. Accelerating Evaluation of Converged Lattice Thermal Conductivity. Npj. Comput. Mater., 2018, 4: 3.

[106]　WANG N, SHEN C, SUN Z, et al. High-Temperature Thermoelectric Monolayer Bi$_2$TeSe$_2$ with High Power Factor and Ultralow Thermal Conductivity. ACS Appl. Energ. Mater., 2022, 5: 2564.

[107]　WANG N, GONG H, SUN Z, et al. Boosting Thermoelectric Performance of 2D Transition-Metal Dichalcogenides by Complex Cluster Substitution: The Role of Octahedral Au6 Clusters. ACS Appl. Energ. Mater., 2021, 4: 12163.

[108]　HELLMAN O, STENETEG P, ABRIKOSOV I A, et al. Temperature

Dependent Effective Potential Method for Accurate Free Energy Calculations of Solids. Phys. Rev. B, 2013, 87: 104111.

[109] GAO Z, LIU G, REN J. High Thermoelectric Performance in Two-Dimensional Tellurium: An Ab Initio Study. ACS Appl. Mater. Interfaces, 2018, 10: 40702.

[110] LIU G, GAO Z, LI G L, et al. Abnormally Low Thermal Conductivity of 2D Selenene: An Ab Initio Study. J. Appl. Phys., 2020, 127: 065103.

[111] LIN C, CHENG W, CHAI G, et al. Thermoelectric Properties of Two-Dimensional Selenene and Tellurene from Group-VI Elements. Phys. Chem. Chem. Phys., 2018, 20: 24250.

[112] SHAFIQUE A, SHIN Y H. Thermoelectric and Phonon Transport Properties of Two-Dimensional IV-VI Compounds. Sci. Rep., 2017, 7: 506.

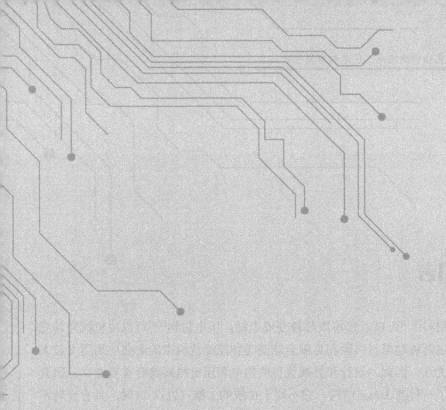

第 8 章

Janus ⅥA 族三元化合物的压电、热电性质和 Rashba 效应的理论研究

8.1 引言

热电材料[1, 2]可以直接将废热转变成电能，压电材料[3-6]可以将机械能转变为电能，这两种功能材料因在克服全球变暖和能源危机中的潜在应用而引起人们极大的关注。因此，设计和寻找优良的热电和压电材料具有重要意义。研究人员发现了一种新 Janus 结构，它不同于传统的二维（2D）材料，具有反转不对称的特殊结构。Janus 二元化合物因其新颖的物理和化学性质及在电子、光电子、压电和热电等领域的潜在应用而备受关注[3, 5, 7-10]。自 2017 年 Li 等[10]采用化学气相沉积法（CVD）首次成功地通过 MoS_2 合成 Janus MoSSe 单层后，典型的 Janus 过渡金属硫化物（TMDs）[5, 8, 11-16]得到了广泛的研究。与 MoS_2 相比，Janus 过渡金属硫化物单层缺乏中心金属原子的反射对称性，导致面外电极化。因此，修改固有中心对称性传统 2D 材料以形成 Janus 结构是产生压电特性的有效方法[17]。

材料的性质与材料的晶体结构密切相关。典型的 2H（γ）相和 1T（α）相通常存在于 2D 类石墨烯六边形结构中[9, 15, 18, 19]。在VIB族过渡金属硫化物/氧化物[18, 19]中，2H 相通常比 1T 相稳定。而在VIA族二维硒和碲中，1T 相六方结构比 2H 相六方结构更稳定[20-22]。近年来，一个新的二维材料家族——二维VIA族元素材料出现在人们的视野中。这类材料具有优异的性能，如高载流子迁移率、高光电导率和热电响应[23]。2017 年，Zhu 等[22]和 Chen 等[24]利用分子束外延技术在高取向热解石墨（HOPG）基板上成功合成碲烯。随后，基于液相剥离，Xie 等[25]也合成了具有优异的电子传输特性[26]的碲烯薄膜。该碲烯薄膜在场效应晶体管[27]领域有重要的应用。此外，资料[20, 28]表明，碲烯和硒烯由于其超低的晶格热导率 k_l 而具有非凡的热电性能。最近的研究也证明，由 Te 和 Se 元素组成的化合物具有优异的热电和电子传输性能[30, 31]。迄今为止，还没有关于二维VIA族 Janus 三元化合物的压电和热电性质的理论和实验研究的报道。

与传统的 Janus 过渡金属硫化物不同，VIA 族 Janus 三元化合物的中心原子不是过渡金属。此外，碲烯[20, 28, 29]和硒烯[20, 28]具有迄今为止单元素 2D 材料家族中最低的晶格热导率。结合上述独特的 Janus 结构和超低的晶格热导率，我们猜想由碲和硒组成的VIA 族 Janus 三元化合物可能具有优异的压电和热电性能。受此启发，我们系统研究了 2H 相和 1T 相结构的VIA 族 Janus 三元化合物。

8.2　理论模型和计算细节

本章的压电和热电性质的计算是使用基于第一性原理的 VASP[32, 33]软件中的投影缀加波赝势（PAW）方法进行的。交换关联势采用局域密度近似（LDA）方法。用 500 eV 截断能控制平面波基组的大小。密集的 $14 \times 14 \times 1$ **k** 和 $24 \times 24 \times 1$ **k** 网格分别用于对布里渊区进行采样以进行结构优化和能带结构计算。z 轴方向上的晶格矢量大于 15 Å。晶格常数和原子位置都完全弛豫，直到每个原子上的残余能小于 10^{-3} eV/Å，且总能的变化要小于 10^{-8}eV。为测试热力学稳定性，从头算分子动力学（AIMD）在 300 K 的条件下执行 5 ps，时间步长为 1 fs。采用能量–应变法[4, 34, 35]计算材料的弹性系数 C_{ij}，运用密度泛函微扰理论（DFPT）[6, 36-38]计算压电应力系数 e_{ij}。鉴于三维周期性边界条件，二维材料压电应力系数需要通过对应 2D 层间距 z 晶格参数重新归一化得到[6, 39, 40]：$e_{ij}^{2D} = ze_{ij}^{3D}$。结合已经计算的弹性系数 C_{ij} 和压电应力系数 e_{ij}，可以通过 $e_{ij}=d_{ik}C_{kj}$ 得到表征压电能量转换效率的压电应变系数 d_{ij}。

采用 TransOpt 代码[41]计算电子输运系数，它可以有效避免能带交叉问题，且比常数弛豫时间近似（CRTA）更准确。TransOpt 采用常数电子–声子耦合近似（CEPCA）的弛豫时间方法求解电子波尔兹曼方程。弛豫时间对电子输运至关重要，但是实际求解弛豫时间的过程非常复杂，因为弛豫时间 τ_k 与声子、杂质和缺陷的散射机制紧密相关。所以在求解弛豫时间的过程中通常采用近似处理。如果只考虑本征电子–声子散射机制，弛豫时间 τ_k 可以表示为[41-43]：

$$\frac{1}{\tau_{nk}} = \frac{2\pi}{\hbar} \sum_{mk'\lambda} \left| g_{mk',nk}^{\lambda} \right|^2 \left[\left(f_{mk'} + n_{q\lambda} \right) \delta \left(\varepsilon_{mk}, -\varepsilon_{nk} - \hbar\omega_{q\lambda} \right) \delta_{k+q,k} + \right.$$
$$\left. \left(1 + n_{q\lambda} - f_{mk} \right) \delta \left(\varepsilon_{mk}, -\varepsilon_{nk} + \hbar\omega_{q\lambda} \right) \delta'_{k-q,k} \right] \tag{8.1}$$

式中，k 和 q 分别表示倒易空间 K 坐标和动量。$\left| g_{mk',nk}^{\lambda} \right|$ 是电声耦合矩阵元，$\delta \left(\varepsilon_{mk}, -\varepsilon_{nk} - \hbar\omega_{q\lambda} \right)$ 和 $\delta \left(\varepsilon_{mk}, -\varepsilon_{nk} + \hbar\omega_{q\lambda} \right)$ 分别是声子 $\omega_{q\lambda}$ 吸收和发射，$n_{q\lambda}$ 表示玻色爱因斯坦分布下的声子数。f_{mk} 是费米-狄拉克分布函数。

在声子输运的计算中，二阶力常数（谐波）采用密度泛函微扰理论计算，使用了一个 5×5×1 的超胞，**k** 点网格设置为 3×3×1。得到二阶力常数矩阵后，再通过对角化力常数矩阵可以得到声子频率。三阶力常数（非谐波）采用有限位移法[44,45]进行计算，采用 4×4×1 的超胞，同时考虑第三阶最近邻原子间的相互作用。晶格热导率是使用 ShengBTE 代码[46]迭代求解声子玻尔兹曼输运方程获得的。经过收敛测试，选取的声子 **q** 点取样网格为 55×55×1，展宽为 0.7。

8.3 结果与讨论

8.3.1 结构与稳定性

典型的 2D 类石墨烯六方结构主要包含 2H（γ）和 1T（α）[9, 15, 18, 19]相。这里我们专注属于 P3m1（No.156）空间群的 1T 相VIA族三元 Janus 结构。这种 Janus 结构因为两侧是不同元素的原子，所以中心不对称。根据中心位置的原子种类研究 2H 相和 1T 相的六个 Janus 单分子层，它们的结构如图 8.1 所示。首先使用 PHONOPY 代码[44]计算声子谱来判断这六个 Janus 结构的动力学稳定性。计算的声子谱如图 8.2 所示，发现只有 Janus α-TeSSe 是动力学稳定的，因为没有虚频存在，其他 5 种结构的声子谱均出现明显的虚频。因此，只研究了 α-TeSSe 单层的物理性质。α-TeSSe 具有类 1T 相 MoS$_2$ 结构，属于 C_{3v} 点群对称性。结构完全弛豫后，得到 $a=b=3.905$ Å 的晶格常数，并且垂直厚度为 3.195 Å。考虑到元素的范德华（vdW）半径，有效厚度为 6.895 Å[29]。

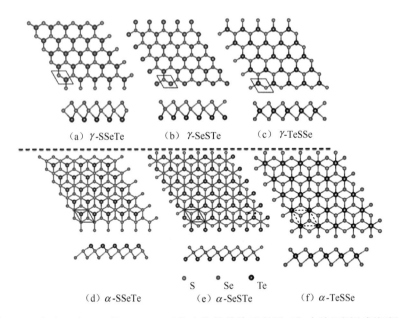

(a) γ-SSeTe　　(b) γ-SeSTe　　(c) γ-TeSSe

S　　Se　　Te

(d) α-SSeTe　　(e) α-SeSTe　　(f) α-TeSSe

图 8.1　γ-相和 α-相 VIA 族 Janus 三元化合物的结构示意图（包含俯视图和侧视图）

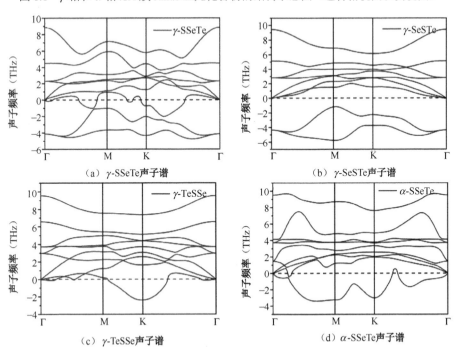

（a）γ-SSeTe声子谱　　　　　　　　（b）γ-SeSTe声子谱

（c）γ-TeSSe声子谱　　　　　　　　（d）α-SSeTe声子谱

图 8.2　γ 相和 α 相的 VIA 族 Janus 三元单层的声子谱

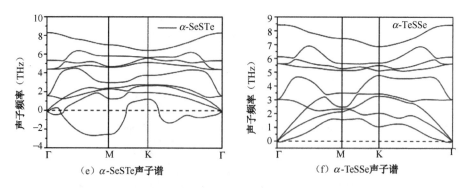

（e）α-SeSTe声子谱　　　　　　　　（f）α-TeSSe声子谱

图8.2 γ相和α相的VIA族Janus三元单层的声子谱（续）

为进一步判断α-TeSSe的能量稳定性，根据公式 $E_c = \dfrac{E_{TeSSe} - E_{Te} - E_S - E_{Se}}{n}$ 计算了其内聚能 E_c。式中，E_{TeSSe} 表示纯单层的总能量，E_{Te}、E_S 和 E_{Se} 分别表示孤立的 Te、S 和 Se 原子的能量，n 是每个晶胞的原子个数。α-TeSSe 单层的 E_c 为负值（−0.214 eV/atom），这意味着它具有能量稳定性。然后，通过从头算分子动力学（AIMD）模拟测试 α-TeSSe 单层的热稳定性，如图8.3所示。从图8.3可以看出没有出现断裂的键或结构重构，并且在 300 K、5 ps 的 AIMD 模拟期间总能量波动很小，说明 α-TeSSe 单层在室温下具有良好的热稳定性。

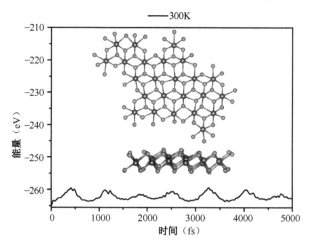

黑色实线表示体系的能量，内插图为 5 ps 后晶体结构的俯视图和侧视图

图8.3 α-TeSSe 单层的从头算分子动力学模拟

8.3.2　电子性质、Rashba 自旋劈裂和自旋投影纹理

图 8.4（a）计算了 α-TeSSe 单层在 PBE、PBE+SOC、HSE06 和 HSE06+SOC 不同势函数下的能带结构。与 HSE06 相比，PBE 计算低估了带隙约 0.5 eV，这与资料[8, 47, 48]一致。通常，当材料中存在重原子时，分裂能级的自旋轨道耦合（SOC）效应在电子能带结构中起到至关重要的作用。因此，为获得准确的电子能带结构，基于 PBE 势和 HSE06 杂化泛函并考虑 SOC 效应来计算能带。值得注意的是，SOC 的加入消除了能带简并性，使导带最大值（CBM）产生了明显的能带分裂。基于 PBE+SOC 和 HSE06+SOC 方法，TeSSe 的带隙分别为 0.476 eV 和 0.953 eV，半导体窄带隙的这一特性有利于热电性能[49, 50]。由于 HSE06+SOC 泛函方案计算的结果更接近实验值，以下相关性质的计算均采用该方法。从图 8.4（b）可以看出，价带最大值（VBM）附近的总态密度（DOS）主要由 S 原子和 Se 原子贡献，而导带底（CBM）附近的 DOS 主要由 Te 原子和 Se 原子贡献。这说明相对较轻的原子在 VBM 附近的 DOS 中占主导地位，而相对较重的原子在 CBM 附近的 DOS 中占主导地位[51]。

为进一步了解化学键特性，计算了局域电荷密度分布（ELF）[52]和巴德电荷[53, 54]。ELF 通过测量原子和分子系统中的电子定域分布[52, 55]来确定两个原子之间的相互作用类型，如化学键合类型（共价键、金属键）和物理键合类型（离子键、vdW 键）。通常，ELF 表示在参考电子附近找到另一个具有相同自旋电子的概率密度，ELF 可以表示为[55, 56]：

$$n(r) = \frac{1}{1 + \chi(r)}, \quad \chi(r) = \frac{D(r)}{D_h(r)} \tag{8.2}$$

其中，$D(r)$ 是电子局域函数，$D_h(r)$ 是均匀电子气函数，它们分别被定义为：

$$D(r) = \frac{1}{2} \sum_{i=1}^{N} \left| \nabla \psi_i(r) \right|^2 - \frac{1}{8} \frac{\left| \nabla \rho(r) \right|}{\rho(r)} \tag{8.3}$$

$$D_h(r) = \frac{3}{10} \left(3\pi^2 \right)^{2/3} \rho(r)^{5/3} \tag{8.4}$$

上式中，电子局域密度定义为动能密度和玻色子动能密度的差，称为 von-Weisäcker 项。$\psi_i(r)$ 是 N 电子系统中第 i 个 Kohn-Sham 轨道波函数，$\rho(r)$ 为电子电荷密度，其公式为 $\rho(r) = \sum_{i=1}^{N} \left| \psi_i(r) \right|^2$。

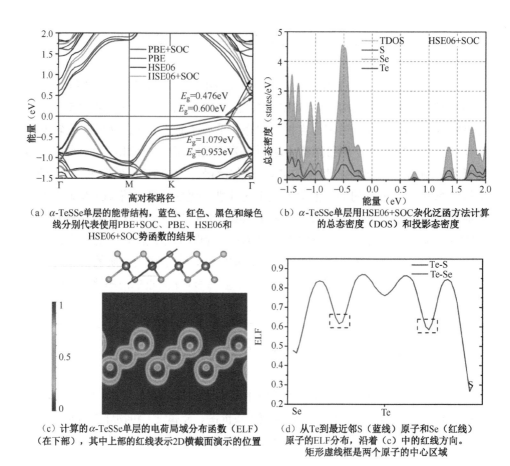

（a）α-TeSSe单层的能带结构，蓝色、红色、黑色和绿色
线分别代表使用PBE+SOC、PBE、HSE06和
HSE06+SOC势函数的结果

（b）α-TeSSe单层用HSE06+SOC杂化泛函方法计算
的总态密度（DOS）和投影态密度

（c）计算的α-TeSSe单层的电荷局域分布函数（ELF）
（在下部），其中上部的红线表示2D横截面演示的位置

（d）从Te到最近邻S（蓝线）原子和Se（红线）
原子的ELF分布，沿着（c）中的红线方向。
矩形虚线框是两个原子的中心区域

图 8.4 α-TeSSe 的电子能带结构、态密度、电荷局域分布函数及电荷局域分布函数的轮廓图

    ELF 在解释化学键类型方面非常有用，它的取值为 0～1[57]，其中 1 对应于电子完全定域化，0.5 表示类电子气概率，0 表示电子完全离域。从图 8.4（c）和图 8.4（d）可以看出，电子局域在给定原子的周围，Te 和 S（Se）之间的 ELF 值均大于 0.5，说明 Te-S 和 Te-Se 之间是共价键。对比第 6 章的研究结果，发现 ELF 与杨氏模量成正相关（见表 8.1），与资料[58]一致，因此可以判断出 1T-SeTe₂ 最柔软，而 α-TeSSe 最坚硬。另外，Bader 电荷分析表明，每个 Te 原子损失 1 e，将 0.59 e 和 0.41 e 分别转移到其周围的 S 和 Se 原子上。另外，差分电荷密度和平面平均差分电荷密度如图 8.5 所示。该计算结果表明从 Te 原子到 S 和 Se 原子的电荷转移与 Bader 分析结论是一致的。结合 ELF、Bader 分析和电荷密度差，可以推断 α-TeSSe 是典型的共价化合物。

表 8.1　理论计算的弛豫离子弹性刚度系数 C_{ij}（N/m）、剪切模量 G（N/m）、杨氏模量 Y（N/m）和应变条件下的泊松比 v

化合物	C_{11}	C_{12}	C_{66}	G	Y	v
α-TeSSe	48.837 48.256[*]	12.213	18.312	18.312	45.784	0.250
1T-Se$_2$Te	44.595[a]	10.699[a]	16.948[a]	16.948[a]	42.028[a]	0.239[a]
	43.64[b]	10.60[b]	—	—	41.06[b]	0.243[b]
1T-SeTe$_2$	37.450[a]	10.231[a]	13.610[a]	13.610[a]	34.655[a]	0.273[a]
	36.19[b]	9.93[b]	—	—	33.47[b]	0.274[b]

[*]表示采用 $C_{2D}=\dfrac{1}{S_0}\dfrac{\partial^2 E}{\partial(\Delta l/l_0)^2}$ 计算弹性常数 C_{11}；a 表示采用文中的计算方法；b 表示采用资料[30]提供的方法

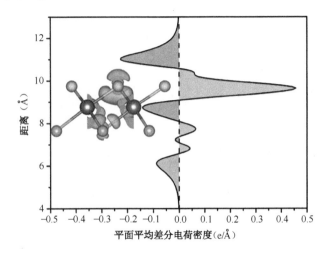

浅蓝色填充区域是电子耗尽区，黄色填充区域是电子积累区

图 8.5　α-TeSSe 单层沿 z 轴方向的差分电荷密度和平面平均差分电荷密度

　　为进一步了解能带特征，我们绘制了原子投影和轨道投影能带结构，如图 8.6 所示。从原子投影能带结构中可以发现，VBM 由 S 和 Se 原子贡献，而 CBM 由 Te 原子贡献。这与图 8.4（b）中 DOS 反映的物理机制一致。此外，从轨道投影能带结构中可以观察到 VBM 主要由 S 和 Se 原子平面内的 p_x+p_y 轨道贡献，而且 S 原子的贡献大于 Se 原子。然而，CBM 显示了 Te 原子的平面外 p_z 轨道占主导作用。也就是说，相对重的原子轨道对 CBM 起主导作用，相对轻的原子轨道对 VBM 起主导作用。

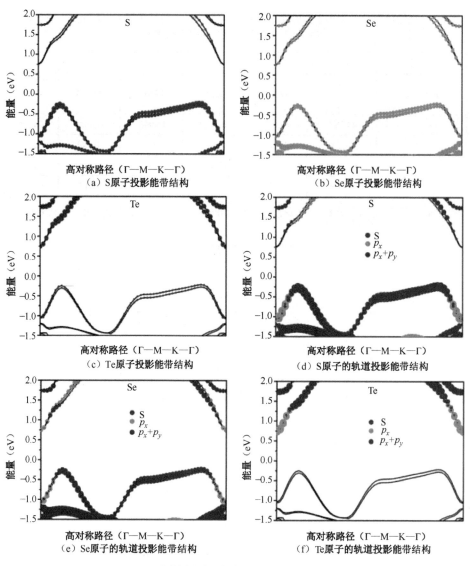

圆圈的半径代表每个原子和轨道的权重

图 8.6　S、Se 和 Te 的原子投影（a-c）和轨道投影（d-f）能带结构

TeSSe 单层 z 轴方向镜面对称破缺及引入 SOC 效应诱导Γ点附近产生 Rashba 自旋劈裂现象，如图 8.7（a）所示。从 CBM 附近的放大图（黄色填充）可以观察到比较微弱的 Rashba 效应，表明其为 Rashba 半导体。为定量地确定 Rashba 自旋分裂的强度，我们根据资料[60]中的公式计算了 Rashba 参数。计算

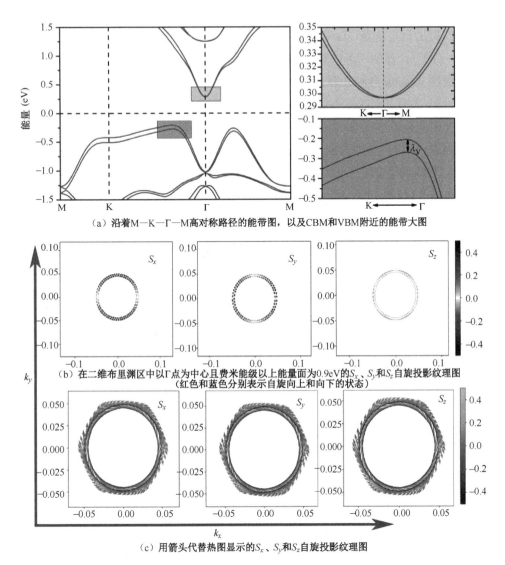

（a）沿着 M—K—Γ—M 高对称路径的能带图，以及 CBM 和 VBM 附近的能带大图

（b）在二维布里渊区中以 Γ 点为中心且费米能级以上能量面为0.9eV的S_x、S_y和S_z自旋投影纹理图
（红色和蓝色分别表示自旋向上和向下的状态）

（c）用箭头代替热图显示的S_x、S_y和S_z自旋投影纹理图

图 8.7　TeSSe 单层的能带结构图和恒定等能面处的自旋投影纹理图

得到 Rashba 自旋劈裂能 E_R= 0.01 meV 和动量偏移 k_R= 0.00187 Å^{-1}，根据公式 $\alpha_R = 2E_R/k_R = 0.011$ eV Å，结合图 8.7 的原子投影和轨道投影图分析，Rashba 自旋劈裂主要由 Te 原子贡献，且 Rashba 自旋极化强度较小是由 Te 原子的 p_z 轨道的 SOC 效应要比其他过渡金属元素 d 轨道的 SOC 效应弱很多导致的。还可以观察到在 VBM 附近存在一个明显的谷极化现象，谷极化能量 λ_V= 60 meV。为验证 Rashba 自旋劈裂的存在，分别计算了在以 Γ 点为中心的 k_x-k_y 平面中自旋

投影纹理的恒定能量 2D 等高线［见图 8.7（b）］和带箭头的自旋投影纹理［见图 8.7（c）］。显然，可以看到自旋向上（红色）和自旋向下（蓝色）电子带的典型线性 Rashba 自旋分裂。进一步分析不同自旋分量（S_x、S_y 和 S_z）在电子带上的投影，发现线性 Rashba 自旋分裂带中主要存在平面内的 S_x 和 S_y 自旋分量，不存在平面外的 S_z 分量。同时，自旋纹理内支和外支分别沿着逆时针和顺时针的方向旋转，再次更加直观地展示了 Rashba 自旋劈裂效应，如图 8.7（c）所示。当增大等能面时出现了非零的 S_z 分量及六边形的翘曲效应，如图 8.8 所示。详细的分析和讨论见上一章。

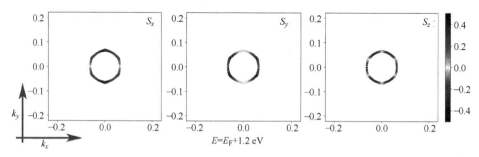

图 8.8　二维布里渊区中以 Γ 点为中心且费米能级以上能量面为 1.2 eV 的 S_x、

S_y 和 S_z 自旋投影纹理图

8.3.3　光吸收系数

在光电子学和纳米电子学中，光学性质是半导体许多重要应用的基础。特别是在光伏发电中，大约 43% 的太阳能来自可见光（VL）[61]，因此研究半导体可见光区域的光吸收特性是有必要的。图 8.9 是 α-TeSSe 的光吸收系数与能量的函数图。根据光子能量区域，将光子能量划分成三个区域：红外线（IR）区、可见光（VL）区和紫外线（UV）区。值得注意的是，面内光吸收系数是各向同性的，因为沿 x 和 y 方向的光吸收系数曲线是完全重合的。在 VL 区，面内光吸收系数大于面外光吸收系数，而在 UV 区则相反。此外，α-TeSSe 在很宽的可见光频率范围内有出色的吸收系数，吸收系数从 $3.3 \times 10^5 \text{cm}^{-1}$ 到 $7.0 \times 10^5 \text{cm}^{-1}$，光吸收系数优于卤化物钙钛矿[62]、Janus 1T-SnSSe[39]、Janus 1T-MoSeTe [15] 和 2H-MXY（M = Mo, W; X 或 Y = S, Se, Te; X≠ Y）[13]，表明 α-TeSSe 在光电子学方面很有应用前景。

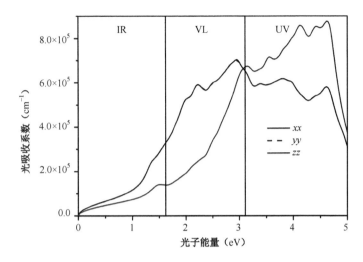

黑色和蓝色虚线分别表示 x 和 y 方向上光的面内偏振的吸收系数，红线表示对应面外偏振的吸收系数

图 8.9　α-TeSSe 的光学吸收系数作为光子能量的函数

8.3.4　压电性质

在计算压电性质之前我们首先计算了弹性刚度系数，如表 8.1 所示。计算的弹性刚度系数完全满足机械稳定性标准[63]，$C_{11} > 0$ 和 $C_{11} > |C_{12}|$，证实 α-TeSSe 单层是机械稳定的。α-TeSSe 属于 C_{3v} 点群对称结构，这种结构不具有反转对称性，因此具有潜在的压电性。对于具有 C_{3v} 点群对称性的二维系统，压电系数 e_{11}/d_{11} 和 e_{31}/d_{31} 都是独立且非零的，采用第 3 章式（3.33）和式（3.34）计算得到的面内压电系数和面外压电系数如表 8.2 所示。

通常，因为弛豫离子压电系数与实验相关[4, 64]，因此计算它们更有意义。值得注意的是，α-TeSSe 单层的面内压电系数 e_{11}（628.98 pC/m）和 d_{11}（17.17 pm/V）优于大多数已经报道的 Janus 单分子层，如 Te2Se[65]、SnSSe[39]、In2SSe[16] 及 MXY（M = Mo，W；X 或 Y = S，Se，Te；X ≠ Y）[5]，表明 α-TeSSe 适用于压电相关的应用。此外，令人欣慰的是，α-TeSSe 还具有明显优于资料[5, 16, 39] 的面外压电系数 e_{31}（13.74 pC/m）和 d_{31}（0.22 pm/V），同时具有大的平面内和平面外压电响应。大的平面外压电响应可以显著提高压电设备的兼容性和灵活性，因为功能层需要垂直堆叠[66]。所以，α-TeSSe 是很有前途的压电器件材料。

表 8.2　弛豫离子压电系数 e_{11}、e_{31}、d_{11} 和 d_{31}

化合物	$e_{11}(pC/m)$	$e_{31}(pC/m)$	$d_{11}(pm/V)$	$d_{31}(pm/V)$
α-TeSSe	628.98	13.74	17.17	0.22
Te₂Se [65]	461.4	12.3	16.285	0.249
MoSSe [5]	374	3.2	3.76	0.020
WSSe [5]	257	1.8	2.26	0.011
In₂SSe [16]	324	13	8.47	0.18
SnSSe [39]	100.9	9.1	2.251	0.114

8.3.5　电输运性质

已经有相当多的计算案例[41, 67-70]证实 TransOpt[41]软件计算电输运性质是合理的，并且它有利于高通量计算。本节我们使用 TransOpt 软件计算电输运性质，如电导率、塞贝克系数、电子热导率、洛伦兹数、功率因子和电子适应度函数（EFF）。迁移率 μ 容易受半导体中载流子散射机制限制，它是电子器件运行速度的相对量度。因此，载流子迁移率的理论研究在材料中是必不可少的。在给定掺杂浓度的条件下，作为温度函数的迁移率 μ 的计算公式是[67]：

$$\mu_n = \sigma/ne，\quad \mu_p = \sigma/pe$$

式中，σ 代表材料载流子的电导率，n 和 p 代表材料中电子和空穴的掺杂浓度。结合先前计算的电导率 σ，可以很容易地得到最佳掺杂浓度下的电子和空穴迁移率，如表 8.3 所示。

表 8.3　300 K 时 α-TeSSe 单层的杨氏模量 Y、面内弹性模量 C_{2D}、形变势 E_1、迁移率 μ 和弛豫时间 τ

	Y （GPa）	C_{2D} （N/m）	E_1 （eV）	μ [cm²/(V·s)]	τ （10^{-14} s）
电子	143.299	48.256	5.727	632.397①	8.29①
空穴			3.512	167.310②	9.56②

1: $0.596×10^{20}$ cm⁻³ 在 300 K 时；2: $0.412×10^{20}$ cm⁻³ 在 300 K 时

我们还计算了迁移率 μ 作为温度函数的曲线图，并进行了数据拟合，如图 8.10 所示。300 K 时，将电子掺杂浓度设置为电子最佳掺杂浓度 $0.596×10^{20}$ cm³，空穴的掺杂浓度设置为空穴的最佳掺杂浓度 $0.591×10^{20}$ cm³。通过数据拟合发现，Janus α-TeSSe 单层的电子和空穴迁移率 μ 与温度依赖性关系分别满足 $T^{-2.03}$ 和 $T^{-1.23}$ 的指数衰减函数，这与资料[67]的研究结论是一致的。迁移率和温度的依赖关系接近经典的 $T^{-3/2}$，主要是晶格散射机制起主导作用引起的[71, 72]。此外，电子迁移率优于空穴迁移率，因为在温度 300 K 时的最佳掺杂浓度下，N 型电导率大于 P 型电导率，如图 8.10 所示。

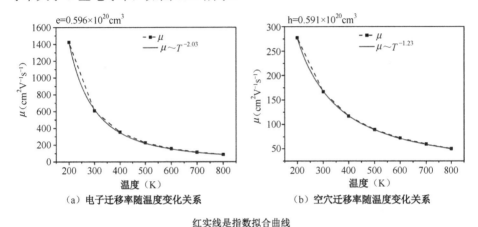

（a）电子迁移率随温度变化关系   （b）空穴迁移率随温度变化关系

红实线是指数拟合曲线

图 8.10 电子和空穴迁移率 μ 在 300 K 时的最佳掺杂浓度下随温度变化的曲线

电子适应度函数（EFF），通常用符号 t 表示，可用于测量一般复能带结构将 σ 和 S 解耦的程度。EFF 用公式表示为[41, 73]：

$$t = (\sigma / \tau) S^2 / N^{2/3}$$

其中，σ / τ 是电导率与弛豫时间的比值，S 是塞贝克系数。态的体积密度 $N\left[N \sim \left(m_{dos}^*\right)^{3/2} E_F^{1/2}\right]$ 与态的有效质量密度和费米能量成正比。使用 TransOpt 软件计算了 t 函数，如图 8.11 所示。良好的热电材料通常具有复杂的电子结构和高 t 函数值。可以看出电子和空穴均具有比较高的 t 函数，表明它们可能具有优异的热电性能。

图 8.12 所示为温度分别为 300 K、400 K、600 K 时，N 型和 P 型掺杂 α-TeSSe 单层的热电功率因子（PF）和电子热导率（k_e）作为载流子浓度的函数曲线图。PF 表示热电材料的电生产率，定义为 PF = $S^2 \sigma$，S 和 σ 分别是塞贝克系数和电导率（见图 8.13）。功率因子在一定程度上表征热-电之间的转换效率。值得注意的是，α-TeSSe 单层的功率因子大于 1T-SiTe$_2$ 和 SnTe$_2$[74]、SnSSe[39]、In$_2$SO 和 In$_2$SeO[48]，表明 α-TeSSe 单层可能是一种很好的热电材料。

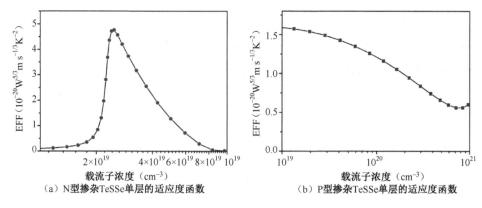

（a）N型掺杂TeSSe单层的适应度函数　　　（b）P型掺杂TeSSe单层的适应度函数

图 8.11　室温下 N 型和 P 型掺杂 TeSSe 单层的适应度函数 EFF

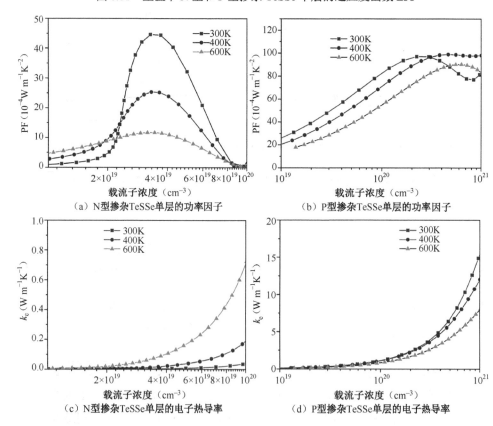

（a）N型掺杂TeSSe单层的功率因子　　　（b）P型掺杂TeSSe单层的功率因子

（c）N型掺杂TeSSe单层的电子热导率　　　（d）P型掺杂TeSSe单层的电子热导率

图 8.12　温度 300 K、400 K 和 600 K 时，N 型和 P 型掺杂 α-TeSSe 单层的 PF 和

电子热导率 k_e 与载流子浓度的关系图

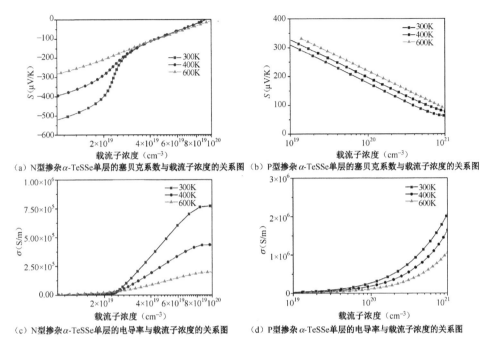

（a）N型掺杂 α-TeSSe单层的塞贝克系数与载流子浓度的关系图　（b）P型掺杂 α-TeSSe单层的塞贝克系数与载流子浓度的关系图

（c）N型掺杂 α-TeSSe单层的电导率与载流子浓度的关系图　（d）P型掺杂 α-TeSSe单层的电导率与载流子浓度的关系图

图 8.13　不同温度下，N 型和 P 型掺杂 α-TeSSe 单层的塞贝克系数和

电导率与载流子浓度函数关系图

对于 N 型和 P 型掺杂，PF 随着温度的升高而明显降低，而 k_e 在 N 型和 P 型掺杂情况下与温度的依赖关系相反。结合热电优值（ZT）的分析，我们关注 PF 和 k_e 的掺杂浓度范围为 $1\times10^{-19}\sim1\times10^{-20}$ cm^{-3}。通过比较发现 N 型掺杂的 PF 小于 P 型掺杂的 PF，并且 k_e 具有相同的规律。从图 8.12 还可以看出，在 $T=300$ K、400 K 和 600 K 时，最佳掺杂浓度的 P 型和 N 型 k_e 值范围分别是 $0.4\sim0.5$（W m^{-1} K^{-1}）和 $0.001\sim0.15$（W m^{-1} K^{-1}），表明 α-TeSSe 单层表现出超低的电子热导率（k_e）。

8.3.6　热输运性质

从图 8.14（a）可以看出，k_l 与温度的拟合关系为 $T^{-0.964}$，基本上符合经典的 T^{-1} 关系，表明声子散射的 Umklapp 过程主导了晶格热导率[29, 75]，这在其他包括重元素的二维系统中很常见[29]。此外，α-TeSSe 单层在 300 K 时具有超

低晶格热导率 k_l=1.69 W/mK，优于绝大多数典型的 2D 材料，表 8.4 中列出的 1T 相单层的相关数据，进一步表明它可能是一种很有前途的热电材料。声子分支（ZA、TA 和 LA）和光学分支（OP）在室温下对总晶格热导率 k_l 的声子模式贡献如图 8.14（b）所示。可以看到，晶格热导率主要由声子分支贡献，约占总热导率的 80.3%，相应的贡献顺序为 TA（41.16%）>LA（25.53%）>ZA（13.62%）。此外，光学分支的总贡献率高达 19.70%。光学分支如此高的贡献率是由于 ZO 模式和 LO/TO 模式之间存在微小间隙导致了强耦合和大的散射通道。

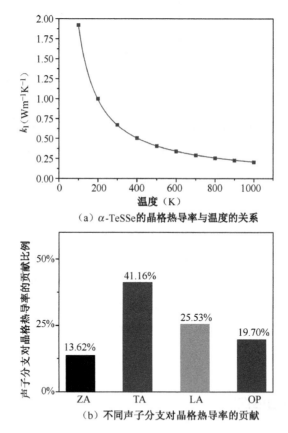

（a）α-TeSSe的晶格热导率与温度的关系

（b）不同声子分支对晶格热导率的贡献

ZA、TA、LA 和 OP 分别表示面外声学分支、面内横向声学分支、面内纵向声学分支和光学分支

图 8.14　α-TeSSe 单层的晶格热导率 k_l 和不同声子分支对总热导率的贡献

表 8.4　α-TeSSe 单层温度相关晶格热导率 k_l 和热电优值（ZT），以及其他已经报道的 1T 相单层和 Janus 单层的热导率 k_l 和热电优值（ZT）

化合物	温度（K）	k_l（W m^{-1} K^{-1}）	ZT
TeSSe	300	1.69	0.79 (N 型)
			0.89 (P 型)
	400	1.28	0.78 (N 型)
			1.15 (P 型)
	600	0.85	0.77 (N 型)
			1.95 (P 型)
SnSe[58]	300	2.6	—
PbTe [76]	300	1.41	—
SnS$_2$[77]	300	6.41	—
SnSe$_2$[77]	300	3.82	—
SiTe$_2$[74]	300	2.27	0.28
	600	1.13	0.46
	900	0.75	0.31
SnTe$_2$[74]	300	1.62	0.55
	600	0.69	0.58
	900	0.54	0.71
MoSSe [78]	300	13.9	—
M$_2$XY (M = Ga; X, Y = S, Se,Te)[12]	300	12～26	—
WSSe [8]	300	11	0.013
	1200	约 3	0.355
WSTe[8]	300	约 0.075	0.742
	1200	约 0.02	2.562
SnSSe [14]	300	13	—

　　为进一步了解 α-TeSSe 单层的超低晶格热导率的起源，使用 ShengBTE 封装[46]计算声子群速度、格林爱森（Grüneisen）参数和声子散射率，如图 8.15 所示。可以看出，α-TeSSe 单层的平均声子群速度（0.84 km/s）小于 PbSSe（1.81 km/s）、PdSTe（1.61 km/s）和 PdSeTe（1.34 km/s）[79][见图 8.15（a）]。根据定义 $k_l = \dfrac{1}{V}\sum_{\lambda}C_{\lambda q}v_{\lambda q}^2\tau_{\lambda}$，其中，$C_{\lambda q}$ 为摩尔比热容，$v_{\lambda q}$ 是声子群速度，τ_{λ} 是弛豫时间。α-TeSSe 单层小的声子群速度可能导致相对较低的 k_l。此外，与作者之前的

工作[30]相比，发现平均声子群速度 $Se_2Te > TeSSe > SeTe_2$，因为较轻的元素质量具有较大的声子群速度。

格林爱森参数 γ[80]是测量非谐性一个有用的物理量，它的表达式是

$$\gamma_i(\boldsymbol{q}) = -\frac{a_0}{\omega_i(\boldsymbol{q})}\frac{\partial \omega_i(\boldsymbol{q})}{\partial a_0} \tag{8.5}$$

其中，a_0 是平衡晶格常数，i 是声子分支指数，$\boldsymbol{q}$ 是波矢量。计算了 α-TeSSe 单层的所有声子分支和光学分支的格林爱森参数，如图 8.15（b）所示。大的格林爱森参数意味着大的非谐性，会严重限制声子传输并导致相对较低的 k_l[29, 92, 93]。在长波长极限处发现了巨大的 ZA 模式非谐性，正如单层 TMDs[81]和 SnX_2（X=S, Se）[77]所报道的那样，这证实了 α-TeSSe 单层具有较低的晶格热导率。

为进一步了解原子非谐相互作用，我们还计算了如图 8.15（c）所示的声子散射率。与其他 Janus 单分子层相比[如 M_2XY（M= Ga; X, Y = S, Se, Te）][12]，可以很容易地看出，α-TeSSe 单层具有由三声子跃迁概率决定的大的声子散射率。

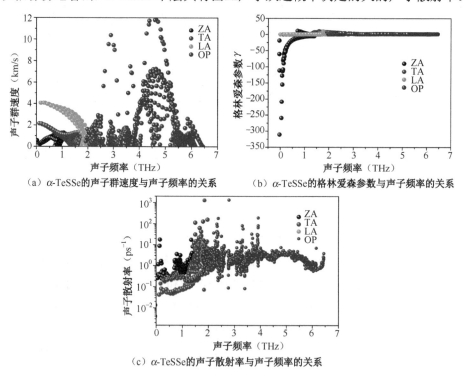

（a）α-TeSSe的声子群速度与声子频率的关系

（b）α-TeSSe的格林爱森参数与声子频率的关系

（c）α-TeSSe的声子散射率与声子频率的关系

图 8.15　α-TeSSe 单层的声子群速度、格林爱森参数和声子散射率

声子散射率与声子寿命成反比，对晶格热导率的非谐性和衰减有显著影响[29]。综上所述，推断超低 k_1 源于 α-TeSSe 单层具有声子群速度小、格林爱森参数大、声子散射率大的特点。

最后，通过计算出的 PF、k_e 和 k_1，用公式 $ZT = S^2\sigma T/(k_e + k_1)$ 确定无量纲热电优值（ZT）。通常，热电优值越大意味着材料的热电性能越好，反之亦然。图 8.16 所示为 N 型和 P 型掺杂 α-TeSSe 在不同掺杂水平下，热电优值随温度的变化关系，温度 T=300 K、400 K 和 600 K。对于 P 型掺杂，ZT 随着温度的升高而增加，与资料[8, 47, 82]是一致的，这主要是 k_e 和 k_1 都随着温度的升高而降低导致的。不同的是，对于 N 型掺杂，最优 ZT 值随着温度的增加略微减小，这个现象同样出现在 SiTe$_2$ 单层[74]中。这可以归因于当温度从 300 K 变化到 600 K 时，PF 显著降低，主要是由电子电导率的降低导致的。此外，k_1 随温度升高而显著降低，这补偿了 PF 的降低，从而导致 ZT 的最大值几乎没有变化。此外，在表 8.4 中汇总了 ZT 中与温度相关的最大值，以及其他 1T 相单层和 Janus 单层的最大值。P 型掺杂的热电性能优于 N 型掺杂，这与 VBM 附近较大的 DOS 有关[30, 69]。通过比较发现，α-TeSSe 表现出优异的 ZT，如 N 型掺杂在 300K、400K 和 600K 时分别为 0.79、0.78 和 0.77，P 型掺杂在 300 K、400 K 和 600 K 时分别为 0.89、1.15 和 1.95，这使其成为热电应用中有希望的候选者。

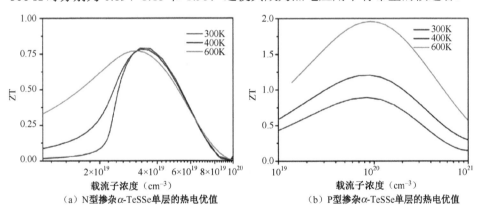

（a）N 型掺杂 α-TeSSe 单层的热电优值　　（b）P 型掺杂 α-TeSSe 单层的热电优值

图 8.16　T=300 K、400 K 和 600 K 时，N 型掺杂和 P 型掺杂 α-TeSSe 单层的

热电优值（ZT）作为载流子浓度的函数

8.4 本章小结

　　本章基于第一性原理计算，分析了 α-TeSSe 单层的能带结构、Rashba 自旋劈裂、光学、压电和热电性能。声子色散和 AIMD 模拟分别证实 α-TeSSe 单层是动力学稳定性和热稳定性的；α-TeSSe 是一种窄带隙 Rashba 半导体，有利于热电性能；还系统地研究了 ELF。出色的吸收系数表明 α-TeSSe 单层可能是一种很有前途的光电器件材料。此外，DFPT 计算证实 α-TeSSe 具有出色的压电响应，面内压电系数和面外压电系数 d_{11}（17.17 pm/V）和 d_{31}（0.22 pm/V）共存，表明其在压电器件中有巨大的应用前景。

　　最后，评估了电子传输和声子传输特性。由于晶格散射机制占主导地位，空穴（电子）迁移率遵循 $T^{-1.23}$（$T^{-2.03}$）行为。超低晶格热导率是声子群速度小、声子散射率大和格林爱森参数大导致的。我们还计算了室温下的 EFF，其描述了与热电行为相关的能带复杂性。此外，结合超低的热导率和出色的电学性能，发现 α-TeSSe 单层的 P 型掺杂具有超高的 ZT，表明它是一种良好的 P 型热电材料。总之，α-TeSSe 单层在光伏、压电和热电领域具有广阔的应用前景，这将极大地促进相关实验研究。

本章参考资料

[1]　BELL L E. Cooling, Heating, Generating Power, and Recovering Waste Heat with Thermoelectric Systems. Science, 2008, 321: 1457.

[2]　ZHANG X, ZHAO L D. Thermoelectric Materials: Energy Conversion between Heat and Electricity. J. Materiomics, 2015, 1: 92.

[3]　HINCHET R, KHAN U, FALCONI C, et al. Piezoelectric Properties in Two-Dimensional Materials: Simulations and Experiments. Mater. Today, 2018, 21: 611.

[4]　DUERLOO K A N, ONG M T, REED E J. Intrinsic Piezoelectricity in Two-Dimensional Materials. J. Phys. Chem. Lett., 2012, 3: 2871.

[5]　DONG L, LOU J, SHENOY V B. Large In-Plane and Vertical Piezoelectricity

in Janus Transition Metal Dichalchogenides. ACS Nano., 2017, 11: 8242.

[6]　BLONSKY M N, ZHUANG H L, SINGH A K, et al. Ab Initio Prediction of Piezoelectricity in Two-Dimensional Materials. ACS Nano., 2015, 9: 9885.

[7]　LI R P, CHENG Y C, HUANG W. Recent Progress of Janus 2D Transition Metal Chalcogenides: From Theory to Experiments. Small, 2018, 14: 11.

[8]　PATEL A, SINGH D, SONVANE Y, et al. High Thermoelectric Performance in Two-Dimensional Janus Monolayer Material WS-X (X = Se and Te). ACS Appl. Mater. Interfaces, 2020, 12: 46212.

[9]　RIIS-JENSEN A C, DEILMANN T, OLSEN T, et al. Classifying the Electronic and Optical Properties of Janus Monolayers. ACS Nano., 2019, 13: 13354.

[10]　LU A, ZHU H, XIAO J, et al. Janus Monolayers of Transition Metal Dichalcogenides. Nat. Nanotechnol., 2017, 12: 744.

[11]　ZHANG J, JIA S, KHOLMANOV I, et al. Janus Monolayer Transition-Metal Dichalcogenides. ACS Nano., 2017, 11: 8192.

[12]　ZHONG Q, DAI Z, LIU J, et al. Phonon Thermal Transport in Janus Single Layer M_2XY (M = Ga; X, Y = S, Se, Te): A Study Based on First-Principles. Physica E, 2020, 115: 113683.

[13]　THANH V V, VAN N D, TRUONG D V, et al. First-Principles Study of Mechanical, Electronic and Optical Properties of Janus Structure in Transition Metal Dichalcogenides. Appl. Surf. Sci., 2020, 526: 146730.

[14]　LIU G, WANG H, GAO Z. Comparative Investigation of Thermal Transport Properties for Janus SnSSe and SnS_2 Monolayers. Phys. Chem. Chem. Phys., 2020, 22: 16796.

[15]　YANG X, SINGH D, XU Z, et al. An Emerging Janus MoSeTe Material for Potential Applications in Optoelectronic Devices. J. Mater. Chem. C, 2019, 7: 12312.

[16]　GUO Y, ZHOU S, BAI Y Z, et al. Enhanced Piezoelectric Effect in Janus Group-III Chalcogenide Monolayers. Appl. Phys. Lett., 2017, 110: 163102.

[17]　CHEN Y, LIU J Y, YU J B, et al. Symmetry-Breaking Induced Large Piezoelectricity in Janus Tellurene Materials. Phys. Chem. Chem. Phys., 2019, 21: 1207.

[18] ATACA C, ŞAHIN H, CIRACI S. Stable, Single-Layer MX$_2$ Transition-Metal Oxides and Dichalcogenides in a Honeycomb-Like Structure. J. Phys. Chem. C, 2012, 116: 8983.

[19] OZBAL G, SENGER R T, SEVIK C, et al. Ballistic Thermoelectric Properties of Monolayer Semiconducting Transition Metal Dichalcogenides and Oxides. Phys. Rev. B, 2019, 100: 10.

[20] RAMÍREZ-MONTES L, LÓPEZ-PÉREZ W, GONZÁLEZ-HERNÁNDEZ R, et al. Large Thermoelectric Figure of Merit in Hexagonal Phase of 2D Selenium and Tellurium. Int. J. Quantum Chem., 2020, 120: 26267.

[21] SINGH J, JAMDAGNI P, JAKHAR M, et al. Stability, Electronic and Mechanical Properties of Chalcogen (Se and Te) Monolayers. Phys. Chem. Chem. Phys., 2020, 22: 5749.

[22] ZHU Z L, CAI X L, YI S H, et al. Multivalency-Driven Formation of Te-Based Monolayer Materials: A Combined First-Principles and Experimental Study. Phys. Rev. Lett., 2017, 119: 106101.

[23] LIN Z Y, WANG C, CHAI Y. Emerging Group-VI Elemental 2D Materials: Preparations, Properties, and Device Applications. Small, 2020, 16: 16.

[24] CHEN J, DAI Y, MA Y, et al. Ultrathin Beta-Tellurium Layers Grown on Highly Oriented Pyrolytic Graphite by Molecular-Beam Epitaxy. Nanoscale, 2017, 9: 15945.

[25] XIE Z, XING C, HUANG W, et al. Ultrathin 2D Nonlayered Tellurium Nanosheets: Facile Liquid‐Phase Exfoliation, Characterization, and Photoresponse with High Performance and Enhanced Stability. Adv. Funct. Mater., 2018, 28: 1705833.

[26] LIU Y, WU W, GODDARD W A. Tellurium: Fast Electrical and Atomic Transport along the Weak Interaction Direction. J. Am. Chem. Soc., 2018, 140: 550.

[27] WANG Y, GANG Q, WANG R, et al. Field-Effect Transistors Made From Solution-Grown Two-Dimensional Tellurene. Nat. Electron., 2018, 1: 228.

[28] LIN C, CHENG W D, CHAI G, et al. Thermoelectric Properties of Two-Dimensional Selenene and Tellurene from Group-VI elements. Phys. Chem.

Chem. Phys., 2018, 20: 24250.

[29] GAO Z, TAO F, REN J. Unusually Low Thermal Conductivity of Atomically Thin 2D Tellurium. Nanoscale, 2018, 10: 12997.

[30] CHEN S, TAO W, ZHOU Y, et al. Novel Thermoelectric Performance of 2D 1T- Se_2Te and $SeTe_2$ with Ultralow Lattice Thermal Conductivity but High Carrier Mobility. Nanotechnology, 2021, 32: 455401.

[31] ZHONG X, HUANG Y, YANG X. Superior Thermoelectric Performance of α-Se_2Te Monolayer. Mater. Res. Express, 2021, 8: 045507.

[32] KRESSE G, FURTHMÜLLER J. Efficient Iterative Schemes for Ab Initio Total-Energy Calculations Using a Plane-Wave Basis Set. Phys. Rev. B, 1996, 54: 11169.

[33] KRESSE G, FURTHMÜLLER J. Efficiency of Ab-Initio Total Energy Calculations for Metals and Semiconductors Using a Plane-wave Basis Set. Comp. Mater. Sci., 1996, 6: 15.

[34] YIN H, GAO J, ZHENG G, et al. Giant Piezoelectric Effects in Monolayer Group-V Binary Compounds with Honeycomb Phases: A First-Principles Prediction. J. Mater. Chem. C, 2017, 121: 25576.

[35] WANG V, XU N, LIU J C, et al. VASPKIT: A User-Friendly Interface Facilitating High-Throughput Computing and Analysis Using VASP Code. Comput. Phys. Commun., 2021, 267: 108033.

[36] JENA N, DIMPLE, BEHERE S D, et al. Strain-Induced Optimization of Nanoelectro-Mechanical Energy Harvesting and Nanopiezotronic Response in a MoS_2 Monolayer Nanosheet. J. Phys. Chem. C, 2017, 121: 9181.

[37] GUO S D, GUO X S, ZHANG Y Y, et al. Small Strain Induced Large Piezoelectric Coefficient in α-AsP Monolayer. J. Alloys Compd., 2020, 822: 153577.

[38] WU X, VANDERBILT D, HAMANN D R. Systematic Treatment of Displacements, Strains, and Electric Fields in Density-Functional Perturbation Theory. Phys. Rev. B, 2005, 72: 035105.

[39] GUO S D, GUO X S, HAN R Y, et al. Predicted Janus SnSSe Monolayer: A Comprehensive First-Principles Study. Phys. Chem. Chem. Phys., 2019, 21: 24620.

[40] LIU L, ZHUANG H L L. Single-Layer Ferromagnetic and Piezoelectric CoAsS with Pentagonal Structure. APL Mater., 2019, 7: 011101.

[41] LI X, ZHANG Z, XI J, et al. TransOpt. A Code to Solve Electrical Transport Properties of Semiconductors in Constant Electron-Phonon Coupling Approximation. Comp. Mater. Sci., 2021, 186: 110074.

[42] XI J Y, WANG D, YI Y P, et al. Electron-Phonon Couplings and Carrier Mobility in Graphynes Sheet Calculated Using the Wannier-Interpolation Approach. J. Chem. Phys., 2014, 141: 10.

[43] XI J, LONG M, TANG L, et al. First-Principles Prediction of Charge Mobility in Carbon and Organic Nanomaterials. Nanoscale, 2012, 4: 4348.

[44] TOGO A, OBA F, TANAKA I. First-Principles Calculations of the Ferroelastic Transition between Rutile-Type and $CaCl_2$-type SiO_2 at High Pressures. Phys. Rev. B, 2008, 78: 134106.

[45] BARONI, GIRONCOLI D, STEFANO, et al. Phonons and Related Crystal Properties from Density-Functional Perturbation Theory. Rev. Mod. Phys., 2001, 73: 515.

[46] LI W, CARRETE J, A. KATCHO N, et al. ShengBTE: A Solver of the Boltzmann Transport Equation for Phonons. Comput. Phys. Commun., 2014, 185: 1747.

[47] KUMAR S, SCHWINGENSCHLOEGL U. Thermoelectric Response of Bulk and Monolayer $MoSe_2$ and WSe_2. Chem. Mater., 2015, 27: 1278.

[48] VU T V, NGUYEN C V, PHUC H V, et al. Theoretical Prediction of Electronic, Transport, Optical, and Thermoelectric Properties of Janus Monolayers In_2XO (X=S, Se, Te). Phys. Rev. B, 2021, 103: 085422.

[49] PEI Y, WANG H, SNYDER G J. Band Engineering of Thermoelectric Materials. Adv. Mater., 2012, 24: 6125.

[50] ZHANG Y, KE X, CHEN C, et al. Thermodynamic Properties of PbTe, PbSe, and PbS: First-Principles Study. Phys. Rev. B, 2009, 80: 024304.

[51] XIE Y, PENG B, BRAVIĆ I, et al. Highly Efficient Blue-Emitting $CsPbBr_3$ Perovskite Nanocrystals through Neodymium Doping. Adv. Sci., 2020, 7: 2001698.

[52]　BECKE A D, EDGECOMBE K E. A Simple Measure of Electron Localization in Atomic and Molecular Systems. J. Chem. Phys., 1990, 92: 5397.

[53]　TANG W, SANVILLE E, HENKELMAN G. A Grid-Based Bader Analysis Algorithm without Lattice bias. J. Phys.: Condens. Matter, 2009, 21: 084204.

[54]　HENKELMAN G, ARNALDSSON A, JÓNSSON H. A Fast and Robust Algorithm for Bader Decomposition of Charge Density. Comp. Mater. Sci., 2006, 36: 354.

[55]　KOUMPOURAS K, LARSSON J A. Distinguishing between Chemical Bonding and Physical Binding Using Electron Localization Function (ELF). J. Phys.: Condens. Matter, 2020, 32: 315502.

[56]　SIM E, LARKIN J, BURKE K, et al. Testing the Kinetic Energy Functional: Kinetic Energy Density as a Density Functional. J. Chem. Phys., 2003, 118: 8140.

[57]　STEINMANN S N, MO Y, CORMINBOEUF C. How Do Electron Localization Functions Describe π-Electron Delocalization. Phys. Chem. Chem. Phys., 2011, 13: 20584.

[58]　QIN G, QIN Z, FANG W Z, et al. Diverse Anisotropy of Phonon Transport in Two-Dimensional IV-VI Compounds: A Comparative Study. Nanoscale, 2016, 8: 11306.

[59]　LIU G, WANG H, LI G L. Structures, Mobilities, Electronic and Optical Properties of Two-Dimensional α-phase Group-VI Binary Compounds: α-Se_2Te and α-$SeTe_2$. Phys. Lett. A, 2020, 384: 126431.

[60]　DI SANTE D, BARONE P, BERTACCO R, et al. Electric Control of the Giant Rashba Effect in Bulk GeTe. Adv. Mater., 2013, 25: 509.

[61]　LI Y, LI Y L, SA B, et al. Review of Two-Dimensional Materials for Photocatalytic Water Splitting from a Theoretical Perspective. Catal. Sci. Technol., 2017, 7: 545.

[62]　DE WOLF S, HOLOVSKY J, MOON S J, et al. Organometallic Halide Perovskites: Sharp Optical Absorption Edge and Its Relation to Photovoltaic Performance. J. Phys. Chem. Lett., 2014, 5: 1035.

[63]　MAŹDZIARZ M. Comment on The Computational 2D Materials Database: High-Throughput Modeling and Discovery of Atomically Thin Crystals. 2D Mater., 2019, 6: 048001.

[64] ZHU H, WANG Y, XIAO J, et al. Observation of Piezoelectricity in Free-Standing Monolayer MoS_2. Nat. Nanotechnol., 2015, 10: 151.

[65] CHEN Y, LIU J, YU J, et al. Symmetry-Breaking Induced Large Piezoelectricity in Janus Tellurene Materials. Phys. Chem. Chem. Phys., 2019, 21: 1207.

[66] ZHANG L, TANG C, ZHANG C, et al. First-Principles Screening of Novel Ferroelectric MXene Phases with a Large Piezoelectric Response and Unusual Auxeticity. Nanoscale, 2020, 12: 21291.

[67] DING J, LIU C, XI L, et al. Thermoelectric Transport Properties in Chalcogenides ZnX (X=S, Se): From the Role of Electron-Phonon Couplings. J. Materiomics, 2021, 7: 310.

[68] SHENG Y, WU Y, YANG J, et al. Active Learning for the Power Factor Prediction in Diamond-Like Thermoelectric Materials. Npj. Comput. Mater., 2020, 6: 171.

[69] XI L, PAN S, LI X, et al. Discovery of High Performance Thermoelectric Chalcogenides through Reliable High Throughput Material Screening. J. Am. Chem. Soc., 2018, 140: 10785.

[70] LI R, LI X, XI L, et al. High-Throughput Screening for Advanced Thermoelectric Materials: Diamond-Like ABX_2 Compounds. ACS Appl. Mater. Interfaces, 2019, 11: 24859.

[71] KLAASSEN D. A Unified Mobility Model for Device Simulation—II. Temperature Dependence of Carrier Mobility and Lifetime. Solid·State Electron., 1992, 35: 961.

[72] WANG X, LI X, ZHANG Z, et al. Thermoelectric Properties of n-type Transition Metal-Doped PbSe. Mater. Today Phys., 2018, 6: 45.

[73] XING G, SUN J, LI Y, et al. Electronic Fitness Function for Screening Semiconductors as Thermoelectric Materials. Phys. Rev. Mater., 2017, 1: 065405.

[74] WANG Y, GAO Z B, ZHOU J. Ultralow Lattice Thermal Conductivity and Electronic Properties of Monolayer 1T Phase Semimetal $SiTe_2$ and $SnTe_2$. Physica E, 2019, 108: 53.

[75] ZHU X L, HOU C H, ZHANG P, et al. High Thermoelectric Performance of

New Two-Dimensional IV–VI Compounds: A First-Principles Study. J. Phys. Chem. C, 2020, 124: 1812.

[76]　PANDIT A, HAMAD B. Thermoelectric and Lattice Dynamics Properties of Layered MX (M = Sn, Pb; X = S, Te) Compounds. Appl. Surf. Sci., 2021, 538: 9.

[77]　SHAFIQUE A, SAMAD A, SHIN Y H. Ultra Low Lattice Thermal Conductivity and High Carrier Mobility of Monolayer SnS_2 and $SnSe_2$: A First Principles Study. Phys. Chem. Chem. Phys., 2017, 19: 20677.

[78]　GUO S D. Phonon Transport in Janus Monolayer MoSSe: A First-Principles Study. Phys. Chem. Chem. Phys., 2018, 20: 7236.

[79]　MOUJAES E A, DIERY W A. Thermoelectric Properties of 1T Monolayer Pristine and Janus Pd Dichalcogenides. J. Phys.: Condens. Matter, 2019, 31: 455502.

[80]　MOUNET N, MARZARI N. First-Principles Determination of the Structural, Vibrational and Thermodynamic Properties of Diamond, Graphite, And Derivatives. Phys. Rev. B, 2005, 71: 205214.

[81]　LIU J, CHOI G M, CAHILL D G. Measurement of the Anisotropic Thermal Conductivity of Molybdenum Disulfide by the Time-Resolved Magneto-Optic Kerr Effect. J. Appl. Phys., 2014, 116: 233107.

[82]　NGUYEN D K, HOAT D M, BAFEKRY A, et al. Theoretical Prediction of the PtOX (X = S and Se) Monolayers as Promising Optoelectronic and Thermoelectric 2D Materials. Physica E, 2021, 131: 114732.

第 9 章

应变调控 1T 相 VIA 族化合物 Se_2Te 和 $SeTe_2$ 热电性质的理论研究

9.1 研究背景和意义

目前，热电（TE）材料[1-3]已经引起了相当多的关注，因为它们可以将热能直接转化为电能从废热中获取能量。TE 材料的热能和电能之间的转换效率通常用热电优值（ZT）来评估。$ZT = S^2 \sigma T /(k_e + k_1)$，式中的参数在前面的章节中已进行了详细描述。优异热电性能需要大的热电功率因子（PF）和低热导率 k（$k=k_e+k_1$）。但这些关键参数之间复杂的内在关系使得提高 TE 材料的 ZT 非常困难。

2017 年朱等[4]和陈等[5]成功地制备碲烯后，一种新的二维（2D）材料家族——2D VIA 族元素材料，因其高载流子迁移率、高光电导率和热电响应而引起广泛关注[6-11]。最近的研究证实，由 Te 和 Se 组成的化合物具有优异的热电和电子传输特性[7,8]。在我们之前的工作[7]中，发现 1T 相 Se_2Te 和 $SeTe_2$ 单分子层是很有前途的中温热电材料，但它们的室温转换效率要差得多。最近，大量研究[12-15]证明：拉伸机械应变可以引起晶格热导率的降低，进而提高 2D 材料的热电性能。因此，为提高低温热电效率，我们研究了双轴拉伸应变对 α 相 Se_2Te 和 $SeTe_2$ 单层膜热电性能的影响。

本章通过第一性原理计算结合半经典玻尔兹曼理论计算了面内双轴拉伸应变对 α 相 Se_2Te 和 $SeTe_2$ 单层的电子性质、晶格热导率和热电性能的影响。计算结果表明，拉伸应变通过增强散射率，同时削弱群速度和软化声子模，导致晶格热导率降低。此外，ZT 在施加拉伸应变时明显增大，例如，对于 Se_2Te 和 $SeTe_2$ 单层，在 1%和 3%拉伸应变下的最大 N 型掺杂 ZT 比相应的无应变 ZT 分别增加了 6 倍和 5 倍。计算结果证实，拉伸应变是提高 Se_2Te 和 $SeTe_2$ 单分子层热电效率的有效方法，可以促进下一步的实验工作。

9.2　理论方法和计算细节

本章中所有计算均为基于密度泛函理论（DFT）在 VASP 代码[16, 17]中实施的计算。为求解 Kohn-Sham 方程，PBE 泛函[18]或 B3LYP（B3PW）[19, 20]泛函中的广义梯度近似（GGA）被广泛用于描述交换相关势。在本研究中，我们使用 PBE 泛函来描述交换相关势。平面波截止能设置为 500 eV，用 $14 \times 14 \times 1$ 和 $21 \times 21 \times 1$ 的密集 $\mathbf{k}$ 点网格分别对布里渊区进行采样，以进行结构优化和能带结构计算。使用大于 15 Å 的真空空间来避免最近层间的相互作用。结构得到充分优化，直到电子弛豫和离子弛豫的收敛阈值分别达到 10^{-8} eV 和 0.001 eV/Å。

用一种新的基于半经验玻尔兹曼方程结合常数电子-声子耦合近似的 TransOpt 代码[21]计算电子传输性质。谐波原子间力常数（二阶力常数）由 PHONOPY 代码[22]基于密度泛函微扰理论（DFPT）使用 $5 \times 5 \times 1$（$3 \times 3 \times 1$）超胞和 $6 \times 6 \times 1$（$3 \times 3 \times 1$）$\mathbf{k}$ 点网格用于应变和未应变的 Se₂Te（SeTe₂）单层获得。然后通过对角化力常数矩阵获得声子频率。考虑到原子第三阶最近邻相互作用，采用有限位移方法[22, 23]分别计算 Se₂Te（$4 \times 4 \times 1$ 超胞）和 SeTe₂（$3 \times 3 \times 1$ 超胞）单层的非谐波原子间力常数（三阶力常数）。结合上面计算的谐波和非谐波力常数，使用 ShengBTE 代码[24]通过声子波尔兹曼输运方程的迭代求解来评估晶格热导率。

9.3　结果与讨论

9.3.1　稳定性和电子性质

图 9.1 所示为 α 相 Se₂Te 和 SeTe₂ 单层的晶体结构。与 1T 相 MoS₂ 单分子层结构相同，Se₂Te 和 SeTe₂ 单层属于 P$\bar{3}$m1 空间群并具有 C_{3v} 点群对称性。结构完全弛豫后，Se₂Te 和 SeTe₂ 单层的晶格参数分别为 $a = b = 3.98$ Å，$a = b = 4.02$ Å，与之前的研究结果一致[25]。为研究拉伸应变对材料性能的影响，考虑了由双轴拉伸应力引起的面内双轴拉伸应变，如图 9.1 所示。双轴拉伸应变定义为

$\varepsilon = \dfrac{a - a_0}{a_0} \times 100\%$，其中，$a$ 和 a_0 分别是应变和未应变单层的面内晶格参数。

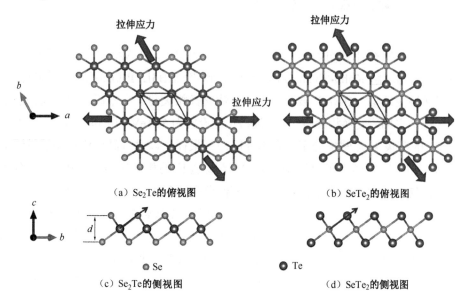

（a）Se₂Te的俯视图   （b）SeTe₂的俯视图

● Se   ● Te

（c）Se₂Te的侧视图   （d）SeTe₂的侧视图

蓝色箭头表示拉伸应力的方向，实心红色菱形框代表原始单胞，红色箭头表示局域电荷密度分布（ELF）轮廓的方向。

图9.1 α 相 Se₂Te 和 SeTe₂ 的晶体结构图

在计算材料的性能之前检查材料的稳定性至关重要。通过 PHONOPY 代码研究了未应变和应变结构下 Se₂Te 和 SeTe₂ 单层的声子谱，如图9.2所示。发现在给定拉伸应变范围（Se₂Te 的应变范围为 0～1%，SeTe₂ 的应变范围为 0～3%）内布里渊区没有虚频存在，表明它们在小范围内具有动力学稳定性。此外，拉伸应变软化声子模式，这可以提高热电性能[12]。总体而言，面内纵向声子（LA）分支和横向声子（TA）分支在 Γ 点附近是线性的，而面外声子（ZA）分支在 Γ 点附近是二次方的，随着拉伸应变增大它们都向更低的方向移动。

正确计算与半导体热电特性相关的电子能带结构和总态密度（TDOS）非常重要[26, 27]。自旋轨道耦合（SOC）效应[28]在含有 Te 等重元素的材料的电子能带结构中起到很重要的作用，因此，在计算中考虑了 SOC 效应。如图9.3所示，采用 PBE+SOC 方法计算了未应变和应变结构的能带结构和总态密度。对于 Se₂Te 和 SeTe₂ 单分子层，发现导带底最低轨道（HOMO）能量随着拉伸应变而降低，而价带最高轨道（LUMO）能量增加，导致带隙变窄。此外，从表9.1中数据可以看出，拉伸应变对 Se₂Te 带隙的影响明显大于 SeTe₂。例如，Se₂Te 的带隙在 1%的拉伸应变作用下减小了 11.11%，而 SeTe₂ 的带隙在 3%的拉伸应变作用下减小了 3.79%。这种由应变引起的带隙减小源于拉伸应变会增加原子之间的键长，从而导致带隙减小[13, 29, 30]。此外，还可以发现 Se₂Te 和 SeTe₂ 单层在费米能级下的 TDOS 随着拉伸应变的增加而增加，并向上移动，而费米能级以上的 TDOS 在 Se₂Te 单层中几乎保持不变，在 SeTe₂ 单层中则降低。

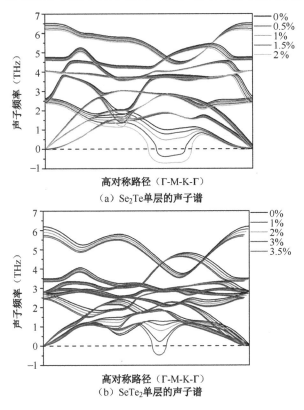

图 9.2　Se₂Te 和 SeTe₂ 单层在不同拉伸应变下的声子谱

　　一般来说，局域电荷密度分布（ELF）[31]通过测量原子和分子系统中的电子定域情况来判断两个原子之间的相互作用类型（化学键合类型或物理键合类型）[31,32]。ELF 是电子局部化的相对测量值，取值介于 0～1[33]，其中 1 对应于完美的局部化，0.5 表示类电子气状态，0 表示不存在电子。也就是说，两个原子之间的区域缺少电子共享，ELF 的值很低，代表离子键合；反之，两个原子之间共享的电子丰富，ELF 值大，具有共价键的特点。为进一步了解拉伸应变对键合的影响，我们计算了 Se$_2$Te 和 SeTe$_2$ 单层的 ELF，如图 9.4 所示。总体而言，拉伸应变情况下所有 ELF 均大于 0.5，表明它们是共价键化合物。此外，由于两个原子之间化学键长度的增加，ELF 的值随着应变的增加而降低。

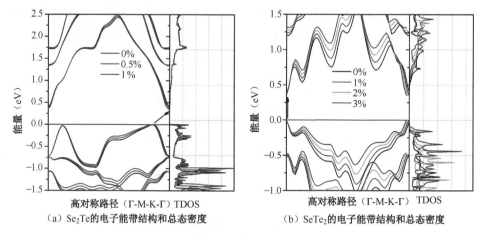

（a）Se$_2$Te 的电子能带结构和总态密度　　　（b）SeTe$_2$ 的电子能带结构和总态密度

图 9.3　Se$_2$Te 和 SeTe$_2$ 在各种双轴拉伸应变下的能带结构和总态密度 TDOS

表 9.1　α 相 Se$_2$Te 和 SeTe$_2$ 在各种拉伸应变下基于 PBE+SOC 能带结构的形变势常数（E_l），以及杨氏模量 Y、弹性模量 C_{2D}、带隙 E_g

化合物	应变	E_l^{VBM}（eV）	E_l^{CBM}（eV）	Y（GPa）	C_{2D}（N/m）	E_g（eV）
Se$_2$Te	0%	−5.086	−6.744	126.545	44.016	0.395
		−4.196*	−6.676*	—	43.640*	0.380*
	0.5%	−4.834	−6.552	123.247	42.547	0.373
	1%	−5.011	−6.512	120.317	41.178	0.351
SeTe$_2$	0%	−6.316	−6.446	103.340	37.538	0.363
		6.590*	6.620*	—	36.190*	0.330*
	1%	−6.098	−6.272	97.101	34.847	0.359
	2%	−5.782	−5.956	91.257	31.590	0.354
	3%	−5.568	−5.716	85.594	30.380	0.350

*采用资料[25]中的有限差分法计算。

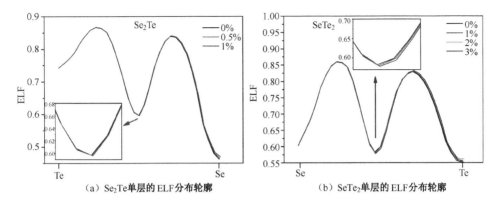

（a）Se₂Te单层的ELF分布轮廓　　　　　（b）SeTe₂单层的ELF分布轮廓

图 9.4　Se₂Te 单层中的 Te 到 Se 原子和 SeTe₂ 单层中的 Se 到 Te 原子的 ELF 分布轮廓

9.3.2　电输运性质

使用 TransOpt 软件包[21]计算电导率 σ、塞贝克系数 S、电子热导率 k_e 和热电功率因子 PF。形变势 E_1、杨氏模量 Y 和费米能级 E_f 是电子输运性能的主要输入参数，如表 9.1 所示。如图 9.5 所示，在给定的载流子浓度范围内，N 型掺杂和 P 型掺杂的范围分别是 $10^{19} \sim 10^{20}$ cm^{-3} 和 $10^{19} \sim 10^{21}$ cm^{-3}，所有类型的 S 都随着载流子浓度的增加而近似线性下降，而 σ 随载流子浓度的增加而增加。这也可以在许多其他 2D 材料中发现，S 和 σ 与载流子浓度具有不同的关系，因为它们与费米表面附近的 DOS 具有相反的依赖性[7,26,34]。因此，可以得到如图 9.6 所示的优化 PF 关系图。这是热电优值的重要参数，此外，除 Se₂Te 的 P 型掺杂外，随着应变的增加应变会增强 S。粗略地说，该应变诱导 Se₂Te 的 σ 增强，而它对 SeTe₂ 的作用则相反。

9.3.3　晶格热导率

相比之下，SeTe₂ 单层的 k_l 远低于 Se₂Te 单层，如图 9.7 所示，这得益于组成元素具有大质量[10]和弱键结合[35,36]。值得注意的是，从图 9.7 可以看出，Se₂Te 和 SeTe₂ 的 k_l 都随着双轴拉伸应变而降低，这可能是声子软化造成的[12]。

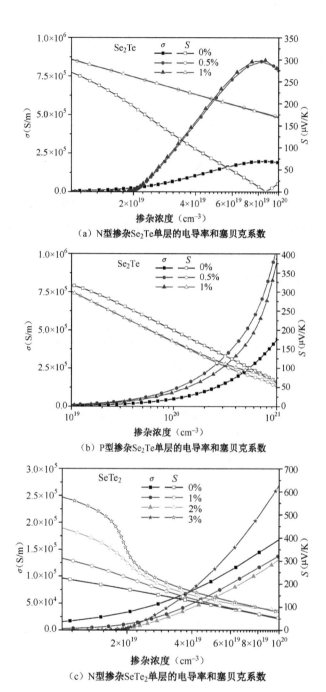

（a）N型掺杂Se₂Te单层的电导率和塞贝克系数

（b）P型掺杂Se₂Te单层的电导率和塞贝克系数

（c）N型掺杂SeTe₂单层的电导率和塞贝克系数

图9.5　施加不同应变，Se₂Te 和 SeTe₂ 单层的电导率 σ 和塞贝克系数 S 在

300 K 时作为 N 型和 P 型掺杂浓度的函数

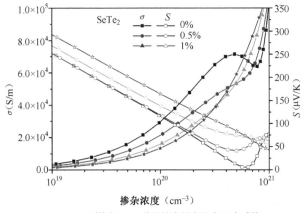

（d）P 型掺杂 SeTe₂ 单层的电导率和塞贝克系数

图 9.5　施加不同应变，Se₂Te 和 SeTe₂ 单层的电导率 σ 和塞贝克系数 S 在
300 K 时作为 N 型和 P 型掺杂浓度的函数（续）

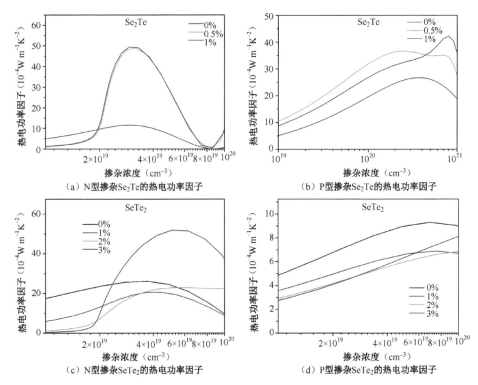

（a）N 型掺杂 Se₂Te 的热电功率因子　　　　（b）P 型掺杂 Se₂Te 的热电功率因子

（c）N 型掺杂 SeTe₂ 的热电功率因子　　　　（d）P 型掺杂 SeTe₂ 的热电功率因子

图 9.6　温度 300 K 时，Se₂Te 和 SeTe₂ 单层在拉伸应变下的热电功率因子
PF 随着掺杂浓度变化的关系图

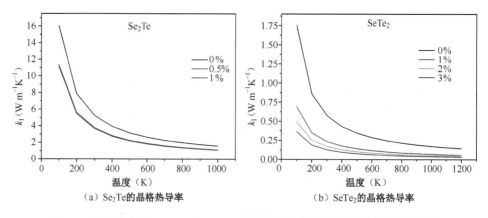

（a）Se₂Te的晶格热导率　　　　　　（b）SeTe₂的晶格热导率

图9.7　不同应变下，Se₂Te和SeTe₂单层的晶格热导率与温度的依赖关系图

为进一步研究k_1随应变降低的原因，我们分析了应变对声子群速度和声子散射率的影响，如图9.8所示。根据图9.9计算出的累积晶格热导率，证实Se₂Te和SeTe₂都遵循一般规律，即晶格热导率主要由低频声子贡献，因此绘制了低频范围（0～2 THz）的声子群速度。与Se₂Te相比，SeTe₂单层在无应变和应变结构下的散射率更高，而在低频声子群速度中则出现相反的规律，特别是在长波长极限处。因此，与Se₂Te单层相比，SeTe₂单层具有较低的k_1[37]。粗略地说，对于Se₂Te和SeTe₂单层，拉伸应变对散射率和声子群速度具有相反的影响，即拉伸应变通常会增加散射率，而群速度会因拉伸应变而减弱，进而导致k_1值

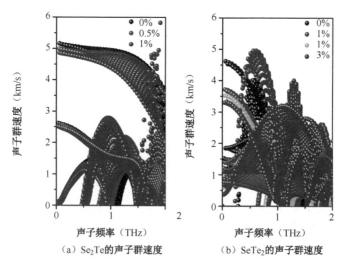

（a）Se₂Te的声子群速度　　　　　　（b）SeTe₂的声子群速度

图9.8　Se₂Te和SeTe₂的声子群速度和声子散射率随拉伸应变的变化图

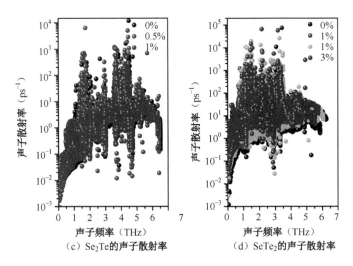

（c）Se₂Te 的声子散射率　　　　　　（d）SeTe₂ 的声子散射率

图 9.8　Se₂Te 和 SeTe₂ 的声子群速度和声子散射率随拉伸应变的变化图（续）

的降低。此外，在室温下，在 1%和 3%的拉伸应变下，Se₂Te 和 SeTe₂ 单层的 k_l 分别降低了 30.6%和 77.7%，如表 9.2 所示。因此，适当的拉伸应变通过降低 k_l 有利于热电性能，这是实现增强 ZT 非常有效的方法。最后，通过拟合与温度相关的 k_l，发现 k_l 在所有情况下都满足 T^{-1} 行为，表明声子散射的主要 Umklapp 过程会导致热阻率[11, 34]。

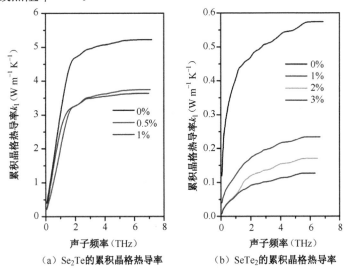

（a）Se₂Te 的累积晶格热导率　　　　　（b）SeTe₂ 的累积晶格热导率

图 9.9　不同应变下，Se₂Te 和 SeTe₂ 单层在 300 K 时的累积晶格热导率

k_l 作为声子频率的函数

表9.2　300 K时，各声子分支（ZA、TA、LA和光学分支）对
总晶格热导率的贡献率，以及晶格热导率 k_l

化合物	应变	ZA	TA	LA	光学分支	k_l（W m^{-1} K^{-1}）
Se$_2$Te	0%	17.73% 19.28%[8]	51.32% 43.12%[8]	23.65% 28%[8]	7.30% 9.29%[8]	5.236 4.880[8]
	0.5%	18.28%	36.63%	35.50%	9.59%	3.744
	1%	21.90%	56.45%	14.14%	7.52%	3.636
SeTe$_2$	0%	11.49%	6.33%	65.42%	16.76%	0.574
	1%	14.98%	10.59%	48.23%	26.20%	0.235
	2%	12.96%	17.96%	37.62%	31.46%	0.171
	3%	14.74%	20.54%	32.85%	31.86%	0.128

9.3.4　热电优值（ZT）

为评估尺寸对弹道或扩散声子传输的影响，我们计算了最大声子平均自由程（MFP）分布（见图9.10），这对于纳米结构的设计很重要。特别是，参考 MFP 与 k_l 的关系，可以通过设计材料的尺寸大小有效调控 k_l，进而使其在热电材料中有更好的应用。通过式（6.5）拟合累积晶格热导率 k_l，得到了 Se$_2$Te 和 SeTe$_2$ 单层在不同应变下的声子 MFP。Se$_2$Te 单层对应的 MFP 值分别为 39.70 nm、24.18 nm 和 34.83 nm，SeTe$_2$ 单层对应的 MFP 值分别为 12.35 nm、1.29 nm、0.70 nm 和 0.53 nm，远小于其他 2D 材料[38, 39]。这表明当 Se$_2$Te 和 SeTe$_2$ 单层的样品尺寸分别低于 40nm 和 20nm 时，k_l 将显著降低。因此，我们的计算结果有望为将来的材料设计提供理论上的指导。值得注意的是，声子 MFP 会随着应变的增加而减少，这是由于 MFP 的整体减少及来自光学分支[40]对 k_l 的贡献更高，如表9.2 所示。

然后，详细研究了声学分支（ZA、TA 和 LA）和光学分支（OP）在 300 K 时对 k_l 的声子模式贡献，如表9.2 所示。通过比较，发现无应变 Se$_2$Te 单层声子模式对 k_l 的贡献与报道一致[8]，k_l 值也与报道一致。此外，可以注意到，在所有情况下，k_l 主要由声学分支主导。可以很容易地看出，随着双轴应变的增加，光学分支对 k_l 的贡献增加，同时声学分支的贡献减少。

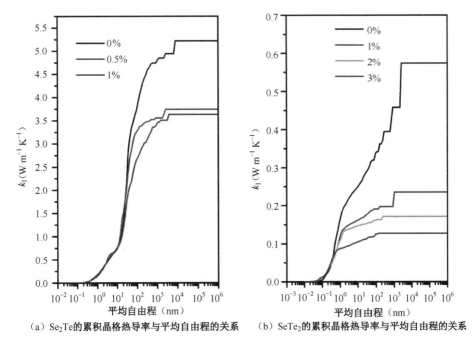

（a）Se₂Te的累积晶格热导率与平均自由程的关系　（b）SeTe₂的累积晶格热导率与平均自由程的关系

图 9.10　Se₂Te 和 SeTe₂ 单层在拉伸应变下的累积晶格热导率 k_1 作为室温下
声子平均自由程（MFP）的函数

为揭示双轴应变对热电转换效率的影响，我们计算得到了 $T=300\,K$ 时应变相关的 ZT 作为浓度的函数图，如图 9.11 所示。对于无应变结构，Se₂Te 单层的 P 型掺杂 ZT 优于 N 型掺杂，这与 SeTe₂ 单层相反。第 6 章[7]详细解释了这种差异产生的原因。总体而言，与未应变结构相比，应变 Se₂Te 和 SeTe₂ 单层的 N 型和 P 型 ZT 值明显提高。特别是，对于 Se₂Te（SeTe₂）单层，在 1%（3%）应变下，最大 N 型掺杂 ZT 增加到 1.38（8.41），该值是相应的无应变 ZT 的 6（5）倍，相应的最大 P 型掺杂 ZT 高达 0.64（1.67），是无应变结构的 1.6（2.5）倍。如此高的应变结构 ZT 大于大多数报道的 2D 材料，如 α-Te[41]、SiTe₂[42]、SnTe₂[42]、XSe（X＝Ge，Sn 和 Pb）[34]，甚至大于典型的单晶和多晶 SnSe[43,44]，表明拉伸应变是增强热电效应的有效策略。

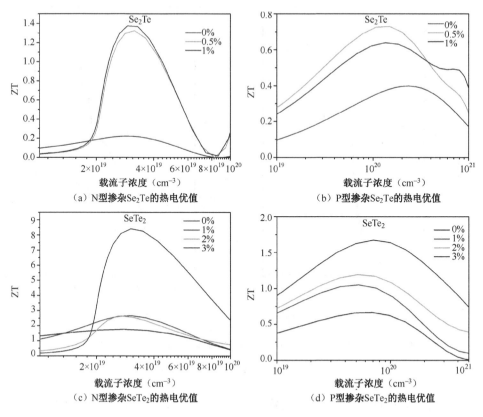

图9.11　Se$_2$Te 和 SeTe$_2$ 单层在室温下的应变相关 ZT 作为载流子浓度的函数图

　　此外，还发现除 N 型掺杂的 Se$_2$Te 和 P 型掺杂的 SeTe$_2$ 之外，ZT 的值不会随着应变的增加而单调增加。与 SeTe$_2$ 不同，Se$_2$Te 相对大的 ZT 随着施加的应变而变化，即对于应变结构，N 型 ZT 大于 P 型 ZT。为揭示这些现象及应变如何大大提高热电性能的原因，我们计算了 PF 和 k_e，分别如图 9.6 和图 9.12 所示。由于 PF 和 k_e 是式 ZT = PF·T/(k_e + k_l) 中的重要参数，结合之前计算的 k_l，除 P 型掺杂的 SeTe$_2$ 单层外，应变引起的热电性能增强归因于 PF 的增加和 k_l 的降低，这在其他报道中也有发现[12,45]。尽管与未应变的 SeTe$_2$ 单层相比 P 型 PF 降低，但热导率降低并且占主导地位，导致 ZT 增强。计算中的一个有趣现象表明，对于 P 型 Se$_2$Te 和 N 型 SeTe$_2$，ZT 的值不会随应变单调增加，这是 PF、k_e 和 k_l 复杂变化的结果导致的。

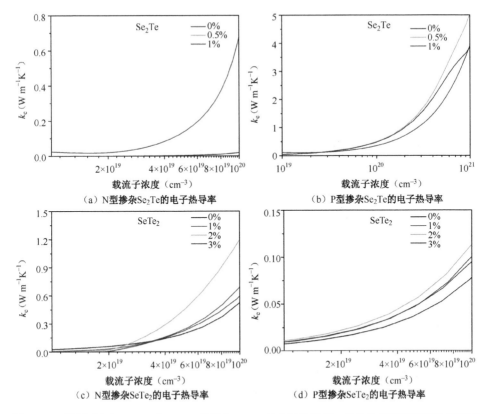

（a）N型掺杂Se₂Te的电子热导率　　　　（b）P型掺杂Se₂Te的电子热导率

（c）N型掺杂SeTe₂的电子热导率　　　　（d）P型掺杂SeTe₂的电子热导率

图 9.12　不同应变下，Se₂Te 和 SeTe₂单层在 300 K 时电子热导率 k_e 的作为载流子浓度的函数图

9.4　本章小结

本章通过第一性原理计算结合半经典玻尔兹曼理论，研究了双轴拉伸应变对 α 相 Se₂Te 和 SeTe₂单层的稳定性、电子性能、晶格热导率和热电性能的影响。发现较小的拉伸应变软化了声子模并降低了声子频率，同时拉伸应变增强了散射率并削弱了群速度，导致晶格热导率 k_l 降低。拉伸应变增加了键长，从而导致带隙减小。此外，在与减弱的 k_l 相结合的同时，拉伸应变还可以有效地调节电子传输系数，如电子电导率、塞贝克系数和电子热导率，从而大大提高 ZT。计算结果表明，拉伸应变可以有效地提高 Se₂Te 和 SeTe₂单层的热电性能。

本章参考资料

[1]   ZHANG X, ZHAO L D. Thermoelectric Materials: Energy Conversion between Heat and Electricity. J. Materiomics, 2015, 1: 92.

[2]   BELL L E. Cooling, Heating, Generating Power, and Recovering Waste Heat with Thermoelectric Systems. Science, 2008, 321: 1457.

[3]   OUYANG Y, ZHANG Z, LI D, et al. Emerging Theory, Materials, and Screening Methods: New Opportunities for Promoting Thermoelectric Performance. Ann. Phys.-Berlin, 2019, 531: 1800437.

[4]   ZHU Z L, CAI X L, YI S H, et al. Multivalency-Driven Formation of Te-Based Monolayer Materials: A Combined First-Principles and Experimental Study. Phys. Rev. Lett., 2017, 119: 106101.

[5]   CHEN J, DAI Y, MA Y, et al. Ultrathin Beta-Tellurium Layers Grown on Highly Oriented Pyrolytic Graphite by Molecular-Beam Epitaxy. Nanoscale. 2017, 9: 15945.

[6]   LIN Z Y, WANG C, CHAI Y. Emerging Group-VI Elemental 2D Materials: Preparations, Properties, and Device Applications, Small. 2020, 16: 16.

[7]   CHEN S, TAO W, ZHOU Y, et al. Novel Thermoelectric Performance of 2D 1T- Se_2Te and $SeTe_2$ with Ultralow Lattice Thermal Conductivity but High Carrier Mobility. Nanotechnology, 2021, 32: 455401.

[8]   ZHONG X, HUANG Y, YANG X. Superior Thermoelectric Performance of α-Se_2Te monolayer. Mater. Res. Express, 2021, 8: 045507.

[9]   LIU Y, WU W, GODDARD W A. Tellurium: Fast Electrical and Atomic Transport along the Weak Interaction Direction. J. Am. Chem. Soc., 2018, 140: 550.

[10]   RAMÍREZ-MONTES L, LÓPEZ-PÉREZ W, GONZÁLEZ-HERNÁNDEZ R, et al. Large Thermoelectric Figure of Merit in Hexagonal Phase of 2D Selenium and Tellurium. Int. J. Quantum Chem., 2020, 120: 26267.

[11]   GAO Z, TAO F, REN J. Unusually Low Thermal Conductivity of Atomically Thin 2D Tellurium. Nanoscale, 2018, 10: 12997.

[12]   LV H Y, LU W J, SHAO D F, et al. Strain-Induced Enhancement in the Thermoelectric Performance of a ZrS_2 Monolayer. J. Mater. Chem. C, 2016, 4: 4538.

[13]　GUO S D. Biaxial Strain Tuned Thermoelectric Properties in Monolayer PtSe₂. J. Mater. Chem. C, 2016, 4: 9366.

[14]　D'SOUZA R, MUKHERJEE S, AHMAD S. Strain Induced Large Enhancement of Thermoelectric Figure-of-Merit (ZT Similar to 2) in Transition Metal Dichalcogenide Monolayers ZrX₂ (X = S, Se, Te). J. Appl. Phys., 2019, 126: 214302.

[15]　WANG N, LI M, XIAO H, et al. Optimizing the Thermoelectric Transport Properties of Bi₂O₂Se Monolayer via Biaxial Strain. Phys. Chem. Chem. Phys., 2019, 21: 15097.

[16]　KRESSE G, FURTHMÜLLER J. Efficient Iterative Schemes for Ab Initio Total-Energy Calculations using a Plane-Wave Basis Set. Phys. Rev. B, 1996, 54: 11169.

[17]　KRESSE G, FURTHMÜLLER J. Efficiency of Ab-Initio Total Energy Calculations for Metals and Semiconductors using a Plane-Wave Basis Set. Comp. Mater. Sci., 1996, 6: 15.

[18]　PERDEW J P, BURKE K, ERNZERHOF M. Generalized Gradient Approximation Made Simple. Phys. Rev. Lett., 1996, 77: 3865.

[19]　EGLITIS R I, PURANS J, JIA R. Comparative Hybrid Hartree-Fock-DFT Calculations of WO₂-Terminated Cubic WO₃ as Well as SrTiO₃, BaTiO₃, PbTiO₃ and CaTiO₃ (001) Surfaces. Crystals, 2021, 11: 455.

[20]　EGLITIS R I, PURANS J, POPOV A I, et al. Tendencies in ABO₃ Perovskite and SrF₂, BaF₂ and CaF₂ Bulk and Surface F-Center Ab Initio Computations at High Symmetry Cubic Structure. Symmetry, 2021, 13: 1920.

[21]　LI X, ZHANG Z, XI J, et al. TransOpt. A Code to Solve Electrical Transport Properties of Semiconductors in Constant Electron-Phonon Coupling Approximation. Comp. Mater. Sci., 2021, 186: 110074.

[22]　TOGO A, OBA F, TANAKA I. First-Principles Calculations of the Ferroelastic Transition between Rutile-Type and CaCl₂-type SiO₂ at High Pressures. Phys. Rev. B, 2008, 78: 134106.

[23]　BARONI S, DE GIRONCOLI S, DAL CORSO A, et al. Phonons and Related Crystal Properties from Density-Functional Perturbation Theory. Rev. Mod.

Phys., 2001, 73: 515.

[24] LI W, CARRETE J, A. KATCHO N, et al. ShengBTE: A Solver of the Boltzmann Transport Equation for Phonons. Comput. Phys. Commun., 2014, 185: 1747.

[25] LIU G, WANG H, LI G L. Structures, Mobilities, Electronic and Optical Properties of Two-Dimensional α-Phase Group-VI Binary Compounds: α-Se_2Te and α-$SeTe_2$. Phys. Lett. A, 2020, 384: 126431.

[26] KUMAR S, SCHWINGENSCHLOEGL U. Thermoelectric Response of Bulk and Monolayer $MoSe_2$ and WSe_2. Chem. Mater., 2015, 27: 1278.

[27] ZHU X L, LIU P F, XIE G, et al. Thermoelectric Properties of Hexagonal M_2C_3 (M = As, Sb, and Bi) Monolayers from First-Principles Calculations. Nanomaterials, 2019, 9: 597.

[28] HUMMER K, GRÜNEIS A, KRESSE G. Structural and Electronic Properties of Lead Chalcogenides from First Principles. Phys. Rev. B, 2007, 75: 195211.

[29] HUANG W, YANG H, CHENG B, et al. Theoretical Study of the Bandgap Regulation of a Two-Dimensional GeSn Alloy Under Biaxial Strain and Uniaxial Strain Along the Armchair Direction. Phys. Chem. Chem. Phys., 2018, 20: 23344.

[30] GUAN X, ZHU G, WEI X, et al. Tuning the Electronic Properties of Monolayer MoS_2, $MoSe_2$ and MoSSe by Applying z-Axial Strain. Chem. Phys. Lett., 2019, 730: 191.

[31] BECKE A D, EDGECOMBE K E. A Simple Measure of Electron Localization in Atomic and Molecular Systems. J. Chem. Phys., 1990, 92: 5397.

[32] KOUMPOURAS K, LARSSON J A. Distinguishing between Chemical Bonding and Physical Binding using Electron Localization Function (ELF). J. Phys.: Condens. Matter, 2020, 32: 315502.

[33] STEINMANN S N, MO Y, CORMINBOEUF C. How do Electron Localization Functions Describe π-Electron Delocalization. Phys. Chem. Chem. Phys., 2011, 13: 20584.

[34] ZHU X L, HOU C H, ZHANG P, et al. High Thermoelectric Performance of New Two-Dimensional IV–VI Compounds: A First-Principles Study. J. Phys.

Chem. C, 2020, 124: 1812.

[35]　SPITZER D. P. Lattice Thermal Conductivity of Semiconductors: A Chemical Bond Approach. J. Phys. Chem. Solids, 1970, 31: 19.

[36]　FENG Z, FU Y, ZHANG Y, et al. Characterization of Rattling in Relation to Thermal Conductivity: Ordered Half-Heusler Semiconductors. Phys. Rev. B, 2020, 101: 064301.

[37]　MUTHAIAH R, TARANNUM F, GARG J. Strain Tuned Low Thermal Conductivity in Indium Antimonide (InSb) Through Increase in Anharmonic Phonon Scattering—A First-Principles Study. Solid State Commun., 2021, 334-335: 114378.

[38]　PENG B, ZHANG H, SHAO H, et al. Low Lattice Thermal Conductivity of Stanine. Sci. Rep., 2016, 6: 20225.

[39]　SHAFIQUE A, SAMAD A, SHIN Y H. Ultra Low Lattice Thermal Conductivity and High Carrier Mobility of Monolayer SnS₂ and SnSe₂: A First Principles Study. Phys. Chem. Chem. Phys., 2017, 19: 20677.

[40]　QIN G, QIN Z, FANG W Z, et al. Diverse Anisotropy of Phonon Transport in Two-Dimensional Ⅳ-Ⅵ Compounds: A Comparative Study. Nanoscale, 2016, 8: 11306.

[41]　MA J, MENG F, HE J, et al. Strain-Induced Ultrahigh Electron Mobility and Thermoelectric Figure of Merit in Monolayer α-Te. ACS Appl. Mater. Interfaces, 2020, 12: 43901.

[42]　WANG Y, GAO Z B, ZHOU J. Ultralow Lattice Thermal Conductivity and Electronic Properties of Monolayer 1T Phase Semimetal SiTe₂ and SnTe₂. Physica E, 2019, 108: 53.

[43]　ZHAO L D, LO S H, ZHANG Y, et al. Ultralow Thermal Conductivity and High Thermoelectric Figure of Merit in SnSe Crystals. Nature, 2014, 508: 373.

[44]　LOU X, LI S, CHEN X, et al. Lattice Strain Leads to High Thermoelectric Performance in Polycrystalline SnSe. ACS Nano., 2021, 15: 8204.

[45]　CICEK M M, DEMIRTAS M, DURGUN E. Tuning Thermoelectric Efficiency of Monolayer Indium Nitride by Mechanical Strain. J. Appl. Phys., 2021, 129: 234302.

第 10 章

VIA 族元素的衍生物 Janus CrXY（X, Y=S, Se, Te）的 Rashba 自旋分裂和压电响应的研究

10.1 概述

镜面非对称 Janus 结构可以诱导 Rashba 自旋分裂和压电响应。杨等[1]最近在实验室合成层状 CrSSe 材料，该层状材料可以作为基于阴离子反应的高倍率锂离子电池的正极材料，为进一步研究VIA族衍生物 Janus CrXY（X, Y = S, Se, Te）提供了启发。本章主要研究 Janus CrXY（X, Y = S, Se, Te）的 Rashba 效应和压电性，以及它们随双轴应变的变化规律。由于镜像对称缺失和较强的 SOC 效应，无应变 CrXY 具有大的 Rashba 参数，特别是 CrSeTe 的 Rashba 参数高达 1.23 eV Å。因为在价带边缘满足动量 k^3 项关系，CrSeTe 表现出强的六边形翘曲效应和非零的面外自旋极化 S_z 现象。CrSSe 和 CrSTe 单层在价带中低的等能面处也可以发生六边形翘曲效应。压电研究表明 Janus CrXY 单层具有优异的本征面外压电响应（d_{31} = 0.4～0.83 pm/V），比 MoXY 单层的压电系数要大几个数量级。此外，还详细研究了双轴应变对电子能带结构、Rashba 自旋劈裂和压电性质的调控效应。拉伸应变抑制带隙增大，而压缩应变增大带隙。应变工程可以有效地调整电子能带，导致发生半导体—金属和间接带隙—直接带隙的转变。此外，应变对 Rashba 效应和压电响应的影响相反，即压缩应变增强 Rashba 自旋劈裂，拉伸应变显著提高压电系数。总之，Janus CrXY 单层具有较大的固有 Rashba 参数和压电系数，且可通过应变工程有效调节，为自旋电子和压电器件的应用提供了机会。

10.2 Janus CrXY 的稳定性

一般来说，广泛报道的 2H、1T 和 1T′ 相 TMDCs 在转化为不对称 Janus 结构方面具有先天优势[2-5]。前面已经提到过，在 TMDCs 的三个典型的晶体结构中，2H 相是稳定的半导体，亚稳态的 1T 和 1T′ 相是金属或半金属[6-8]。因为压电材料必须是具有足够宽带隙的绝缘体或半导体，以避免电流泄漏，因此，亚稳态 1T 和 1T′ 相不是压电材料的候选者。所以本章主要研究 2H 相 Janus CrXY 单层膜的物理性质。图 10.1（a）、图 10.1（b）和图 10.1（c）分别是 Janus CrXY 单层的俯视图和侧视图，以及不可约布里渊区高对称路径。Janus CrXY 单层具有 C_{3v} 点群对称，空间群为 P3m1（No.156），由于上下两层的元素不同而具有镜面不对称性。优化后的晶格常数 a_0 为 3.126 Å（CrSSe）、3.271 Å（CrSTe）、3.348 Å（CrSeTe），与资料[9, 10]报道的一致。

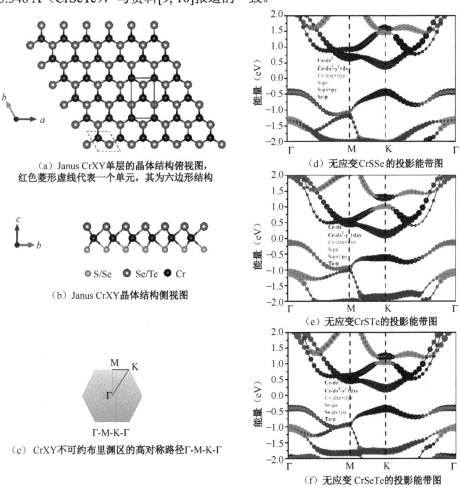

（a）Janus CrXY 单层的晶体结构俯视图，
红色菱形虚线代表一个单元，其为六边形结构

（b）Janus CrXY 晶体结构侧视图

○ S/Se　◉ Se/Te　● Cr

（c）CrXY 不可约布里渊区的高对称路径 Γ-M-K-Γ

（d）无应变 CrSSe 的投影能带图

（e）无应变 CrSTe 的投影能带图

（f）无应变 CrSeTe 的投影能带图

图 10.1　Janus CrXY 的晶体结构、不可约布里渊区高对称路径和投影能带图

为检验非应变和应变结构的 Janus CrXY 单层的动力学稳定性，本章研究了应变状态下的声子谱，施加的应变范围为−6%～16%，步长为 0.02。声子谱测试表明，CrSSe、CrSTe 和 CrSeTe 单层分别在−2%～14%、−2%～6%和−2%～12%的双轴应变范围内是动力学稳定的。不同应变条件下的声子谱如图 10.2 所示。很明显，它们在给定的双轴应变和无应变情况下均没有虚频率，表明所有的 CrSSe、CrSTe 和 CrSeTe 单层都是动力学稳定的。此外，我们发现声子谱的频率从压缩应变到拉伸应变逐渐降低，导致声子带隙减小。特别是，当 Janus CrSeTe 单层的拉伸应变大于 6%时，纵向声学声子和低频光学声子之间会发生纠缠。这可能意味着强声-光声子散射和低晶格热导率[11]。

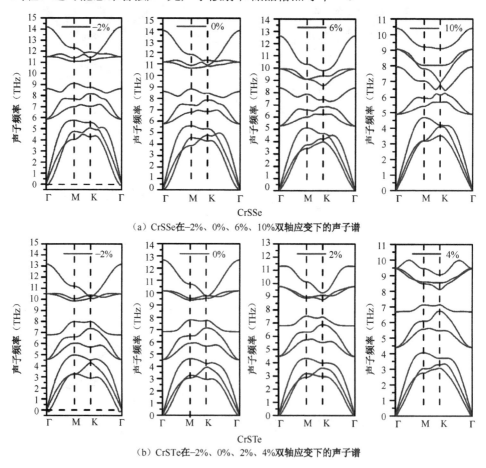

（a）CrSSe在−2%、0%、6%、10%双轴应变下的声子谱

（b）CrSTe在−2%、0%、2%、4%双轴应变下的声子谱

图 10.2　Janus CrXY 在不同双轴应变下的声子谱

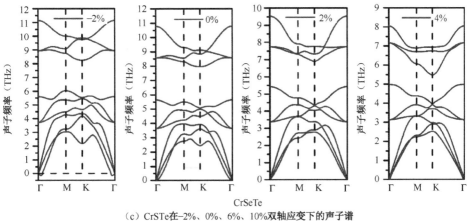

（c）CrSTe在−2%、0%、6%、10%双轴应变下的声子谱

图 10.2　Janus CrXY 在不同双轴应变下的声子谱（续）

为进一步证实本征 Janus 单层的能量稳定性，我们用下面的公式计算了内聚能[12]：$E_c = \dfrac{E_{CrXY} - E_{Cr} - E_X - E_Y}{n}$ 。式中，E_{CrXY} 为纯单层的总能量，E_{Cr}、E_X、E_Y 分别为孤立的 Cr、X、Y 原子的能量。n 是每个原胞的总原子数。计算出的 CrSSe、CrSTe 和 CrSeTe 单层的内聚能 E_c 分别为 -5.98 eV/atom、-5.59 eV/atom 和 -5.34 eV/atom。内聚能均为负值表明该单分子膜具有能量稳定性。

10.3　Janus CrXY 的电子能带结构

图 10.3 是不考虑自旋轨道耦合效应的有应变和无应变的电子能带图。对于无应变结构，三种 Janus CrXY 单层都是间接带隙半导体。CrSSe、CrSTe 和 CrSeTe 的带隙分别为 0.832 eV、0.266 eV 和 0.626 eV，与资料[10]的计算结果相同。在压缩应变（−2%）的条件下，除 CrSTe 单分子膜外，CrSSe 和 CrSeTe 单分子膜是直接带隙半导体。可以推断出，CrSSe 和 CrSeTe 单层在施加较小压应力的情况下将发生间接带隙到直接带隙的转变，这有利于光吸收，有利于其在光电器件中的应用[13, 14]。对于拉伸应变结构，三种 CrXY 单层的带隙随着拉伸应变的增加而单调减小，这是由于 CBM 向下移动，VBM 向上移动，与压缩应变的调节趋势相反。这是由 X-M-Y 角弯曲（键长改变）和由此产生的轨道间耦合调

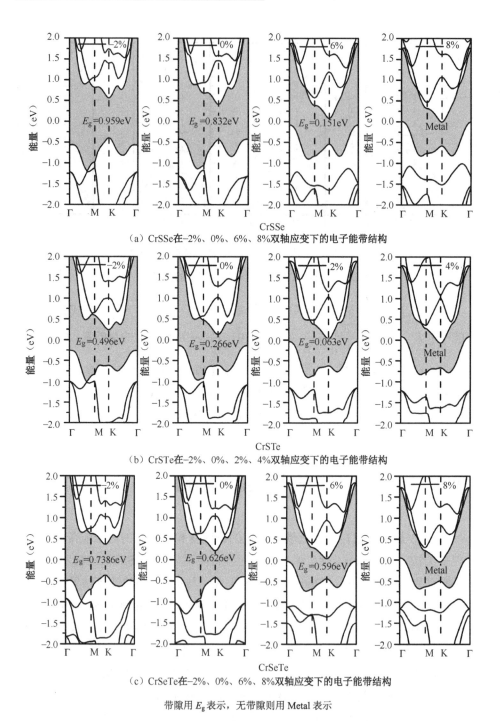

（a）CrSSe在−2%、0%、6%、8%双轴应变下的电子能带结构

（b）CrSTe在−2%、0%、2%、4%双轴应变下的电子能带结构

（c）CrSeTe在−2%、0%、6%、8%双轴应变下的电子能带结构

带隙用 E_g 表示，无带隙则用 Metal 表示

图 10.3　不同双轴应变下的 Janus CrXY 单层电子能带结构

控造成的[15]。此外，可以看到Γ点和 K 点处的带边缘受到拉伸应变的显著影响。随着拉伸应变的增加，除 CrSTe 单层外，CrSSe 和 CrSeTe 单层的 CBM 保持固定在其原始位置，而 VBM 从原来的 K 点转移到Γ点，发生直接—间接带隙转变。这可能是施加的应变改变了原子之间的距离而导致原子轨道的不同叠加引起的[15, 16]。当施加较大的拉伸应变时，达到了 VBM 和 CBM 穿过费米能级的过渡极限，该系统经历半导体—金属过渡，这也可以在资料[16, 17]中找到。价带中，K 点对应的本征能对拉伸应变的灵敏度明显比Γ点的要低，具体原因后文有具体的讨论。

为进一步了解应变对不同 K 点价带能量的影响，我们计算了投影能带结构［见图 10.1（d）～图 10.1（f）］和态密度（见图 10.4）。可以看出，Cr-d_z^2 轨道在 CBM 中占主导地位，而 Cr-d_{xy}（$d_{x^2-y^2}$）轨道在 VBM 中占主导地位。另外，可以发现 Cr-d_z^2 轨道和相对较弱的 S (Se)-p_z 轨道主导了Γ点价带的能态，形成明显的 σ 键，如图 10.5 所示，这与 DOS 的分析高度一致。Cr-d 轨道和 S(Se)-p 轨道的 DOS 形状相似，表明 Cr 和 S (Se)原子之间存在高度共享电子，因此 σ 键较强[18]。从图 10.5 的下半部分可以看出，由平面内 $d_{x^2-y^2}$ 和 d_{xy} 轨道组成的 π 键定域在 Cr 原子周围。当施加水平应力时，为减小体系的能量，会发生较大的结构弛豫，以补偿原子间平面距离的增加，导致垂直层间距的减小和 d_z^2 轨道在费米能级上的重叠增加[16]。结果，σ 键强度增加，VBM（Γ点）明显向上移动。总的来说，应变影响原子间的相对位置，从而影响原子间键合的性质和强度，进而导致能带结构发生变化。这些结果表明，应变工程是纳米电子学和纳米光子学应用中修饰电子结构的有效方法。

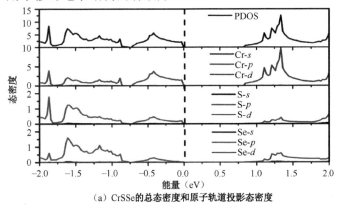

（a）CrSSe的总态密度和原子轨道投影态密度

图 10.4　无应变的 CrSSe、CrSTe、CrSeTe 单层的总态密度（DOS）和投影态密度（PDOS）

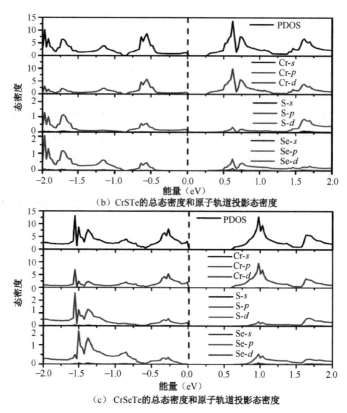

（b）CrSTe的总态密度和原子轨道投影态密度

（c）CrSeTe的总态密度和原子轨道投影态密度

图10.4 无应变的CrSSe、CrSTe、CrSeTe 单层的总态密度（DOS）和投影态密度（PDOS）（续）

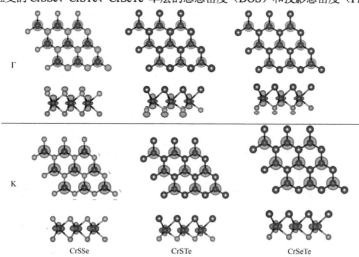

等值面水平设置为0.0003 bohr^{-3}，上部分和下部分分别表示Γ点和K 点处费米能级附近价带的能带分解电荷密度

图10.5 无应变的 Janus CrXY 单层的Γ点和 K 点费米能级附近价带的能带分解电荷密度

10.4　Rashba 效应

面内对称性破缺及 TMDCs 中金属原子的 d 电子轨道耦合效应导致产生了塞曼型自旋和谷耦合物理现象[19]。此外，镜像对称破缺还会引起面内 Rashba 分裂和面外谷自旋极化（类塞曼 SOC 分裂）[20]。为了揭示 Rashba 效应，我们计算了考虑 SOC 效应的电子能带图，如图 10.6 所示。比较图 10.3 和图 10.6 可以发现，不考虑 SOC 效应，不存在 Rashba 自旋劈裂。通过能带的局部放大图，可以观察到 Rashba 自旋劈裂和谷自旋极化现象。为印证 Rashba 型自旋分裂效应，我们使用 PyProcar 代码[21]在 k_x-k_y 平面上以固定能量值计算的二维自旋投影纹理上绘制了 S_x、S_y 和 S_z 自旋投影，如图 10.7 所示。自旋投影强度采用热图来描述，红（蓝）色表示自旋上（下）状态。在恒定能带（价带）边缘存在两条闭合的自旋方向相反的等高线，证实了在Γ点存在 Rashba 型自旋分裂，可以从带箭头的自旋投影纹理图 10.8 中更直观地观察到，自旋方向用箭头表示。

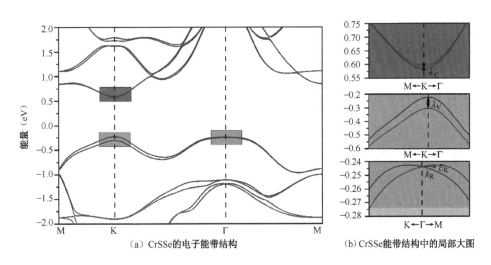

(a) CrSSe的电子能带结构　　(b) CrSSe能带结构中的局部大图

图 10.6　在 PBE+SOC 模式中计算的 Janus CrSSe、CrSTe 和 CrSeTe 单层的能带图

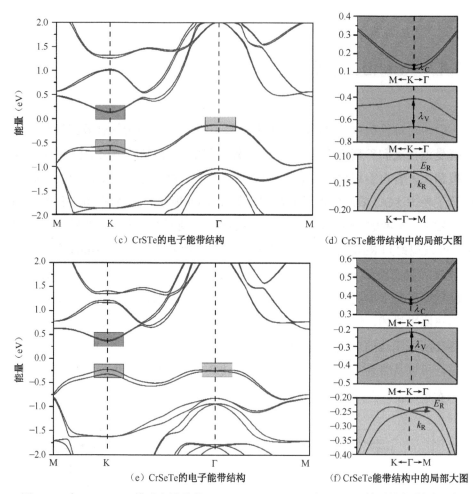

（c）CrSTe的电子能带结构　　　　（d）CrSTe能带结构中的局部大图

（e）CrSeTe的电子能带结构　　　　（f）CrSeTe能带结构中的局部大图

图 10.6　在 PBE+SOC 模式中计算的 Janus CrSSe、CrSTe 和 CrSeTe 单层的能带图（续）

值得注意的是，CrSSe 和 CrSTe 单层的同心自旋投影纹理圆具有面内手性自旋结构，证实了它们具有典型的线性动量 k 的 Rashba 自旋劈裂带，与 BiSb 单层一致[22]。然而，在 CrSeTe 单层中，由于 k^3 项的强烈六边形翘曲效应，外轮廓出现了六边形畸变[23]，而内轮廓仍然是圆形。这是因为六边形翘曲相互作用对较大（较小）的 k 值有显著（不显著）的影响。CrSSe（CrSTe）和 CrSeTe 单层在价带边缘的自旋投影纹理的巨大差异源于它们的抛物线型和非抛物线型能带，如图 10.6 所示。此外，六边形翘曲效应出现在所有系统的一个低于费米能级较大的恒定等能面处，如图 10.9 所示。电子能带上的自旋投影分量 S_x、

S_y 和 S_z 表明典型的 Rashba 型自旋投影纹理是由平面内的 S_x 和 S_y 分量贡献的，而不存在任何平面外的 S_z 分量。有趣的是，根据 $k \cdot p$ 理论，来源于三次自旋轨道耦合与 C_3 和 M 对称产生的翘曲项（k^3 项）引起六边形翘曲现象，从而产生非零面外自旋极化 S_z。总之，CrSSe 和 CrSTe 单层具有典型的面内手性同心圆自旋投影纹理的 Rashba 自旋劈裂（与 k 成线性关系）性质。六边形翘曲与面外自旋极化 S_z 一起出现在 CrSeTe 中，这是 k^3 项导致的结果，在 CrSSe 和 CrSTe 单层较低能量的价带中也可以观察到六边形翘曲效应。由于镜像对称性破缺和较强的 SOC，无应变的 CrXY 具有较大的 Rashba 参数。特别是，CrSeTe 的 Rashba 参数高达 1.23 eV Å。

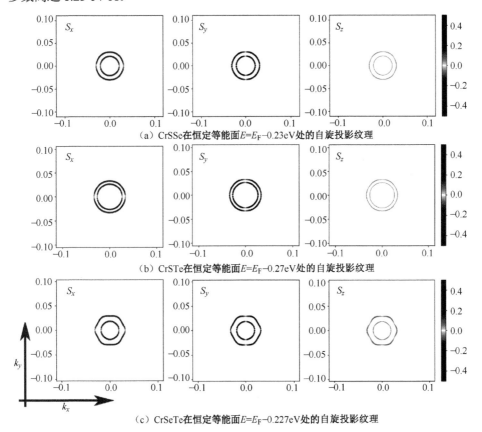

（a）CrSSe 在恒定等能面 $E=E_F-0.23\text{eV}$ 处的自旋投影纹理

（b）CrSTe 在恒定等能面 $E=E_F-0.27\text{eV}$ 处的自旋投影纹理

（c）CrSeTe 在恒定等能面 $E=E_F-0.227\text{eV}$ 处的自旋投影纹理

S_x、S_y、S_z 分别是自旋投影纹理在 x、y、z 方向上的自旋投影

图 10.7　Janus CrSSe、CrSTe 和 CrSeTe 单层分别在以 Γ 点为中心的 k_x-k_y 平面上低于费米能级 0.23 eV、0.27 eV 和 0.227 eV 的恒定能量表面上的二维自旋投影纹理图

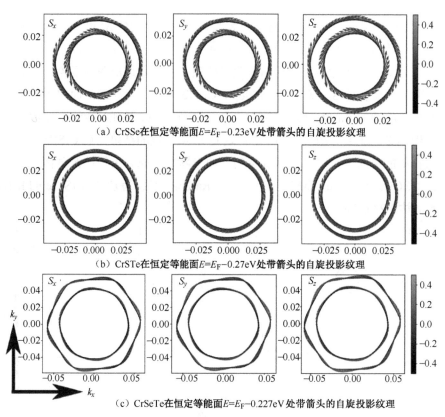

（a）CrSSe在恒定等能面$E=E_F-0.23$eV处带箭头的自旋投影纹理

（b）CrSTe在恒定等能面$E=E_F-0.27$eV处带箭头的自旋投影纹理

（c）CrSeTe在恒定等能面$E=E_F-0.227$eV处带箭头的自旋投影纹理

图10.8　Janus CrXY用箭头代替热图的自旋投影纹理分量的投影图

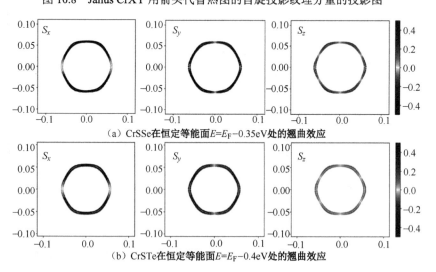

（a）CrSSe在恒定等能面$E=E_F-0.35$eV处的翘曲效应

（b）CrSTe在恒定等能面$E=E_F-0.4$eV处的翘曲效应

图10.9　Janus CrXY中的六边形翘曲效应

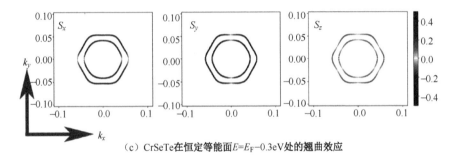

（c）CrSeTe 在恒定等能面 $E=E_F-0.3\,\mathrm{eV}$ 处的翘曲效应

图 10.9　Janus CrXY 中的六边形翘曲效应（续）

此外，CrSTe 在引入 SOC 效应后仍然是间接带隙半导体，而 CrSSe 和 CrSeTe 由于价带 K 点的谷自旋极化导致能带向上移动而发生间接—直接带隙转换。谷自旋极化发生在 K 点对应的 CBM［见图 10.6（b）、图 10.6（d）和图 10.6（f）］和价带［见图 10.6（a）、图 10.6（c）和图 10.6（e）］处。CrSSe、CrSTe 和 CrSeTe 单层的谷极化能 $\lambda_C(\lambda_V)$ 分别是 10.37（81.57）meV、16.47（92.83）meV 和 19.16（100.10）meV。大的 λ_V 来源于 Cr 原子的 $d_{x^2-y^2}$ 和 d_{xy} 轨道杂化效应[24]。λ_C 和 λ_V 之间的巨大差异表明存在较大的面外内建电场，这意味着存在显著的本征 Rashba 自旋极化。为证实这一猜想，我们计算了用于表征 Rashba 自旋劈裂强度的 Rashba 参数。在线性 Rashba 模型中，用来表征 Rashba 分裂带的能量色散公式为：$E(k)=\dfrac{\hbar^2}{2m^*}\pm\alpha_R k=\dfrac{\hbar^2}{2m^*}\left(|k|\pm k_R\right)^2-E_R$。通过关系式 $\alpha_R=\dfrac{2E_R}{k_R}$ 可以得到 Rashba 参数，E_R 和 k_R 分别是 Rashba 能量和动量偏移。为保证计算结果的准确性，我们计算了 WSeTe 单层的 Rashba 参数，计算结果与资料[25]完全一致，说明了我们计算结果的可靠性。CrSSe、CrSTe 和 CrSeTe 的本征 Rashba 参数分别为 0.26 eVÅ、0.31 eVÅ、1.23 eVÅ。这些值远远大于 MoSSe（0.067 eVÅ）[24] 和 WSSe（0.16 eVÅ）[26]，说明 CrXY 单层是自旋电子器件有希望的候选者。

在上述分析中，键长随着面内外应力的变化而变化，其次是 d_{z^2} 轨道的重叠和电子带的变化。因此，Rashba 自旋劈裂可以通过应变有效地控制。如图 10.10（a）所示，我们研究了双轴应变对 Rashba 自旋极化的影响。由于应变相关 E_R 和 k_R 之间存在竞争关系，导致 α_R 与压缩应变成正相关，与拉伸应变成负相关。施加 −2% 压缩应变时，CrSSe、CrSTe 和 CrSeTe 单层 α_R 值分别达到 0.66 eVÅ、0.50 eVÅ 和 2.11 eVÅ，这些值分别是 Rashba 本征参数的 2.5 倍、1.6 倍和 1.7 倍。

因此，双轴应变可以有效地控制 Rashba 自旋极化，从而增强了其在自旋电子器件领域的应用潜力。

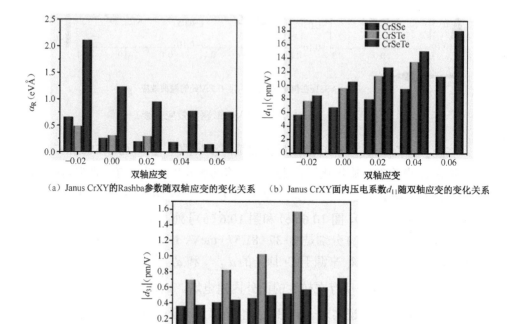

（a）Janus CrXY的Rashba参数随双轴应变的变化关系　　（b）Janus CrXY面内压电系数d_{11}随双轴应变的变化关系

（c）Janus CrXY的面外压电系数随双轴应变的变化关系

图 10.10　Janus CrXY 的 Rashba 参数和压电系数与双轴应变的关系

10.5　压电效应

理论上，足够宽的带隙可以防止压电材料中的电流泄漏[26, 27]。为了评估 CrXY 的压电性，我们首先计算表征弹性变形难易程度的弹性刚度系数 C_{ij}，计算结果如表 10.1 所示。值得注意的是，弛豫离子的弹性系数及杨氏模量 Y、泊松比 ν 和剪切模量 G，总是比夹紧离子的弹性系数小，因为离子的内部松弛释放了一些应力。此外，对于非应变结构，CrSSe、CrSTe 和 CrSeTe 单层的弛豫离子弹性系数 C_{11}（C_{12}）分别为 109.687 N/m（30.606 N/m）、94.918 N/m（28.734 N/m）

和 86.504 N/m（26.922 N/m），与资料[8]的结果非常吻合。CrSSe、CrSTe 和 CrSeTe 单层对应的 $Y(G)$ 分别为 101.147 N/m（39.540 N/m）、86.219 N/m（33.092 N/m）和 78.126 N/m（29.791 N/m）。这些数值小于其他二维材料[5,9,10]，如石墨烯、h-BN、MoS_2、WS_2 和 CrS_2，这表明 CrXY 单层比这些材料更灵活，可以很容易地通过应变调整其物理性质。施加双轴应变后，从压缩应变到拉伸应变，C_{11}、C_{12}、Y、G 单调减小。除 CrSSe 单层外，随着拉伸应变的增加，泊松比 v 呈先增大后减小的趋势，这与应力-应变关系一致。

表 10.1　应变结构的 Janus CrXY 单层膜的弛豫离子和夹紧离子弹性系数 C_{ij}（N/m）、杨氏模量 Y（N/m）和泊松比 v

化合物	应变	弛豫离子					夹紧离子				
		C_{11}	C_{12}	C_{66}	Y	v	C_{11}	C_{12}	C_{66}	Y	v
CrSSe	−0.02	126.769	31.909	47.43	118.737	0.252	147.322	44.742	51.290	133.734	0.304
	0	109.687	30.606	39.540	101.147	0.279	124.946	40.013	42.466	112.132	0.320
		110.72[10]	30.24[10]	—	—	—					
	0.02	95.338	28.164	33.587	87.019	0.295	106.207	35.012	35.597	94.665	0.330
	0.04	82.392	26.134	28.129	74.103	0.317	89.609	31.176	29.216	78.762	0.348
	0.06	70.535	23.172	23.682	62.922	0.329	75.457	27.258	24.099	65.611	0.361
CrSTe	−0.02	111.241	31.442	39.900	102.355	0.283	126.459	41.161	42.649	113.061	0.325
	0	94.918	28.734	33.092	86.219	0.303	105.919	35.969	34.975	93.704	0.340
	0.02	77.397	21.658	27.870	71.336	0.280	88.636	31.503	28.566	77.439	0.355
	0.04	55.883	8.885	23.499	54.470	0.159	73.729	27.239	23.245	63.666	0.369
CrSeTe	−0.02	100.58	29.393	35.593	91.990	0.292	114.688	37.855	38.416	102.194	0.330
	0	86.504	26.922	29.791	78.126	0.311	96.575	32.768	31.904	85.457	0.339
	0.02	74.314	24.869	24.722	65.991	0.335	80.799	28.895	25.952	70.465	0.358
	0.04	63.85	22.264	20.793	56.086	0.349	67.501	25.205	21.148	58.090	0.373
	0.06	51.664	17.019	17.323	46.058	0.329	56.142	21.865	17.139	47.626	0.389

所有计算的弹性刚度系数都完全满足弹性稳定性判据[28]，$C_{11}>0$ 和 $C_{11}>|C_{12}|$，表明 CrXY 单层在无应变和应变体系中都是机械稳定的。所有计算的弹性刚度系数都是各向同性的[29]，这可以通过图 10.11 得到印证。计算的杨氏模量、剪切模量和泊松比均与空间角度 θ 没有任何依赖关系。

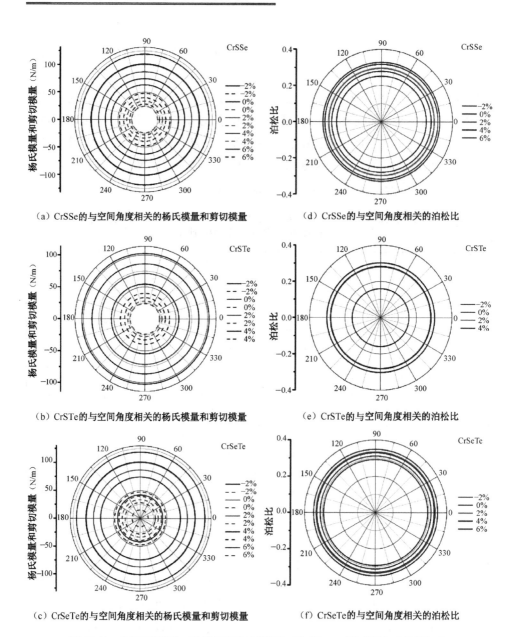

（a）CrSSe的与空间角度相关的杨氏模量和剪切模量

（d）CrSSe的与空间角度相关的泊松比

（b）CrSTe的与空间角度相关的杨氏模量和剪切模量

（e）CrSTe的与空间角度相关的泊松比

（c）CrSeTe的与空间角度相关的杨氏模量和剪切模量

（f）CrSeTe的与空间角度相关的泊松比

图 10.11　不同应变下，弛豫离子杨氏模量（实线）、剪切模量（虚线）和
泊松比与空间角度的关系

由于缺乏反演对称性，Janus CrXY 单层具有潜在的面内和面外压电响应[9]。弛豫离子压电应变系数 d_{ij} 可直接通过实验测量得到[30-32]，是衡量压电装置的

机械能到电能转换效率的主要参数。计算得到的 CrXY 在不同双轴应变下的弛豫离子压电系数如图 10.10（b）和图 10.10（c）所示。对于非应变结构，CrSSe、CrSTe 和 CrSeTe 单层膜的面内压电系数 e_{11}（d_{11}）分别为 537.221 pC/m（6.793 pm/V）、636.734 pC/m（9.621 pm/V）和 627.601 pC/m（10.533 pm/V）。这些压电系数大于大多数报道的 Janus 单层膜，如 MoXY（e_{11} = 374～453 pC/m，d_{11} = 3.76～5.3 pm/V）[2]，WXY（e_{11}=257～348 pC/m，d_{11}= 2.26～3.52 pm/V）[2]，SnSSe（e_{11}= 100 pC/m，d_{11}= 2.25 pm/V）[33]，表明 Janus CrXY 是一种很有前途的压电材料。此外，CrXY 的面外压电系数 e_{31} 和 d_{31} 优于上述报道的单层膜[2, 33, 34]，对应的系数分别为 CrSSe（56.647 pC/m、0.404 pm/V）、CrSTe（102.063 pC/m、0.825 pm/V）、CrSeTe（49.551 pC/m、0.437 pm/V）。大的面外压电响应可以显著提高功能层需要垂直堆叠的微纳压电器件的兼容性和灵活性[4, 35]。

图 10.10（b）和图 10.10（c）说明，尽管外加应变对压电应力系数 e_{11} 和 e_{31} 的影响很小，但由于应变诱导材料的柔韧度增强，压电应变系数 d_{11} 和 d_{31} 明显增大，说明 e_{ij} 对应变的依赖性较小，而 d_{ij} 对应变敏感。例如，在拉伸应变为 6%、4%和 6%时，CrSSe、CrSTe 和 CrSeTe 单层膜的压电应变系数 d_{11} 分别达到 11.338 pm/V、13.528 pm/V 和 18.114 pm/V；同时，对应的 d_{31} 最高可达 0.605 pm/V、1.576 pm/V、0.721 pm/V。这些值与未应变的 Janus 结构相比，增加了 1.5 倍以上。我们的计算表明，拉伸应变可以显著提高压电应变系数，用于压电器件和传感器。

总之，应变工程不仅可以有效地调整能带结构和 Rashba 效应，还可以有效地调整压电性能，为开发高效的纳米自旋电子学和压电器件提供有益的指导。

10.6　本章小结

本章采用第一性原理计算方法研究了 Janus CrXY 单层膜的 Rashba 效应和压电性，以及应变工程对 Rashba 效应和压电性的调控效应。考虑到 SOC 效应，CrSTe 是间接带隙 Rashba 半导体，而 CrSSe 和 CrSeTe 是直接带隙 Rashba 半导体。因结构反演不对称和强的 SOC 效应，Janus CrXY 单层材料具有优异的 Rashba 效应和压电响应。CrSSe 和 CrSTe 单层具有典型的面内手性且同心圆

Rashba 自旋纹理（与动量 k 成线性关系）。由于 VBM 中的 k^3 项起主导作用，在 CrSeTe 中出现了六边形翘曲和面外自旋极化 S_z，这也可以在 CrSSe 和 CrSTe 单层中更低的价带中观察到。此外，还研究了双轴应变对能带结构、Rashba 系数和压电性能的调控效应，并探讨了应变对这些性能影响的深层次物理机制。

本章参考资料

[1] YANG S Y, SHI D R, WANG T, et al. High-Rate Cathode CrSSe Based on Anion Reactions for Lithium-Ion Batteries. J. Mater. Chem. A, 2020, 8: 25739.

[2] DONG L, LOU J, SHENOY V B. Large In-Plane and Vertical Piezoelectricity in Janus Transition Metal Dichalchogenides. ACS Nano., 2017, 11: 8242.

[3] YANG X, SINGH D, XU Z, et al. An Emerging Janus MoSeTe Material for Potential Applications in Optoelectronic Devices. J. Mater. Chem. C, 2019, 7: 12312.

[4] CHEN S B, CHEN X R, ZENG Z Y, et al. The Coexistence of Superior Intrinsic Piezoelectricity and Thermoelectricity in Two-Dimensional Janus Alpha-TeSSe. Phys. Chem. Chem. Phys., 2021, 23: 26955.

[5] LI F, SHEN T, WANG C, et al. Recent Advances in Strain-Induced Piezoelectric and Piezoresistive Effect-Engineered 2D Semiconductors for Adaptive Electronics and Optoelectronics. Nano-Micro Lett., 2020, 12: 106.

[6] LI Y, DUERLOO K-A N, WAUSON K, et al. Structural Semiconductor-to-Semimetal Phase Transition in Two-Dimensional Materials Induced by Electrostatic Gating. Nat. Commun., 2016, 7: 10671.

[7] CHANG L, SUN Z, HU Y H. 1T Phase Transition Metal Dichalcogenides for Hydrogen Evolution Reaction. Electrochem. Energy R., 2021, 4: 194.

[8] LAI Z, HE Q, TRAN T H, et al. Metastable 1T′-Phase Group VIB Transition Metal Dichalcogenide Crystals. Nat. Mater., 2021, 20: 1113.

[9] ZHAO P, LIANG Y, MA Y, et al. Janus Chromium Dichalcogenide Monolayers with Low Carrier Recombination for Photocatalytic Overall Water-Splitting

under Infrared Light. J. Phys. Chem. C, 2019, 123: 4186.

[10]　WANG J, REHMAN S U, TARIQ Z, et al. Pristine and Janus Chromium Dichalcogenides: Potential Photocatalysts for Overall Water Splitting in Wide Solar Spectrum Under Strain and Electric Field. Sol. Energy Mater. Sol. Cells, 2021, 230: 111258.

[11]　LV B, HU X, WANG N, et al. Thermal Transport Property of Novel Two-Dimensional Nitride Phosphorus: An Ab Initio Study. Appl. Surf. Sci., 2021, 559: 149463.

[12]　LI T, HE C, ZHANG W. Rational Design of Porous Carbon Allotropes as Anchoring Materials for Lithium Sulfur Batteries. J. Energy Chem., 2021, 52: 121.

[13]　ZHU Z L, CAI X L, YI S H, et al. Multivalency-Driven Formation of Te-based Monolayer Materials: A Combined First-Principles and Experimental Study. Phys. Rev. Lett., 2017, 119: 106101.

[14]　DESAI S B, SEOL G, KANG J S, et al. Strain-Induced Indirect to Direct Bandgap Transition in Multilayer WSe_2. Nano Lett., 2014, 14: 4592.

[15]　CHANG C H, FAN X, LIN S H, et al. Orbital Analysis of Electronic Structure and Phonon Dispersion in MoS_2, $MoSe_2$, WS_2, and WSe_2 Monolayers under Strain. Phys. Rev. B, 2013, 88: 195420.

[16]　SCALISE E, HOUSSA M, POURTOIS G, et al. Strain-Induced Semiconductor to Metal Transition in the Two-Dimensional Honeycomb Structure of MoS_2. Nano Res., 2012, 5: 43.

[17]　YUE Q, KANG J, SHAO Z, et al. Mechanical and Electronic Properties of Monolayer MoS_2 under Elastic Strain. Phys. Lett. A, 2012, 376: 1166.

[18]　WU M S, XU B, LIU G, et al. The Effect of Strain on Band Structure of Single-layer MoS_2: An Ab Initio Study. Acta Phys. Sin-Ch Ed, 2012, 61: 227102.

[19]　DI X, LIU G B, FENG W, et al. Coupled Spin and Valley Physics in Monolayers of MoS_2 and Other Group-VI Dichalcogenides. Phys. Rev. Lett., 2012, 108: 196802.

[20]　YUAN H, BAHRAMY M S, MORIMOTO K, et al. Zeeman-Type Spin Splitting Controlled by an Electric Field. Nat. Phys., 2013, 9: 563.

[21] HERATH U, TAVADZE P, HE X, et al. PyProcar: A Python Library for Electronic Structure Pre/Post-Processing. Comput. Phys. Commun., 2020, 251: 107080.

[22] SINGH S, ROMERO A H. Giant Tunable Rashba Spin Splitting in a Two-Dimensional BiSb Monolayer and in BiSb/AlN Heterostructures. Phys. Rev. B, 2017, 95: 165444.

[23] CHEN G Y, HUANG A, LIN Y H, et al. Orbital-Enhanced Warping Effect in *Px,Py*-Derived Rashba Spin Splitting of Monatomic Bismuth Surface Alloy. Npj Quantum Mater., 2020, 5: 89.

[24] YU S B, ZHOU M, ZHANG D, et al. Spin Hall Effect in the Monolayer Janus Compound MoSSe Enhanced by Rashba Spin-Orbit Coupling. Phys. Rev. B, 2021, 104: 075435.

[25] LI F, WEI W, ZHAO P, et al. Electronic and Optical Properties of Pristine and Vertical and Lateral Heterostructures of Janus MoSSe and WSSe. J. Phys. Chem. Lett., 2017, 5959.

[26] HU T, JIA F, ZHAO G, et al. Intrinsic and Anisotropic Rashba Spin Splitting in Janus Transition-Metal Dichalcogenide Monolayers. Phys. Rev. B, 2018, 97: 235404.

[27] CHEN S B, ZENG Z Y, CHEN X R, et al. Strain-Induced Electronic Structures, Mechanical Anisotropy, and Piezoelectricity of Transition-Metal Dichalcogenide Monolayer CrS_2. J. Appl. Phys., 2020, 128: 125111.

[28] ANDREW R C, MAPASHA R E, UKPONG A M, et al. Mechanical Properties of Graphene and Boronitrene. Phys. Rev. B, 2012, 85: 125428.

[29] HOU B, ZHANG Y, ZHANG H, et al. Room Temperature Bound Excitons and Strain-Tunable Carrier Mobilities in Janus Monolayer Transition-Metal Dichalcogenides. J. Phys. Chem. Lett., 2020, 11: 3116.

[30] ALYÖRÜK M M, AIERKEN Y, ÇAKIR D, et al. Promising Piezoelectric Performance of Single Layer Transition-Metal Dichalcogenides and Dioxides. J. Phys. Chem. C, 2015, 119: 23231.

[31] FEI R, LI W, LI J, et al. Giant Piezoelectricity of Monolayer Group IV Monochalcogenides: SnSe, SnS, GeSe, and GeS. Appl. Phys. Lett., 2015, 107:

173104.

[32]　ZHU H, WANG Y, XIAO J, et al. Observation of Piezoelectricity in Free-standing Monolayer MoS$_2$. Nat. Nanotechnol, 2015, 10: 151.

[33]　GUO S D, GUO X S, HAN R Y, et al. Predicted Janus SnSSe Monolayer: A Comprehensive First-Principles Study. Phys. Chem. Chem. Phys., 2019, 21: 24620.

[34]　GUO Y, ZHOU S, BAI Y Z, et al. Enhanced Piezoelectric Effect in Janus Group-III Chalcogenide Monolayers. Appl. Phys. Lett., 2017, 110: 163102.

[35]　ZHANG L, TANG C, ZHANG C, et al. First-Principles Screening of Novel Ferroelectric MXene Phases with a Large Piezoelectric Response and Unusual Auxeticity. Nanoscale, 2020, 12: 21291.

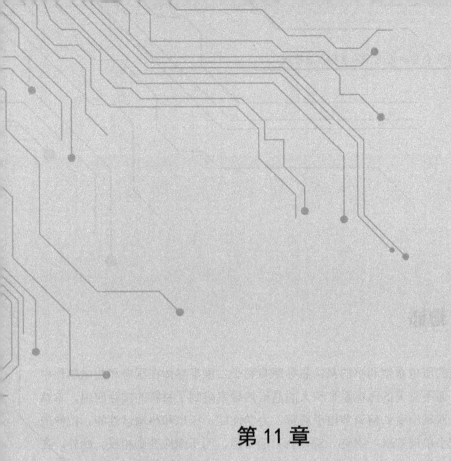

第 11 章

VIA 族元素的衍生物 CrX$_2$（X=S，Se，Te）
的电子结构、力学性能、压电和
热输运性能的研究

11.1　概述

　　优越的压电系数和小的晶格热导率有利于二维半导体在压电和热电器件中的应用，而不完美的压电系数和大的晶格热导率限制了材料的实际应用。本章研究了等双轴应变如何调节电子能带、力学性能、压电和热输运性能。拉伸应变可以减小单层 CrX_2（X=S，Se，Te）的带隙，而压缩应变则相反。此外，在适当的应变值下，会发生从半导体到金属的转变及直接带隙到间接带隙的转变，因此可以有效地调节电子能带。其原因是不同轨道重叠的变化，导致价带上 K 点和 Γ 点对应的能量对应变的灵敏度不同。拉伸应变能有效提高单层 CrX_2 的柔韧性，为其在柔性电子器件的应用提供了可能。此外，拉伸应变可以提高单层 CrX_2 的压电应变系数。利用 Slack 公式计算晶格热导率，发现拉伸双轴应变可以降低晶格热导率。本章的研究提供了一种增强压电和柔性电子应用，降低晶格热导率的策略，从而有利于热电应用。

11.2　CrX_2 的晶体结构和声子谱双轴应变调控

　　类似地，CrX_2 也具有 3 个经典的相结构：2H 相，1T 相和 1T′ 相。晶体结构决定了材料的物理和化学性质。2H 相属于 D_{3h} 点群的对称性，1T 相属于 D_{3d}

点群的对称性。1T′ 相是 1T 相结构的变形，属于 p2₁/m 空间群[1]。大量理论研究[2-4]发现，CrX_2 的 1T 结构的稳定性比 2H 相结构差，且 1T 相不具有半导体性质。2H 相 CrX_2 属于 $P\bar{6}m2$（#187）空间群的典型六方晶体体系，如图 11.1 所示。图 11.1（a）为俯视图，图 11.1（b）为侧视图，图 11.1（c）为布里渊区高度对称路径。结构优化后，单层 CrS_2、$CrSe_2$ 和 $CrTe_2$ 对应的晶格常数分别为 3.001 Å、3.209 Å 和 3.475 Å。计算得到的晶格常数与资料[5]的结果高度一致。图 11.1（b）中的 d 是单层的厚度。

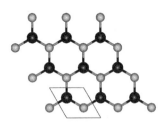
（a）CrX_2 的晶体结构俯视图

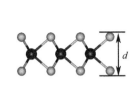
（b）CrX_2 的晶体结构侧视图

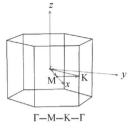
（c）CrX_2 的布里渊区高度对称路径

蓝球代表 Cr 原子，黄球代表 S、Se、Te 原子。红色菱形线框是一个原胞。布里渊区高度对称路径为 Γ-M-K-Γ

图 11.1　二维 Cr 基 CrX_2 单层的晶体结构图

不同结构 CrX_2（1H、1T、1T′ 相）的总能量计算汇总如表 11.1 所示。此外，我们还用公式 $E_{coh} = (E_{total} - E_{Cr} - 2E_X)/3$ 计算了内聚能。所有的内聚能都是负值，表明它们是能量稳定的。2H 相的总能量和内聚能均低于 1T（1T′）相，证实了 2H 结构更稳定。分子动力学计算结果如图 11.2 所示，温度和能量都在一个很小的范围内振荡，即使晶格结构有轻微的变形，键也不会断裂，这与资料[6,7]一致。此外，$CrTe_2$ 单层即使在 900 K 时也是热力学稳定的[6]。所有这些计算结果都证实了 CrS_2、$CrSe_2$ 和 $CrTe_2$ 单层膜具有热力学稳定性。

为验证考虑应变下 CrX_2 结构的稳定性，我们使用公式[8] $E_s = (E_{strained} - E_{unstrained})/n$ 来计算 CrX_2 单层的应变能 E_s。计算的应变能（方块）和拟合曲线如图 11.3 所示。与资料[8]的现象类似，应变能相对于所有考虑的应变是二次函数关系，这表明 CrX_2 的变形在弹性极限内，能够保持结构稳定。

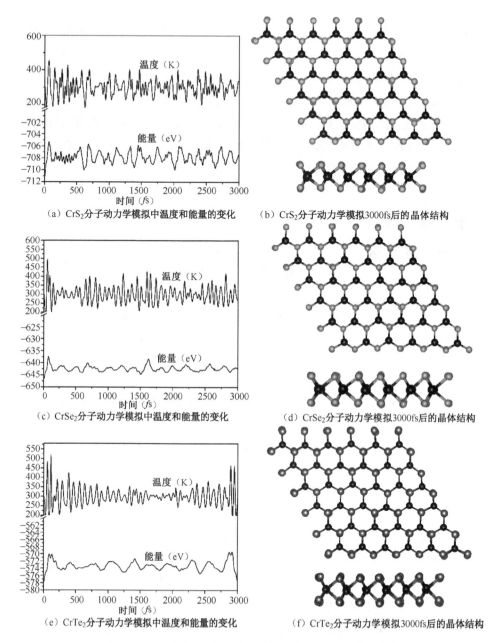

（a）CrS₂分子动力学模拟中温度和能量的变化 （b）CrS₂分子动力学模拟3000fs后的晶体结构

（c）CrSe₂分子动力学模拟中温度和能量的变化 （d）CrSe₂分子动力学模拟3000fs后的晶体结构

（e）CrTe₂分子动力学模拟中温度和能量的变化 （f）CrTe₂分子动力学模拟3000fs后的晶体结构

图 11.2　室温下，CrX₂ 的分子动力学模拟及 3000fs 后的晶体结构图

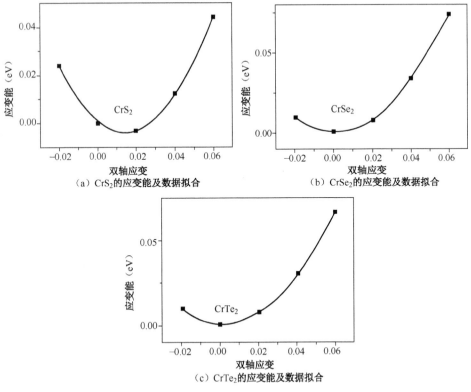

图 11.3　双轴应变的 CrX₂ 的应变能（方块）及拟合曲线

表 11.1　CrX₂ 的 2H、1T 和 1T′ 相结构总能量和内聚能计算结果

化合物	2H		1T		1T′	
	体系总能量（eV）	内聚能（eV/atom）	体系总能量（eV）	内聚能（eV/atom）	体系总能量（eV）	内聚能（eV/atom）
CrS₂	−19.77	−1.47	−19.25	−1.53	−19.44	−1.31
CrSe₂	−17.97	−0.94	−17.54	−1.36	−17.80	−1.14
CrTe₂	−16.05	−0.53	−15.76	−0.90	−16.09	−0.79

图 11.4 为单层 CrX₂ 在不同双轴应变和无应变情况下的声子谱。在无应变的情况下，单层 CrX₂ 的声子色散均为正值，表明其具有动力学稳定性。在给定的双轴应变范围内，所有单层 CrX₂ 的声子谱均不存在虚频，表明它们具有动力学稳定性。单层 CrX₂ 声子谱的频率随双轴拉伸应变的增加而略有下降，但当施加压缩应变时，声子谱的频率增加。

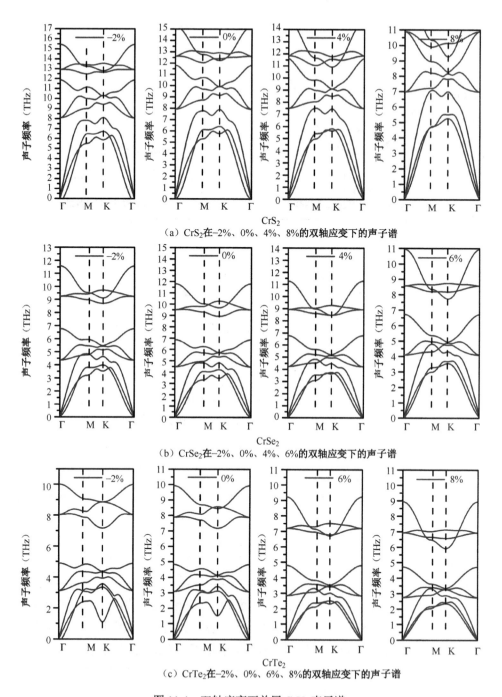

（a）CrS₂在–2%、0%、4%、8%的双轴应变下的声子谱

（b）CrSe₂在–2%、0%、4%、6%的双轴应变下的声子谱

（c）CrTe₂在–2%、0%、6%、8%的双轴应变下的声子谱

图 11.4　双轴应变下单层 CrX₂ 声子谱

11.3　双轴应变对 CrX$_2$ 电子能带的调控

对半导体材料来说，电子性能（能带）是最基本、最重要的性能之一。根据能带理论，半导体材料可分为直接带隙半导体和间接带隙半导体。价带最大值（VBM）和导带最小值（CBM）位于同一高对称点的半导体称为直接带隙半导体，价带最大值和导带最小值位于不同位置的半导体称为间接带隙半导体。直接带隙半导体受激发时有利于电子在价带和导带之间的跃迁，因此直接带隙半导体有利于光激发和光吸收。通过应变设计和调控二维材料的带隙是实现大范围电子性能最可行的方法之一[9-13]。在研究双轴应变对单层 CrX$_2$ 能带的影响时，我们采用 PBE、PBE+SOC 和 HSE+SOC 方法计算了不同双轴应变下的电子能带，如表 11.2 所示。

表 11.2　不同双轴应变下，计算得到 PBE、PBE+SOC 和 HSE+SOC 的带隙

化合物	应变	PBE	PBE+SOC	HSE+SOC
CrS$_2$	−0.02	1.15d	1.11d	2.06d
	0	1.01d 1.07d[3]（LDA+U）	0.98d 0.951d[4] （PBE+SOC）	1.99d 1.75d[13] （HSE+SOC）
	0.02	0.90d	0.87d	1.86d
	0.04	0.63i	0.63i	1.72i
	0.06	0.39i	0.39i	1.63i
	0.08	0.19i	0.19i	1.58i
CrSe$_2$	−0.02	0.85d 0.86d[3]（LDA+U）	0.80d	2.01d
	0	0.75d	0.70d	1.94d
	0.02	0.67d	0.63d	1.79i
	0.04	0.47i	0.46i	1.68i
	0.06	0.28i	0.38i	1.20i
	0.08	0.12i	0.12i	0.45i
CrTe$_2$	−0.02	0.60d	0.54d	1.74d
	0	0.53d 0.60d[3]（LDA+U）	0.47d	1.62d
	0.02	0.47d	0.41d	0.82d
	0.04	0.39i	0.37i	0.71d
	0.06	0.23i	0.19i	0.62i

注：表格中的 i 表示间接带隙半导体，d 表示直接带隙半导体。

　　为研究双轴应变对单层 CrX₂ 电子能带的影响,这里分别计算了不同双轴应变下的电子能带, 如图 11.5 所示。PBE 计算通常低估半导体材料的带隙 0.5～1eV。为了准确计算材料的带隙,使用杂化函数 HSE06 来计算带隙。此外,考虑到材料中含有重原子,还考虑了自旋轨道耦合(SOC)效应。在没有应变的情况下, CrS₂、CrSe₂ 和 CrTe₂ 单层的带隙分别为 1.99 eV、1.94 eV 和 1.62 eV,其中 CrS₂ 为直接带隙半导体,而 CrSe₂ 和 CrTe₂ 为间接带隙半导体。单层 CrS₂ 的带隙非常接近资料[13]中计算的 1.75 eV。这两个值之间的细微差异可能是由于不同的方法、计算参数和晶格常数造成的。

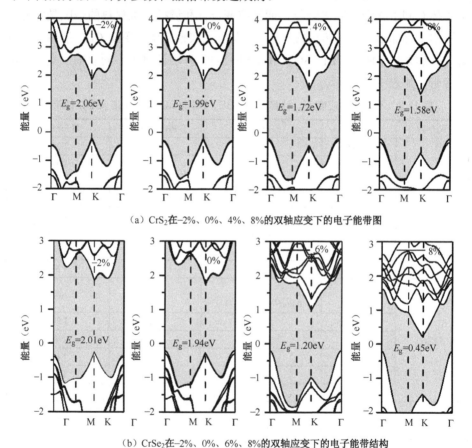

(a) CrS₂在-2%、0%、4%、8%的双轴应变下的电子能带图

(b) CrSe₂在-2%、0%、6%、8%的双轴应变下的电子能带结构

图 11.5　CrX₂ 在双轴应变作用下的电子能带图

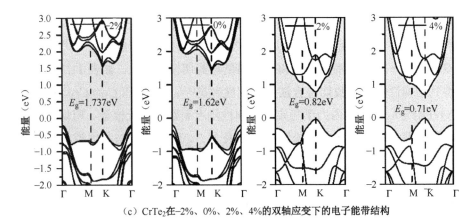

（c）CrTe₂ 在 −2%、0%、2%、4% 的双轴应变下的电子能带结构

用黄色填充的区域表示最高价带能级和最低导带能级之间的差值。E_g 表示体系的带隙。

图 11.5　CrX₂ 在双轴应变作用下的电子能带图（续）

从图 11.5 中可以看出，随着双轴拉伸应变的增加，三种 CrX₂ 的带隙都在不断减小，其中单层 CrTe₂ 的带隙减小得最快。当拉伸应变为 8% 时，单层 CrTe₂ 发生半导体—金属转变。随着拉伸应变的增大，三种材料带隙的减小主要是由于 K 点的导带向下移动，Γ 点的价带向上移动。拉伸应变可以有效调节二维材料的电子能带，资料[14, 15]也观察到了这一点。当施加压缩应变（−2%）时，三种材料的带隙都增大，这表明可以通过适当降低材料的晶格常数来增大材料的带隙。此外，施加应变后，单层 CrS₂ 保持直接带隙，单层 CrTe₂ 保持间接带隙，单层 CrSe₂ 从间接带隙变为直接带隙。由于价带上 K 点和 Γ 点对应的能量对应变的灵敏度不同[16]，间接带隙与直接带隙随应变的变化而变化。由于 Cr 原子的 d 电子轨道的局域效应[17, 18]，施加应变和不施加的单层 CrX₂ 的导带均位于 K 点，并且随着拉伸应变的增加，导带向下移动。

11.4　双轴应变对 CrX₂ 机械性质的调控

弹性刚度系数表示材料的弹性量，是反映材料力学性能一个非常重要的物理量。一般来说，弹性刚度系数越大，材料在外界压力下抗变形能力越强。

非零的独立弹性刚度系数的个数与材料结构的对称性有关。材料的对称性越高，对应的独立弹性刚度系数 C_{ij} 越少，反之亦然。采用能量–应变法[13, 19-21]计算不同双轴应变下的弹性刚度系数和体积模量与剪切模量之比，如表 11.3 所示。计算得到的弹性刚度系数均符合波恩稳定性判据[22]：$C_{11}>0$ 和 $C_{11}>|C_{12}|$，说明单层 CrX$_2$ 在给定应变范围内力学稳定。其弹性刚度系数、杨氏模量、剪切模量、体积模量与剪切模量之比、泊松比的值见表 11.3。计算结果与其他资料的计算结果基本一致，足以证明计算结果的可靠性。随着拉伸应变的增大（晶格常数增大，原子间距增大），弹性刚度系数 C_{11} 和 C_{12} 线性减小，体积模量/剪切模量线性增大。因此，拉伸应变可以有效地提高二维材料的柔韧性，从而可以实现柔性电子器件的应用。根据 Pugh 的理论[23]，我们可以用体积模量与剪切模量的比值 B/G 来预测材料的脆性和延展性行为。B/G 值越大（>1.75），延展性越好；B/G 值越小（<1.75），脆性越强。在无应变的情况下，三种材料的延展性满足 CrTe$_2$>CrSe$_2$>CrS$_2$，即 CrTe$_2$ 的延展性最好，CrS$_2$ 的延展性最差。这种物理趋势与泊松比反映的结果一致。

表 11.3 单层 CrX$_2$ 在双轴应变作用下的弹性刚度系数 C_{11}、C_{12}、杨氏模量 Y、剪切模量 G、体积模量 B、体积模量/剪切模量（B/G）、泊松比 ν，以及已报道的相关计算数据

化合物	应变	C_{11}(N/m)	C_{12}(N/m)	Y(N/m)	G(N/m)	B(N/m)	B/G	ν
CrS$_2$	−2%	151.875	33.589	144.446	59.143	92.732	1.568	0.221
	0%	133.358	32.244	125.562	50.557	82.801	1.638	0.242
	2%	116.066 122.6[24] 122.5[25] 120.6[26, 27] 121.12[7]	31.550 35.6[24] 34.1[25] 32.3[26, 27] 31.83[7]	107.490	42.258	73.808	1.747	0.272 0.26[7]
	4%	101.296	29.389	92.769	32.953	65.343	1.817	0.290
	6%	87.339	27.330	78.787	30.004	57.335	1.911	0.313
CrSe$_2$	−2%	115.187	30.659	107.127	42.264	72.923	1.725	0.266
	0%	99.750	28.992	91.324	35.379	64.371	1.819	0.291 0.30[7]
	2%	86.291	27.014	77.834	29.638	56.653	1.911	0.313
	4%	74.450	24.662	66.281	24.894	49.556	1.991	0.331
	6%	64.356	21.840	56.944	21.258	43.098	2.027	0.339

续表

化合物	应变	C_{11}(N/m)	C_{12}(N/m)	Y(N/m)	G(N/m)	B(N/m)	B/G	ν
CrTe₂	−2%	88.695	28.544	79.509	30.076	58.619	1.949	0.322
	0%	76.259	26.110	67.319	25.074	51.184	2.041	0.342
	2%	65.613	23.664	57.078	20.974	44.639	2.128	0.361
	4%	56.464	21.115	48.568	17.674	38.790	2.195	0.374

为了研究单层 CrX₂ 的力学性能和力学各向异性，我们还计算了面内杨氏模量 Y、剪切模量 G 和泊松比 ν 与空间角度 θ 之间的关系，如图 11.6 所示。杨氏模量、剪切模量和泊松比不依赖于空间角度 θ 的变化，因此单层 CrX₂ 的力学性能具有面内各向同性。杨氏模量大于剪切模量，且随着拉伸应变的增加，杨氏模量和剪切模量均单调减小。杨氏模量常数可作为衡量材料弹性变形难易程度

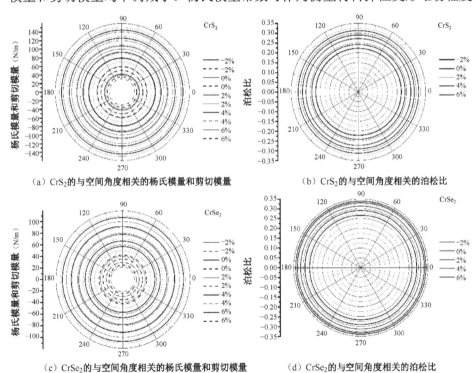

（a）CrS₂的与空间角度相关的杨氏模量和剪切模量　　（b）CrS₂的与空间角度相关的泊松比

（c）CrSe₂的与空间角度相关的杨氏模量和剪切模量　　（d）CrSe₂的与空间角度相关的泊松比

图 11.6　不同应变下 CrX₂ 单层材料的杨氏模量（实线）、剪切模量（虚线）和
泊松比与空间角度 θ 的关系

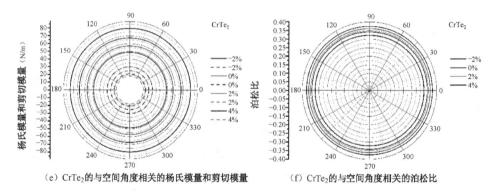

（e）CrTe$_2$的与空间角度相关的杨氏模量和剪切模量　　（f）CrTe$_2$的与空间角度相关的泊松比

图 11.6　不同应变下 CrX$_2$ 单层材料的杨氏模量（实线）、剪切模量（虚线）和

泊松比与空间角度 θ 的关系（续）

的指标。泊松比 ν 是横向正应变与轴向正应变之比的绝对值，即晶体承受剪切应变的能力。材料泊松比越大，表明其塑性越好[28]。因此，杨氏模量和泊松比是影响材料力学性能的重要物理量。与杨氏模量和剪切模量不同，泊松比随拉伸应变的增加而单调增加，表明拉伸应变改善了材料的形状。这一结果与弹性系数和体积模量/剪切模量的分析结果一致。

11.5　双轴应变对 CrX$_2$ 压电系数的调控

从理论上讲，压电材料在受到外部机械应力时可以产生极化电荷和电势[29]。一般来说，压电材料必须是具有非中心对称晶体结构的半导体材料[25, 26, 30]。由于压电材料可以将机械能转化为电能，反之亦然，因此压电材料在清洁能源和机械能收集方面具有很好的应用前景。不幸的是，目前发现的材料通常具有较低的压电系数，这意味着机械能与电能之间的转换效率较低。因此，寻找、设计和开发具有高压电系数的材料已成为一个热门的前沿课题。

关于压电的计算过程和计算中参数的设置第 3 章已经详细介绍过，这里不再赘述。计算不同应变条件下单层 CrX$_2$ 的压电应力系数 e_{11} 和压电应变系数 d_{11}，如图 11.7 所示。压电应变系数是衡量压电器件机械能-电能转换效率的主要参数[31]，因此这里主要讨论压电应变系数 d_{ij}。由于压电材料必须是半导体材料，因此对三种材料要选择不同的双轴应变范围，以保证材料具有半导体特性。

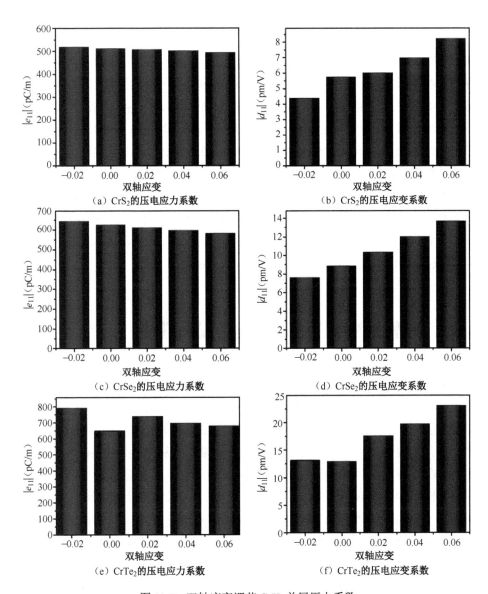

图 11.7　双轴应变调节 CrX$_2$ 单层压电系数

从图 11.7 可以看出，从双轴压缩应变到拉伸应变，随着应变的增大，压电应力系数 e_{11} 略有减小，但压电应变系数 d_{11} 显著增大。主要原因是拉伸应变提高了材料的柔韧性，减小了弹性刚度系数 C_{11} 和 C_{12} 之间的差异，成为改变压电应变系数的主导因素，这与资料[30]一致。无应变时，CrS_2、$CrSe_2$ 和 $CrTe_2$ 的压电应变系数 d_{11} 分别高达 5.75 pm/V、8.86 pm/V 和 12.94 pm/V。计算结果与资料[25]中 6.15 pm/V、8.25 pm/V 和 13.5 pm/V 的计算数据非常接近，表明我们的计算数据是可靠的。与其他二维过渡金属硫化物［如 MoX_2（3.65～7.39 pm/V）和 WX_2（2.12～4.39 pm/V）］及过渡金属氧化物相比，单层 CrX_2 具有更好的压电系数。因此，CrX_2 是一种很有前途的二维压电材料。此外，拉伸应变可以进一步提高材料的压电应变系数。当拉伸应变为 6%时，CrS_2、$CrSe_2$ 和 $CrTe_2$ 的 d_{11} 可以达到 8.23 pm/V、13.28 pm/V、23.11 pm/V。

11.6　双轴应变调控 CrX_2 的热输运性质

晶格热导率 k_1 是描述热电材料热导率的重要参数之一。对于原胞中有多个原子的材料，在假设光模声子对晶格热导率没有贡献的基础上，可以利用 Slack 方程计算晶格热导率 k_1，具体计算过程参考第 2 章。计算的晶格热导率、德拜温度见表 11.4。总体而言，晶格热导率服从 $CrS_2 > CrSe_2 > CrTe_2$ 的趋势。在无应变的情况下，CrS_2、$CrSe_2$、$CrTe_2$ 的单层膜晶格热导率为 80.57 $W\,m^{-1}\,K^{-1}$、41.89 $W\,m^{-1}\,K^{-1}$、22.95 $W\,m^{-1}\,K^{-1}$。我们的计算结果非常接近资料[7]。声速 v 和德拜温度 Θ 随拉伸双轴应变的增大而减小，而压缩应变则相反。而格林爱森参数 γ 随双轴应变的增大而增大，在压缩应变情况下减小。最终，晶格热导率 k_1 会随着双轴应变的变化而变化，这主要是由于声速的下降和格林爱森参数的增大。总的来说，我们的计算结果与资料[32, 33]一致。由于采用的赝势和计算软件的不同，晶格热导率与资料[6, 7]有所不同。综上所述，拉伸双轴应变可以降低晶格热导率，从而有利于材料在热电领域的应用。我们的研究结果为优化热电材料的晶格热导率提供了一种新的思路。

表 11.4　有应变和无应变的横向声速 v_t、纵向声速 v_l 和相应的平均声速 v_m、德拜温度 Θ_D、声子模德拜温度 Θ_a、格林爱森参数 γ、晶格导热系数 k_l（W m⁻¹ K⁻¹）

化合物	应变	v_t(m/s)	v_l(m/s)	v_m(m/s)	Θ_D(K)	Θ_a(K)	γ	k_l(Wm⁻¹K⁻¹)
CrS₂	−2%	7057.92	12021.81	7823.86	988.90	685.67	1.44	101.99[a]
	0	6658.70 7.01×10³[7]	11477.53 10.18×10³[7]	7389.26	921.48	638.92	1.48 1.56[7]	80.57[a] 27.85[b][32] 131.7[b][7]
	2%	6209.45	10897.43	6901.49	849.36	588.91	1.55	59.80
	4%	5839.82	10365.95	6496.82	789.27	547.25	1.59	47.14
	6%	5437.44	9793.79	6056.28	726.47	503.71	1.64	35.59
CrSe₂	−2%	5387.39	9422.16	5986.05	698.65	484.42	1.53	55.32
	0	5029.67 4150[7]	8930.75 6420[7]	5595.67	644.35	446.77	1.59 1.76[7]	41.89 7.0[b][33] 88.6[b][7]
	2%	4695.61	8458.39	5230.06	594.35	412.10	1.64	31.92
	4%	4387.81	7999.80	4891.79	548.76	380.49	1.68	24.70
	6%	4132.70	7576.17	4609.30	510.54	353.99	1.70	20.15
CrTe₂	−2%	4151.14	7520.74	4625.70	516.27	357.96	1.66	30.31
	0	3867.62	7104.90	4314.31	475.07	329.40	1.71	22.95 0.21[b][6]
	2%	3608.05	6712.94	4028.52	437.79	303.54	1.75	17.66
	4%	3377.01	6343.10	3773.11	404.76	280.64	1.79	13.93

a 表示 Slack 模型计算方法，b 表示 ShengBTE 计算方法

11.7　本章小结

　　为了提高压电系数和调节带隙，本章研究了等双轴应变对 CrX₂(X=S, Se, Te) 的电子性能、机械性能和压电性能的影响。拉伸应变可以减小单层 CrX₂(X=S, Se, Te)的带隙，而压缩应变呈现出相反的效果。这主要归因于应变引起原子间距的变化影响原子轨道的耦合程度，进而导致了不同高对称点的能带发生移动。在适当的应变条件下，CrX₂ 单层材料将发生从半导体到金属状态或直接带隙到间接带隙的转变。拉伸应变通过改变 CrX₂ 单层材料的柔韧性，从而提高压电性能。此外，拉伸双轴应变可以降低 CrX₂ 单层材料晶格热导率，增强其在热电领

域的应用。总之，该研究提供了一种通过应变工程增强材料的压电和柔韧性能，同时降低晶格热导率的策略，从而有利于压电和热电应用。

本章参考资料

[1] SOKOLIKOVA M S, MATTEVI C. Direct Synthesis of Metastable Phases of 2D Transition Metal Dichalcogenides. Chem. Soc. Rev., 2020, 49: 3952.

[2] SHI W, WANG Z. Mechanical and Electronic Properties of Janus Monolayer Transition Metal Dichalcogenides. J. Phys.: Condens. Matter, 2018, 30: 215301.

[3] ATACA C, SAHIN H, CIRACI S. Stable, Single-Layer MX_2 Transition-Metal Oxides and Dichalcogenides in a Honeycomb-Like Structure. J. Phys. Chem. C, 2012, 116: 8983.

[4] HABIB M R, WANG S, WANG W, et al. Electronic Properties of Polymorphic Two-Dimensional Layered Chromium Disulphide. Nanoscale, 2019, 11: 20123.

[5] ZHANG L, TANG C, ZHANG C, et al. First-Principles Screening of Novel Ferroelectric MXene Phases with a Large Piezoelectric Response and Unusual Auxeticity. Nanoscale, 2020, 12: 21291.

[6] BAI S, TANG S, WU M, et al. Chromium Ditelluride Monolayer: A Novel Promising 2H Phase Thermoelectric Material with Direct Bandgap and Ultralow Lattice Thermal Conductivity. J. Alloys Compd., 2023, 930: 167485.

[7] TANG S, WAN D, BAI S, et al. Enhancing Phonon Thermal Transport in 2H-CrX_2 (X = S and Se) Monolayers Through Robust Bonding Interactions. Phys. Chem. Chem. Phys., 2023, 25: 22401.

[8] WANG F, YANG C L, WANG M S, et al. Photocatalytic Hydrogen Evolution Reaction with High Solar-to-Hydrogen Efficiency Driven by the Sb_2S_3 Monolayer and RuI_2/Sb_2S_3 Heterostructure with Solar Light. J. Power Sources, 2022, 532: 231352.

[9] JOHARI P, SHENOY V B. Tuning the Electronic Properties of Semiconducting Transition Metal Dichalcogenides by Applying Mechanical Strains. ACS Nano. 2012, 6: 5449.

[10]　YUN W S, HAN S W, HONG S C, et al. Thickness and Strain Effects on Electronic Structures of Transition Metal Dichalcogenides: 2H-MX₂ Semiconductors (M =Mo, W; X=S, Se, Te). Phys. Rev. B, 2012, 85: 033305.

[11]　CONLEY H J, WANG B, ZIEGLER J I, et al. Bandgap Engineering of Strained Monolayer and Bilayer MoS₂. Nano Lett., 2013, 13: 3626.

[12]　HUI Y Y, LIU X, JIE W, et al. Exceptional Tunability of Band Energy in a Compressively Strained Trilayer MoS₂ Sheet. ACS Nano, 2013, 7: 7126.

[13]　ZHUANG H L, JOHANNES M D, BLONSKY M N. Computational Prediction and Characterization of Single-Layer CrS₂. Appl. Phys. Lett., 2014, 104: 022116.

[14]　SCALISE E, HOUSSA M, POURTOIS G, et al. Strain-Induced Semiconductor to Metal Transition in the Two-Dimensional Honeycomb Structure of MoS₂. Nano Res., 2012, 5: 43.

[15]　YUE Q, KANG J, SHAO Z, et al. Mechanical and Electronic Properties of Monolayer MoS₂ Under Elastic Strain. Phys. Lett. A, 2012, 376: 1166.

[16]　WU MS, XU B, LIU G, et al. The Effect of Strain on Band Structure of Single-Layer MoS₂: An Ab Initio Study. Acta Phys. Sin-Ch Ed. 2012, 61: 227102.

[17]　ZHUANG H L, HENNIG R G. Computational Search for Single-Layer Transition-Metal Dichalcogenide Photocatalysts. J. Phys. Chem. C, 2013, 117: 20440.

[18]　SPLENDIANI A, SUN L, ZHANG Y B, et al. Emerging Photoluminescence in Monolayer MoS₂. Nano Lett., 2010, 10: 1271.

[19]　DUERLOO K A N, ONG M T, REED E J. Intrinsic Piezoelectricity in Two-Dimensional Materials. J. Phys. Chem. Lett., 2012, 3: 2871.

[20]　FEI R, LI W, LI J, et al. Giant Piezoelectricity of Monolayer Group Ⅳ Monochalcogenides: SnSe, SnS, GeSe, and GeS. Appl. Phys. Lett., 2015, 107: 173104.

[21]　YIN H, GAO J, ZHENG G, et al. Giant Piezoelectric Effects in Monolayer Group-V Binary Compounds with Honeycomb Phases: A First-Principles Prediction. J. Mater. Chem. C, 2017, 121: 25576.

[22]　MAŹDZIARZ M. Comment on The Computational 2D Materials Database: High-Throughput Modeling and Discovery of Atomically Thin Crystals. 2D

Mater., 2019, 6: 048001.

[23] PUGH S F. XCII. Relations between the Elastic Moduli and the Plastic Properties of Polycrystalline Pure Metals, The London, Edinburgh, and Dublin Philosophical. Magazine and Journal of Science, 1954, 45: 823.

[24] YU C, CHEN X, WANG C, et al. Mechanical Elasticity and Piezoelectricity in Monolayer Transition-Metal Dichalcogenide Alloys. J Phys. Chem. Solids, 2019, 135 109081.

[25] BLONSKY M N, ZHUANG H L, SINGH A K, et al. Ab Initio Prediction of Piezoelectricity in Two-Dimensional Materials. ACS Nano., 2015, 9: 9885.

[26] ALYÖRÜK M M, AIERKEN Y, CAKIR D, et al. Promising Piezoelectric Performance of Single Layer Transition-Metal Dichalcogenides and Dioxides. J. Phys. Chem. C, 2015, 119: 23231.

[27] CAKIR D, PEETERS F M, SEVIK C. Mechanical and Thermal Properties of h-MX_2 (M = Cr, Mo, W; X = O, S, Se, Te) Monolayers: A Comparative Study. Appl. Phys. Lett., 2014, 104: 203110.

[28] CAO Y, ZHU J, LIU Y, et al. First-Principles Studies of the Structural, Elastic, Electronic and Thermal Properties of Ni_3Si. Comp. Mater. Sci., 2013, 69: 40.

[29] HAO J, LI W, ZHAI J, et al. Progress in High-Strain Perovskite Piezoelectric Ceramics. Mater. Sci. Eng. R Rep., 2019, 135: 1.

[30] CHEN S B, ZENG Z Y, CHEN X R, et al. Strain-Induced Electronic Structures, Mechanical Anisotropy, and Piezoelectricity of Transition-Metal Dichalcogenide Monolayer CrS_2. J. Appl. Phys., 2020, 128: 125111.

[31] KOCABAS T, CAKIR D, SEVIK C. First-Principles Discovery of Stable Two-Dimensional Materials with High-Level Piezoelectric Response. J. Phys.: Condens. Matter. 2021, 33: 115705.

[32] MOHANTA M K, SEKSARIA H, DE SARKAR A. Insights into CrS_2 Monolayer and n-CrS_2/p-HfN_2 Interface for Low-Power Digital and Analog Nanoelectronics. Appl. Surf. Sci., 2022, 579: 152211.

[33] ANISHA, SINGH M, KUMAR R, et al. Tuning of Thermoelectric Performance of $CrSe_2$ Material using Dimension Engineering. J. Phys. Chem. Solids, 2023, 172: 111083.

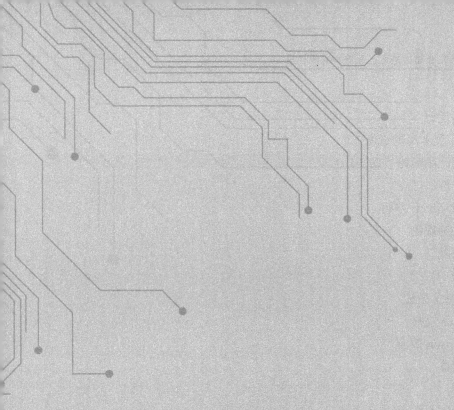

附录 A

关键词索引

绝热近似

波恩-奥本海默近似

密度泛函理论（DFT）

第一性原理

Kohn-Sham 方程

布洛赫理论

截断能

赝势

Seebeck 效应

Peltier 效应

Thomson 效应

空间群

点群

光吸收系数

势函数

热导率 (k)

晶格热导率 (k_1)

电子热导率 (k_e)

塞贝克系数 (S)

电导率 (σ)

格林爱森参数 (γ)

热电功率因子（PF）

热电优值（ZT）

玻尔兹曼理论

玻尔兹曼方程

形变势理论（Deformation potential theory）

形变势 (E_1)

散射

弛豫时间 (τ)

声子散射

非极性光学声子散射

极性光学声子散射

杂质散射

缺陷散射

声子群速度

平均自由程

Slack 模型

Clarke 模型

极化

迁移率

有效质量 (m^*)

电子有效值 (m_{e}^*)

空穴有效质量 (m_{h}^*)

密度泛函微扰理论（DFPT）

极化强度 (p_{ij})

应力压电系数 (e_{ij})

应变压电系数 (d_{ij})

弹性刚度系数 (C_{ij})

杨氏模量（Y）

剪切模量（G）

体积模量（B）

泊松比（v）

体积模量与剪切模量之比 (B/G)

波恩判据

差分电荷密度

局域电荷密度（ELF）

贝里相（Berry Phase）

贝里相理论（现代极化理论）

Rashba 自旋劈裂

自旋耦合效应（SOC）

自旋纹理（Spin Textures）

六边形翘曲效应（hexagonal warping）

k·p 理论

动量偏移（k_R）

Rashba 能量（E_R）

Rashba 参数（α_R）

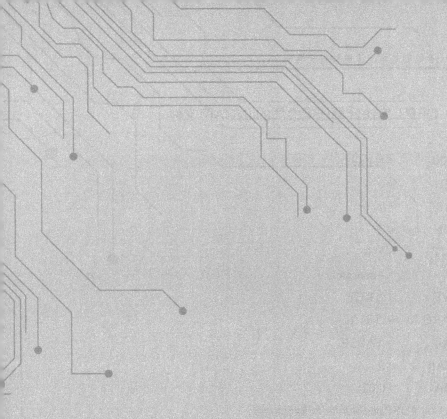

附录 B

部分输入文件和晶体结构

B.1　DFPT 方法计算压电性质的 INCAR 文件

```
YSTEM        = Name
ISTART       = 0
ICHARG       = 2
# ISPIN      = 2
ENCUT        = 500
PREC         = Accurate
LWAVE        = .TRUE.
LCHARG       = .TRUE.
LREAL        = .FALSE.
ISMEAR       = 0
SIGMA        = 0.02
##########DFPT################
LRPA         = .FALSE.
LEPSILON     = .TRUE.
IBRION       = 8
ISIF         = 2
EDIFF        = 1E-7
EDIFFG       = -0.001
# add
ISYM         = 0
ALGO         = Normal
# NPAR       = 4
#LDIAG       = .TRUE.
#LVHAR       = .TRUE.
```

B.2　采用能量–应变方法计算弹性刚度系数：VASP+vaspkit

1. 需要准备的文件：INCAR、VPKIT.in

（1）INCAR

```
ISTART=0
ICHARG=2
PREC=Accurate
GGA = PE
ADDGRID =.TRUE.

# Electronic relaxation
ENCUT=500
EDIFF=1E-6
EDIFFG=−0.005
ISMEAR=0
SIGMA = 0.05
#SIGMA = 0.05
POTIM=0.20
# Ionic relaxation
IBRION=−1
NSW=0
# Other Tags
# PSTRESS=
# Write flags
LWAVE=.FALSE.
LCHARG=.FALSE.
#KPAR=2    #####KPAR is the number of k-points that are to be treated in parallel
```

（2）VPKIT.in

```
1                        ! 1 for prep-rocessing, 2 for post-processing
2D                       ! 2D for slab, 3D for bulk
```

```
7                                    ! number of strain
−0.009−0.006−0.003 0.000 0.003 0.006 0.009          magnitude of strain
```

2. 计算弹性常数的脚本

```bash
#!/bin/bash
root_path='pwd'
for cij in 'ls -F | grep /$'
do
    cd ${root_path/$cij
    for s in strain_*
    do
        cd ${root_path}/$cij/$s
        echo 'pwd'
        cp ../../incar_rlx INCAR
        mpirun -n 16 vasp.x_std > rlax.log
        rm INCAR
        cp CONTCAR POSCAR
        cp ../../incar_stc INCAR
        mpirun -n 16 vasp.x_std > stc.log
    done
done
cd ${root_path}

cat > VPKIT.in <<!
2                               ! 1 for prep-rocessing, 2 for post-processing
2D                              ! 2D for slab, 3D for bulk
7                               ! number of strain
  −0.009 −0.006 −0.003 0.000 0.003 0.006 0.009        ! magnitude of strain
!
vaspkit -task 201 > elastics.out
```

B.3 1T 相 Se$_2$Te 和 SeTe$_2$的结构文件 Poscar

Se$_2$Te
1.0
3.9795498848	0.0000000000	0.0000000000
−1.9897749424	3.4463912959	0.0000000000
0.0000000000	0.0000000000	17.3882999420

　　Se　　Te
　　2　　1
Direct
0.000000000	0.000000000	0.500000000
0.333332979	0.666666976	0.595475972
0.666666981	0.333333004	0.404524001

0.00000000E+00	0.00000000E+00	0.00000000E+00
0.00000000E+00	0.00000000E+00	0.00000000E+00
0.00000000E+00	0.00000000E+00	0.00000000E+00

SeTe$_2$
1.0
4.0235900879	0.0000000000	0.0000000000
−2.0117950439	3.4845312305	0.0000000000
0.0000000000	0.0000000000	17.3882999420

　　Se　　Te
　　1　　2
Direct
0.000000000	0.000000000	0.500000000
0.333332983	0.666666973	0.598122005
0.666666961	0.333332973	0.401877995

0.00000000E+00	0.00000000E+00	0.00000000E+00

$$0.00000000E+00 \quad 0.00000000E+00 \quad 0.00000000E+00$$
$$0.00000000E+00 \quad 0.00000000E+00 \quad 0.00000000E+00$$

B.4 Janus TeSSe 的晶体结构文件 Poscar

```
1T phase Janus TeSSe
    1.0000000000000000
        3.9047400119700453    0.0000000000000000    0.0000000000000000
       -1.9523700059850226    3.3816040455510801    0.0000000000000000
        0.0000000000000000    0.0000000000000000   17.3882999419999997
    Te    S    Se
     1     1     1
Direct
    0.0000000000000000    0.0000000000000000    0.5039574153799172
    0.3333333429999996    0.6666666850000027    0.5898853642621250
    0.6666667029999971    0.3333333429999996    0.4061672023579524

    0.00000000E+00    0.00000000E+00    0.00000000E+00
    0.00000000E+00    0.00000000E+00    0.00000000E+00
    0.00000000E+00    0.00000000E+00    0.00000000E+00
```

B.5 Janus CrXY（X,Y=S，Se，Te）的结构文件 Poscar（以 CrSTe 为例）

```
CrSTe
    1.00000000000000
        3.2709045651321702    0.0000000000000000    0.0000000000000000
       -1.6354522825660851    2.8326861313827782    0.0000000000000000
        0.0000000000000000    0.0000000000000000   20.0000000000000000
```

```
    Cr   S    Te
    1    1    1
Direct
    0.3333333315594300    0.6666665928603018    0.5011768750455986
    0.6666667049728886    0.3333332427633861    0.4332974139356150
    0.6666666964676737    0.3333332443763077    0.5921357030187905


    0.00000000E+00    0.00000000E+00    0.00000000E+00
    0.00000000E+00    0.00000000E+00    0.00000000E+00
    0.00000000E+00    0.00000000E+00    0.00000000E+00
```

B.6　2H 相 CrX$_2$（X=S，Se，Te）的结构文件 Poscar（以 CrTe$_2$ 为例）

```
CrTe2
1.0
          3.1902999878          0.0000000000          0.0000000000
         -1.5951499939          2.7628808351          0.0000000000
          0.0000000000          0.0000000000         20.0000000000
    Cr   Te
    1    2
Direct
       0.333329998          0.666670010          0.508869983
       0.666670007          0.333330000          0.432790006
       0.666670007          0.333330000          0.584949960


    0.00000000E+00    0.00000000E+00    0.00000000E+00
    0.00000000E+00    0.00000000E+00    0.00000000E+00
    0.00000000E+00    0.00000000E+00    0.00000000E+00
```